“十四五”时期国家重点出版物出版专项规划项目

先进制造理论研究与工程技术系列

刚弹耦合系统动力学初值问题拟变分原理及其应用

周 平 著

哈爾濱工業大學出版社

内 容 简 介

本书是一部研究刚弹耦合系统动力学初值问题拟变分原理的基础理论和实际应用的学术专著。全书共6章内容：第1章绪论，说明刚弹耦合系统动力学的内涵、应用及发展历程。第2～4章是基础部分，分别对非保守分析力学、刚体动力学、非保守弹性动力学初值问题（广义）拟变分原理及其应用进行了系统深入的研究。第5～6章研究刚弹耦合系统（包括单柔体和多柔体系统）动力学初值问题拟变分原理及其应用。

本书可作为力学、机械工程、航空航天工程、机器人工程、交通运输等专业的高年级本科生和研究生教材，也可作为相关领域科技工作者的参考书。

图书在版编目(CIP)数据

刚弹耦合系统动力学初值问题拟变分原理及其应用/周平著.—哈尔滨：哈尔滨工业大学出版社，2024.4
（先进制造理论研究与工程技术系列）
ISBN 978-7-5767-1436-4

Ⅰ.①刚… Ⅱ.①周… Ⅲ.①耦合系统—动力学—研究 Ⅳ.①O313

中国版本图书馆CIP数据核字(2024)第098572号

策划编辑 杨秀华
责任编辑 丁桂焱
出版发行 哈尔滨工业大学出版社
社　　址 哈尔滨市南岗区复华四道街10号 邮编 150006
传　　真 0451-86414749
网　　址 http://hitpress.hit.edu.cn
印　　刷 哈尔滨市工大节能印刷厂
开　　本 787 mm×1 092 mm 1/16 印张 11.25 字数 264千字
版　　次 2024年4月第1版 2024年4月第1次印刷
书　　号 ISBN 978-7-5767-1436-4
定　　价 78.00元

序

刚弹耦合系统动力学在航天器、机器人(机械臂)和高速精密机构等重要的工程结构和领域中有着广泛的应用,其理论和应用研究具有非常重要的科学意义和工程应用价值。

该书是作者多年潜心积累的研究成果,具有一定的学术深度和广度,围绕刚弹耦合系统动力学初值问题的拟变分原理及其工程应用问题展开研究,通过构建刚弹耦合系统动力学模型,推导系统的动力学控制方程,为进一步建立相应的数值计算方法提供了必要的理论基础。从理论体系的逻辑结构看,刚弹耦合系统动力学的直接基础是刚体动力学和弹性动力学,但其理论基础必须进一步追溯到一般分析力学和一般连续介质力学,与其密切关联的学科还包括数值计算方法及控制理论等。由此不难看出,对刚弹耦合系统动力学有关问题的深入研究,必将进一步促进与其相关联的其他若干学科的发展。

该书是一部关于刚弹耦合系统动力学初值问题拟变分原理的学术专著,具有重要的理论价值和工程应用价值,不仅可以作为相关工程专业高年级本科生和研究生的教材,也可以为有关科学技术研究人员提供参考。

石志飞

2024 年 1 月

序

前　言

刚弹耦合系统动力学主要研究物体变形与其整体刚性运动的相互作用或耦合，以及耦合产生的独特的动力学效应，核心特征是受控的刚性位移和弹性振动位移同时发生并相互耦合。其广泛应用于航天、航空、航海、交通运输、机器人、高速精密机构等工程领域，在国民经济和国防建设中有着广阔的应用前景。

近年来，有关刚弹耦合系统动力学的研究主要聚焦于动力学模型的构建、动力学形态的分析、控制方程的建立、数值方法及仿真分析等方面。目前，刚弹耦合系统动力学的研究多依赖于数值和定量分析方法，有关理论和应用研究还有待进一步深入。本书研究刚弹耦合系统动力学初值问题拟变分原理及其应用，将刚弹耦合系统的轨道和姿态动力学、机械振动和动力响应及刚弹耦合效应动力学构成一个有机的整体，基于变分理论，结合能量守恒定律和功能转化原理，研究刚弹耦合机理及耦合动力学效应，构建刚弹耦合系统动力学初值问题拟变分原理的泛函表征，推导拟驻值条件建立控制方程，着重进行解析的分析讨论，为刚弹耦合系统动力学初值问题拟变分原理研究及其工程应用问题解决提供帮助。

在撰写本书的过程中，作者得到梁立孚教授的指导，赵淑红博士、宋海燕博士、刘宗民博士、郭庆勇博士、孙海博士的帮助，在此对他们的辛苦付出表示衷心的感谢。同时，本书的出版获得黑龙江省省属高等学校基本科研业务费科研项目（项目编号：2022－KYYWF－0562）的资助，以及黑龙江省自然科学基金和国家自然科学基金的支持，在此一并表示感谢。

限于作者水平，书中难免有疏漏及不足之处，敬请读者指正。

作者

2023 年 8 月

目　　录

第1章　绪　　论

1.1　刚弹耦合系统动力学概述

1.1.1　内涵

刚弹耦合系统动力学目前尚无确切的、严格的定义，主要研究物体变形与其整体刚性运动的相互作用或耦合，以及耦合产生的独特的动力学效应。变形运动与刚性运动的同时出现及其耦合正是刚弹耦合系统动力学的特征，该特征使其动力学不仅区别于刚体动力学，也区别于弹性动力学。事实上，刚弹耦合系统动力学是刚体动力学和弹性动力学的综合与推广，当系统不经历大范围空间运动时，则退化为弹性动力学问题；而当物体变形可以忽略时，则退化为刚体动力学问题。因此，从理论体系的逻辑结构上看，刚弹耦合系统动力学的直接基础是刚体动力学和弹性动力学，但它的特征表明其理论基础必须进一步追溯到一般分析力学和一般连续介质力学，与其紧密关联的学科还包括数值计算方法及控制理论等。由此可以看出，刚弹耦合系统动力学具有多学科交叉性。

1.1.2　应用领域

刚弹耦合系统动力学理论的发展是以航天器、机器人（机械臂）和高速精密机构三个重要的工程领域为背景的，尤以前两者的推动作用最大。

目前公认，刚弹耦合系统动力学的发展，与航天技术的发展是密切相关的。在航天领域，随处可见刚弹耦合机构。例如，一些单体飞行器（火箭、导弹、卫星的拦截器），如图1.1所示，这是刚弹耦合单体系统，通常称为单柔体。再如，带有大型天线和太阳帆板等柔性附件的航天器，这是刚弹耦合多体系统，通常称为多柔体。常见的多柔体有两类：多柔体簇系统和多柔体链系统。由于航天器在发射入轨过程中要承受很大过载，因此在发射时附件通常以紧凑形式折叠安装于航天器上，入轨后再展开到工作状态。例如，带有几个已展开到工作位置的太阳帆板（包括其他已展开的柔性附件）的航天器，其卫星本体（又称根体）如花托，各柔性附件连于其上，形如花簇，因此可以模化为多柔体簇系统，如图 1.2 所示；而带有展开中太阳帆板等柔性附件的航天器，各柔性体串连如链，因此可以模化为多柔体链系统，如图 1.3 所示。

刚弹耦合系统动力学还广泛应用于机器人工程领域和高速精密机构工程领域。目前地面、水下应用的机器人，其臂杆还多是刚性的，但是用于航天飞机上的空间遥控机械臂已经具有相当的柔性。而机器人（机械臂）的轻型化、高速化要求的需要，特别是用于空间环境的空间机器人的发展需要，使得机器人工程领域成为推动刚弹耦合系统动力学发展的一个重要的工程领域，复杂的空间机器人也是多柔体链系统的典型。在一些复杂的高速精密机构中，除了上述两类常见的多柔体簇系统和多柔体链系统以外，还有更复杂的多柔体树系统，如图 1.4 所示。

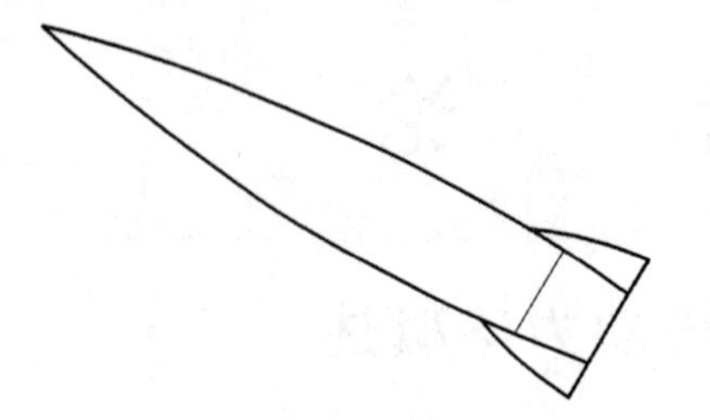

图 1.1　单柔体拦截器简图

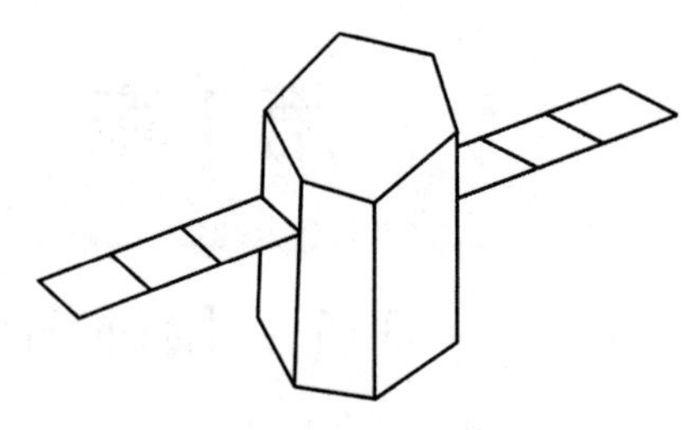

图 1.2　多柔体簇系统

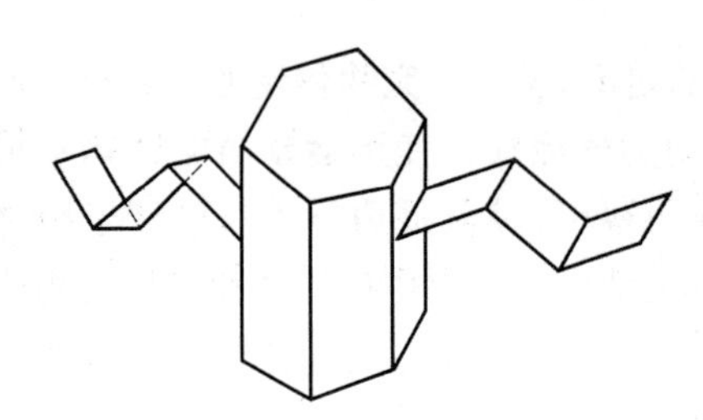

图 1.3　多柔体链系统

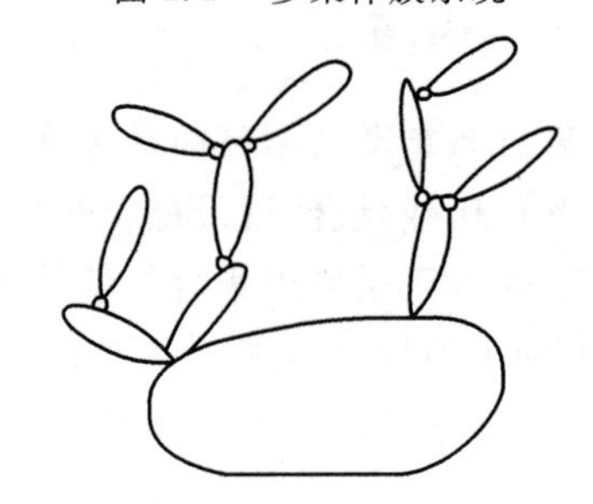

图 1.4　多柔体树系统

另外，刚弹耦合系统动力学还广泛应用于航空、航海、交通运输、机械工程等领域，在国民经济和国防建设中有着广阔的应用前景。

1.1.3　发展历程

从动力学角度讲，刚体是刚弹耦合系统的特殊情况。因此，在研究刚弹耦合系统动力学发展时，必然会首先涉及刚体动力学。在经典力学的发展史中，刚体动力学占据十分重要的地位。刚体的一般运动可以分解为质心运动和相对质心的转动，前者已在质点动力学中解决，因此刚体绕定点或质心的转动是刚体动力学的主要研究内容。自 1758 年 Euler 建立刚体定点运动的动力学方程开始，寻求刚体定点运动微分方程的解析积分问题曾成为经典力学中延续百年之久的重大课题。在 Euler、Lagrange 和 Kovalevskaya 三种可积情形中，Euler 和 Lagrange 的研究成果迄今仍是陀螺仪和航天器姿态运动的理论基础。

将研究对象看成是刚体，在很大程度上简化了分析和求解过程。但这种简化的合理性建立在一定假设的基础上，即物体的变形及弹性运动对物体整体运动影响可以忽略的情况下，然而这个条件并不是总能满足的，完全不考虑物体的弹性就会带来很大的误差。例如，在空间探测初期，航天器规模较小、构造简单，而且对航天器控制性能要求不高，在当时的动力学研究中把它当作刚体来处理。但 1958 年美国发射的第一颗人造卫星“探险者一号”，由于在动力学建模时没有计及 4 根鞭状天线的弹性影响，导致卫星姿态失稳而翻滚；1982 年美国“陆地卫星－4”的观测仪的旋转部分受到柔性太阳帆板驱动系统的干扰而产生微小扰动，因而降低了图像质量；“国际通信卫星 V 号”柔性太阳帆板扭振频率与驱动系统发生谐振时，帆板停转和打滑。一系列挫折引起了人们对刚弹耦合系统动力学的重视，Likins、Boland、Hughes、Kane、Roberson、Chaelna、Meirovitch、Huston 等科学工作者都为刚弹耦合系统动力学做出了重要贡献。

刚弹耦合系统动力学的研究起源于20世纪70年代。为了满足宇宙飞船、机器人、运输车辆和机械制造设备的高效设计与分析的需要，美国学者 Likins 对刚弹耦合系统做了大量研究，首次提出混合坐标的概念，用离散坐标描述物体的大位移运动，用模态坐标或有限元节点坐标描述物体的弹性变形，这种方法可以极大地缩减刚弹耦合系统的自由度，使动力学方程的求解成为可能。Boland 等把多刚体系统动力学 Roberson- Wittenburg 方法做了直接发展，用D'Alembert 原理建立任意物体均为变形体的多柔体树系统动力学方程，并且推导出供稳定性分析的线性化方程。Lilov 利用虚功原理推导柔性系统动力学方程时，用大位移广义坐标及节点处相对运动伪速度来描述刚体运动，用形状参数描述弹性体小变形，把刚体系统和柔性系统统一在一组方程中，既可处理刚体系统，又可处理柔性系统。Modi 将1974年以前关于带柔性附件的航天器姿态动力学与控制的研究成果进行了比较全面的总结。Thompson 等将1986年以前关于连杆柔性对高速机构动力学响应的影响做了较全面的评述。1989年 Shabana 专著的出版，说明刚弹耦合系统动力学已经成为一个独立的学科。我国学者陆佑方、黄文虎、刘延柱、马兴瑞、梁立孚等也为该学科的发展做出了重要贡献。

归纳起来，以往刚弹耦合系统动力学方程的建立主要有三类方法。第一类为 Newton-EuLer 向量力学法，在推导动力学方程时直接应用动量定理和动量矩列出隔离的单个物体的动力学方程，方程中包含理想约束力(矩)，然后以约束条件(完整约束)为依据消去约束力(矩)，以物理概念鲜明、建立方程直接而著称，但这种方法只在简单链系统的情况下是可取的，比较典型的是 Hooker 和 Singh 的推导；第二类为虚位移方法，从虚位移或虚速度原理出发，演变出 Lagrange 第一类方程或进一步根据变分原理建立 Lagrange 第二类方程的形式，这种方法是现在普遍应用的同时也是经过实践证明比较有效的方法；第三类为 Newton-EuLer 法和虚位移方法的各种变形方法，如比较有影响的 Kane 方法等。

近些年来，刚弹耦合系统动力学的研究工作围绕动力学模型的构建、动力学形态的分析、控制方程的建立、数值方法及仿真分析等方面在不同的角度展开，取得了丰硕的成果。

1.2 变分原理概述

1.2.1 发展历程

变分法是17世纪末发展起来的数学分支，有着深刻的古典数学渊源，广泛应用于力学、物理学、光学、摩擦学、经济学、宇航理论、信息论和自动控制论等诸多方面。

历史上第一个变分问题，是1696年 Johann Bernoulli 以公开信的形式提出的“最速降线问题”(又称“捷线问题”)：设 A 和 B 是铅直平面上不在同一铅直线上的两点，在所有连接 A 和 B 的平面曲线中，求出一条曲线，使仅受重力作用且初速度为零的质点从 A 点到 B

点沿这条曲线运动时所需时间最短，该问题由 Johann Bernoulli 及 Leibniz、Newton、Jacob Bernoulli 等人于 1697 年予以解决。最速降线问题是无条件的，同年 Johann Bernoulli 又提出了给定条件下的“短程线问题”（又称“约束极值问题”或“条件极值问题”）：在光滑曲面 $f(x,y,z)=0$ 上给定 $A(x_0,y_0,z_0)$ 和 $B(x_1,y_1,z_1)$ 两点，在该曲面上求连接这两点的一条最短曲线 C，该问题及最速降线问题的一般解法直到后来才由 Euler 和 Lagrange 所提出。变分原理的第三个著名问题为“等周问题”：在平面上给定长度的所有光滑闭曲线中，确定一条能围成最大面积的曲线，早在古希腊时期，人们就知道这条曲线是一个圆周，但它的变分特性直到 1744 年才由 Euler 解决。

Euler一生发表了 800 多篇论文，1736 年提出了著名的 Euler 方程，1774 年将变分问题的研究成果发表在《寻求具有某种极大或极小性质的曲线的技巧》一书中，创立了变分法。Lagrange 在 Euler 的基础上，开始了变分学的新阶段，他在研究有效算法时不仅给出了解决以前提出那些问题的简单形式，而且应用它求解了力学的一系列复杂问题。特别是 Lagrange 首先提出了函数变分的概念并严格地导出了积分取驻值的充要条件，即现在大家熟悉的 Euler-Lagrange 方程，并于 1788 年发表了历史性著作《分析力学》。因此，人们称 Euler 和 Lagrange 为变分原理的主要奠基人。

在力学中变分法体现为力学的变分原理。力学的丰富内容是建立在若干经典原理基础之上的，而这些原理都可以从变分原理得到。因而可以说，几乎所有力学命题均基于力学的变分原理，力学的变分原理在许多力学分支，包括刚体力学、弹性力学、塑性力学、流体力学等方面都有着重要的应用。

1834 年，Hamilton 发表了具有深远影响的论文《动力学的一般方法》，提出了最小作用原理，即 Hamilton 原理，该原理不仅适用于完整保守系统，而且可以推广到非完整系统和非保守系统，是最具代表性也是最重要的积分型变分原理。Hellinger 和 Reissner 先后提出了变形体力学中的广义变分原理，现在称之为 Hellinger-Reissner 变分原理。我国学者钱令希在文献[115]中论证了余能理论，为非线性问题提供了能量变分原理，开创了我国力学工作者对变分原理的研究；在文献[116]中讨论了固体力学中的极限分析并建议了一个一般变分原理，为塑性力学中的变分原理开辟了一条新路。胡海昌首先创立了弹性力学三类变量广义变分原理，随后鹫津久一郎独立地重建了上述原理，国际上将其称为胡海昌－鹫津久一郎变分原理，该变分原理为有限元法和其他近似解法提供了理论依据，并有着重要应用。钱伟长在文献[119]中倡导 Lagrange 乘子法，为建立广义变分原理的泛函提供了有效的合乎逻辑的数学方法；在文献[120]中将固体力学中的变分原理方法推广到黏性流体力学，奠定了流体力学中有限元方法的基础。Gurtin 利用卷积理论，提出了 Gurtin 型变分原理，为建立弹性动力学初值—边值问题的各种近似解法奠定了可靠的理论基础。刘高联开创了连续介质力学的反—杂交命题和最优命题的变分理论。国内外诸多学者均对变分原理的发展做出了重要贡献。

1.2.2　变分法与变积法

在变分学中存在两类互逆的问题,一类是将泛函的驻(极)值问题化为微分方程的边(初)值问题,称为变分学的正问题;另一类是将微分方程的边(初)值问题化为泛函的驻(极)值问题,称为变分学的逆问题。具体说来,建立各类变分原理和广义变分原理的过程属于变分学的逆问题,而推导各类变分原理和广义变分原理的驻值条件的过程属于变分学的正问题。

变分学的早期工作都是介绍如何把泛函的驻(极)值问题化为微分方程的边(初)值问题。经过 Euler、Lagrange 及随后的许多学者的努力,对于该类问题已经建立了比较成熟、系统的方法。后期,自从 Ritz 法的提出,在求近似解时,从泛函的驻值问题出发,常常比从微分方程边值问题出发更为方便。随着电子计算机的广泛应用,这种观点得到普遍认同和重视。因此,寻求“将微分方程的边(初)值问题转化为泛函的驻(极)值问题”的普遍方法,已成为数学和力学工作者十分关注的课题。

我国学者梁立孚通过定义一个“变积”作为传统“变分”的逆运算,首创了变积法,该方法是求解变分学逆命题的一个适用性较广的新方法。在文献[173]中应用变积方法,针对保守系统和线性系统,包括一般力学、弹性静力学、弹性动力学、电磁场理论及压电动力学的变分原理及其应用,做了深入系统的研究;在文献[174]中针对非保守系统和非线性系统的变分原理及其应用,做了详尽的研究说明,为推动变分学的发展和应用做出贡献。

以下具体说明变分运算与变积运算。

1. 变分运算

设有定积分形式的泛函

$$V=\int_a^b F(x,y,y',z,z')\mathrm{d}x \tag{1.1}$$

其中,x 为自变量,$y(x)$、$z(x)$ 为自变函数。

对式(1.1)进行变分运算,可得

$$\delta V=\int_a^b\left(\frac{\partial F}{\partial y}-\frac{\mathrm{d}}{\mathrm{d}x}\frac{\partial F}{\partial y'}\right)\delta y\mathrm{d}x+\int_a^b\left(\frac{\partial F}{\partial z}-\frac{\mathrm{d}}{\mathrm{d}x}\frac{\partial F}{\partial z'}\right)\delta z\mathrm{d}x+\frac{\partial F}{\partial y'}\delta y\Big|_a^b+\frac{\partial F}{\partial z'}\delta z\Big|_a^b \tag{1.2}$$

泛函的驻值条件为 $\delta V=0$,由于 δy、δz 相互独立,故

$$\begin{cases}\dfrac{\partial F}{\partial y}-\dfrac{\mathrm{d}}{\mathrm{d}x}\dfrac{\partial F}{\partial y'}=0 & (\text{在 } a\leqslant x\leqslant b \text{ 区间})\\[2mm] \dfrac{\partial F}{\partial z}-\dfrac{\mathrm{d}}{\mathrm{d}x}\dfrac{\partial F}{\partial z'}=0 & (\text{在 } a\leqslant x\leqslant b \text{ 区间})\\[2mm] \dfrac{\partial F}{\partial y'}=0 & (\text{在边界 } x=a,x=b \text{ 处})\\[2mm] \dfrac{\partial F}{\partial z'}=0 & (\text{在边界 } x=a,x=b \text{ 处})\end{cases} \tag{1.3}$$

这样就将泛函(1.1)的驻值问题化为微分方程(1.3)的边值问题,属于变分学的正问题。

2. 变积运算

设在函数空间中，将式(1.3) 分别相对于自变量 $y(x)$、$z(x)$ 积分，然后相加，可得

$$\int_0^V \delta V=\int_0^y \int_a^b\left(\frac{\partial F}{\partial y}-\frac{\mathrm{d}}{\mathrm{d}x}\frac{\partial F}{\partial y'}\right)\delta y\mathrm{d}x+\int_0^z \int_a^b\left(\frac{\partial F}{\partial z}-\frac{\mathrm{d}}{\mathrm{d}x}\frac{\partial F}{\partial z'}\right)\delta z\mathrm{d}x+$$
$$\int_0^y \frac{\partial F}{\partial y'}\delta y\Big|_a^b+\int_0^z \frac{\partial F}{\partial z'}\delta z\Big|_a^b \tag{1.4}$$

为了与微积分学中的积分相区别，将变分学中这种对函数空间的积分称为变积。

对式(1.4) 在自变量 x 域中分部积分，可得

$$\int_0^V \delta V=\int_0^y \int_a^b\left(\frac{\partial F}{\partial y}\delta y+\frac{\partial F}{\partial y'}\delta y'\right)\mathrm{d}x+\int_0^z \int_a^b\left(\frac{\partial F}{\partial z}\delta z+\frac{\partial F}{\partial z'}\delta z'\right)\mathrm{d}x$$
$$=\int_a^b \int_0^F \delta F(x,y,y',z,z')\,\mathrm{d}x \tag{1.5}$$

上式可进一步表示为

$$V=\int_a^b F(x,y,y',z,z')\,\mathrm{d}x \tag{1.6}$$

这样就将微分方程(1.3) 的边值问题化为泛函(1.1) 的驻值问题，属于变分学的逆问题。

比较式(1.1) 和式(1.6) 可以发现，两式完全相同，由式(1.4) 到式(1.6) 的过程正是由式(1.1) 到式(1.3) 的逆过程。由此说明，变积运算是变分运算的逆运算。

在此基础上，可以将三类典型的数学物理方程的边(初) 值问题化为泛函的驻(极) 值问题，此处不赘述。

1.3 研究内容

如前所述，刚弹耦合系统动力学理论广泛应用于航天器、机器人(机械臂) 和高速精密机构三个重要的工程领域，在国民经济和国防建设中有着广阔的应用前景。

近年来，许多学者在刚弹耦合系统动力学理论研究中取得了丰硕的成果，并在实际工程中得到应用，但是远没有达到多刚体系统动力学的研究水平，其主要原因是在对物体大范围运动和弹性变形耦合问题的认识和处理方法上遇到困难。随着工程技术的发展，如何准确地预测大尺度附件的运动与弹性变形的耦合及对整个系统动态响应的影响是目前科研工作者面临的挑战。中国航天科技集团公司原党组书记、总经理马兴瑞指出："由于多柔体构形的复杂性，目前解决多柔体动力学问题主要是依赖于数值的、定量的分析方法，几乎没有人进行解析的分析讨论，这对于深刻把握系统的非线性力学实质、预测系统的全局动力学现象是十分不利的。因此，有必要开展多柔体系统的理论分析。当然，这是一个十分复杂的问题，解决它可能需要很长的时间"；中国工程院院士黄文虎指出："由于航天器多体系统与地面多体系统相比较有其显著的特点，首先航天器都处在微重力或是无重力的环境下，地面试验很难精确模拟真实的空中飞行状况，而且对于大型可展开机构在地面上很难展开为在轨构型，因而理论计算显得比试验更为重要"；哈尔滨工业大学力学专家曹登庆指出："传统的多体系统主要由刚体和小变形柔性体两种部件组成，大变形

柔性体的动力学建模方法是最近十几年才蓬勃发展起来的。为求解空间多刚柔体系统的动态响应,需要进一步完善大变形柔性体的计算模型”,本书的研究内容正是为了适应这种需要而展开的。

刚弹耦合系统动力学的理论分析,需要杂交一般力学、固体力学和自动控制等多个学科,由于变分原理的特点是从总体上去把握事物,对于这类跨学科的研究课题,特别适于应用变分方法进行研究。根据上述分析,针对刚弹耦合系统动力学的多学科交叉性,应用变分方法与卷变积方法,研究刚弹耦合系统动力学初值问题拟变分原理及其应用。由于问题的复杂性,研究从以下五个方面展开。

(1) 一般力学是一切力学学科的基础,分析力学又是其重要组成部分,本书以建立刚弹耦合系统动力学初值问题拟变分原理的需要为前提,并考虑到这类问题的研究对象多数是非保守系统,因此首先研究非保守分析力学初值问题拟变分原理和广义拟变分原理的建立方法,并给出推导非保守分析力学初值问题拟变分原理的拟驻值条件和广义拟变分原理的拟驻值条件的具体步骤。

(2) 从动力学角度讲,刚体是刚弹耦合体的特殊情况。在研究刚弹耦合系统动力学时,必然会首先涉及刚体动力学。在研究非保守分析力学初值问题拟变分原理和广义拟变分原理的基础上,建立刚体动力学初值问题拟变分原理和广义拟变分原理,并推导出刚体动力学初值问题拟变分原理的拟驻值条件和广义拟变分原理的拟驻值条件。

(3) 刚弹耦合系统动力学研究物体变形与其整体刚性运动的相互作用或耦合,因此,在工程实际应用时,往往还要对物体的弹性变形及弹性运动做具体分析。为了适应这一需要,本书针对非保守弹性动力学初值问题拟变分原理和广义拟变分原理进行研究,给出方法步骤,并得到具体的表达形式。

(4) 刚弹耦合系统动力学的特征是受控的刚性位移和弹性振动位移同时发生,并相互耦合。在上述研究的基础上,针对刚弹耦合系统动力学初值问题拟变分原理,从单柔体和多柔体两个方面进行研究。单柔体动力学是多柔体动力学的基础,做好单柔体动力学的理论研究,多柔体动力学的理论即水到渠成。因此,首先建立单柔体动力学初值问题拟变分原理,并推导出单柔体动力学初值问题拟变分原理的拟驻值条件。

(5) 尝试性地研究多柔体系统动力学初值问题拟变分原理。分别建立带有可伸展平动附件多柔体系统动力学初值问题拟变分原理、带有转动附件多柔体系统动力学初值问题拟变分原理、附件既可伸展平动又转动的多柔体系统动力学初值问题拟变分原理,并推导出附件三种运动情况下多柔体系统动力学初值问题拟变分原理的拟驻值条件。

需要说明的是,因为研究的问题变量多、公式复杂,为了书写简便和紧凑,均采用Cartesian张量写法。

第2章　非保守分析力学初值问题（广义）拟变分原理及其应用

2.1 引　　言

开展刚弹耦合系统动力学的理论分析，需要杂交一般力学、固体力学和自动控制等多个学科，学科杂交是本书研究工作的显著特点。一般力学是基础学科，有些学者认为一般力学是一些发明和创造的发源地，钟万勰在文献[179]中指出："经典分析力学是力学最根本的体系"，这些论述都说明了一般力学的重要性。

对于非保守系统，国外以 Leipholz 为代表，提出广义自共轭的概念，建立了广义的 Hamilton 原理，给出了著名的 Leipholz 杆模型。我国学者刘殿魁在文献[182]的研究中发现，Leipholz 仅研究非保守系统的势能原理，而忽视了对余能原理的研究，通过发展 Leipholz 的研究，并发扬国内对广义变分原理研究的优势，在伴生力系统的前提下，建立了非保守系统的余能原理，进而建立了关于弹性理论非保守系统的广义变分原理。作为文献[182]研究的继续，文献[183]建立了非保守系统广义变分原理应用于有限元的计算模型。中国地震局工程力学研究所应用文献[182]和文献[183]非保守系统广义变分原理的研究成果，对梁杆结构地震临界荷载的上、下限进行分析，取得良好的效果。文献[185]建立了非保守系统自激振动的拟固有频率变分原理。文献[186]建立了非保守系统的两类变量的广义拟变分原理，并且给出同时求解一个典型的伴生力非保守系统的内力和变形两类变量的计算方法。作为文献[186]研究的继续，文献[187]建立了含阻尼非保守分析力学问题的拟变分原理，文献[188]建立了非完整非保守分析力学问题的拟变分原理。文献[189]采用 Lagrange-Hamilton 体系，借助于 Hamilton 型拟变分原理推导出 Lagrange 方程，并且应用连续介质动力学的 Lagrange 方程推导出控制方程，为研究非保守连续介质动力学开辟了一条新的有效途径。以上工作都是针对边值问题展开研究的。

对于初值问题，1964 年 Gurtin 利用卷积理论，提出了与弹性动力学初值—边值问题等价的变分原理，这种 Gurtin 型变分原理为建立弹性动力学初值—边值问题的各种近似解法奠定了可靠的理论基础。为了更好地应用 Gurtin 型变分原理进行近似计算，Tonti 提出了简化 Gurtin 型变分原理。我国学者罗恩对线性变形体动力学的初值—边值问题的变分原理进行了比较全面深入的研究，系统地建立与发展了一些线性变形体动力学的 Gurtin 型与简化 Gurtin 型变分原理。2003 年，罗恩解决了 Gurtin 型与简化 Gurtin 型变分原理不能适用于非线性变形体动力学的难题，提出了有限变形弹性动力学的非传统 Gurtin 型和非传统简化 Gurtin 型变分原理。以上工作都是针对保守系统展开研究的。

非保守系统的广义变分原理的研究涵盖了许多学科，是一个相当重要的研究领域，分析多年来这方面研究较少的原因,一是建立非保守系统的广义变分原理困难,二是应用非保守系统的广义变分原理解决实际科学和工程问题困难。本章研究“非保守分析力学初值问题(广义)拟变分原理及其应用”。首先,按照广义力和广义位移之间的对应关系,将非保守分析力学初值问题的基本方程卷乘相应的虚量,然后代数相加,同时考虑到系统的非保守特性,建立了非保守分析力学初值问题拟变分原理和广义拟变分原理;其次,应用变分方法,推导出非保守分析力学初值问题拟变分原理的拟驻值条件和广义拟变分原理的拟驻值条件;最后,给出实例,应用非保守分析力学初值问题拟势能变分原理,研究有黏性阻尼的受迫振动系统,分别建立了单自由度和二自由度两种情况下的运动微分方程,并且得到随阻尼衰减解和稳态解。

2.2　一类变量初值问题拟变分原理

2.2.1　基本方程

分析力学稳定约束系统和半稳定约束系统动力学的基本方程为

$$-\frac{\mathrm{d}}{\mathrm{d}t}\left(m_{ij}\frac{\mathrm{d}q_j}{\mathrm{d}t}\right)+P_i+F_i=0 \tag{2.1}$$

$$\frac{\mathrm{d}q_i}{\mathrm{d}t}-M_{ij}\left(m_{jk}\frac{\mathrm{d}q_k}{\mathrm{d}t}\right)=0 \tag{2.2}$$

初值条件为

$$q_i(0)=\bar{q}_i(0),\frac{\mathrm{d}q_i(0)}{\mathrm{d}t}=\frac{\mathrm{d}\bar{q}_i(0)}{\mathrm{d}t} \tag{2.3}$$

式中　m_{ij} —— 广义质量;

P_i —— 保守力;

F_i —— 非保守广义力;

q_i —— 广义坐标;

M_{ij} —— 广义质量的逆张量。

这里指出:根据爱因斯坦求和约定,以上公式已略去求和符号(说明:约定求和是按出现两次的指标进行的)。以下做同样处理。

2.2.2　拟势能变分原理

1. 拟变分原理

按照广义力和广义位移之间的对应关系,将式(2.1)卷乘 δq_i,将式(2.3)的第二式乘 $\delta(m_{ij}q_j)$,然后代数相加,经过变换可得

$$-\left[-\frac{\mathrm{d}}{\mathrm{d}t}\left(m_{ij}\frac{\mathrm{d}q_j}{\mathrm{d}t}\right)+P_i+F_i\right]*\delta q_i+\left[m_{ij}\frac{\mathrm{d}q_j(0)}{\mathrm{d}t}-m_{ij}\frac{\mathrm{d}\bar{q}_j(0)}{\mathrm{d}t}\right]\delta q_i=0 \tag{2.4}$$

应用 Laplace 变换中的卷积理论,有

$$\frac{\mathrm{d}}{\mathrm{d}t}\left(m_{ij}\frac{\mathrm{d}q_j}{\mathrm{d}t}\right)*\delta q_i=m_{ij}\frac{\mathrm{d}q_j}{\mathrm{d}t}*\delta\frac{\mathrm{d}q_i}{\mathrm{d}t}-m_{ij}\frac{\mathrm{d}q_j(0)}{\mathrm{d}t}\delta q_i \tag{2.5}$$

这个式子很像微积分中的分部积分，因此，以下称这类式子为卷积理论的分部积分公式。

将式(2.5)代入式(2.4)，经整理可得

$$m_{ij}\frac{\mathrm{d}q_j}{\mathrm{d}t}*\delta\frac{\mathrm{d}q_i}{\mathrm{d}t}-m_{ij}\frac{\mathrm{d}\bar{q}_j(0)}{\mathrm{d}t}\delta q_i-P_i*\delta q_i-F_i*\delta q_i=0 \tag{2.6}$$

考虑到外力 P_i 为保守力、外力 F_i 为非保守力，并将变分符号提出，式(2.6)可进一步变换为

$$\delta\left[\frac{1}{2}m_{ij}\frac{\mathrm{d}q_j}{\mathrm{d}t}*\frac{\mathrm{d}q_i}{\mathrm{d}t}-m_{ij}\frac{\mathrm{d}\bar{q}_j(0)}{\mathrm{d}t}q_i+U-F_i*q_i\right]+q_i*\delta F_i=0 \tag{2.7}$$

简记为

$$\delta\Pi_1+\delta Q=0 \tag{2.8}$$

其中

$$\Pi_1=\frac{1}{2}m_{ij}\frac{\mathrm{d}q_j}{\mathrm{d}t}*\frac{\mathrm{d}q_i}{\mathrm{d}t}-m_{ij}\frac{\mathrm{d}\bar{q}_j(0)}{\mathrm{d}t}q_i+U-F_i*q_i$$

$$\delta U=-P_i*\delta q_i$$

$$\delta Q=q_i*\delta F_i$$

式中 U—— 卷积势能函数。

式(2.8)即为一类变量非保守分析力学初值问题拟势能变分原理。

2. 拟驻值条件

胡海昌曾经指出，检验变分原理最好的方法是推导其驻值条件。这里，将由拟变分原理导出的驻值条件称为拟驻值条件。以下推导一类变量非保守分析力学初值问题拟势能变分原理的拟驻值条件。为此，将式(2.8)写成展开形式，可得

$$\delta\Pi_1+\delta Q=m_{ij}\frac{\mathrm{d}q_j}{\mathrm{d}t}*\delta\frac{\mathrm{d}q_i}{\mathrm{d}t}-m_{ij}\frac{\mathrm{d}\bar{q}_j(0)}{\mathrm{d}t}\delta q_i-P_i*\delta q_i-F_i*\delta q_i=0 \tag{2.9}$$

应用 Laplace 变换中的卷积理论的分部积分公式，有

$$m_{ij}\frac{\mathrm{d}q_j}{\mathrm{d}t}*\delta\frac{\mathrm{d}q_i}{\mathrm{d}t}=\frac{\mathrm{d}}{\mathrm{d}t}\left(m_{ij}\frac{\mathrm{d}q_j}{\mathrm{d}t}\right)*\delta q_i+m_{ij}\frac{\mathrm{d}q_j(0)}{\mathrm{d}t}\delta q_i \tag{2.10}$$

将式(2.10)代入式(2.9)，可得

$$\frac{\mathrm{d}}{\mathrm{d}t}\left(m_{ij}\frac{\mathrm{d}q_j}{\mathrm{d}t}\right)*\delta q_i+m_{ij}\frac{\mathrm{d}q_j(0)}{\mathrm{d}t}\delta q_i-m_{ij}\frac{\mathrm{d}\bar{q}_j(0)}{\mathrm{d}t}\delta q_i-P_i*\delta q_i-F_i*\delta q_i=0 \tag{2.11}$$

经过同类项合并，上式进一步变换为

$$-\left[-\frac{\mathrm{d}}{\mathrm{d}t}\left(m_{ij}\frac{\mathrm{d}q_j}{\mathrm{d}t}\right)+P_i+F_i\right]*\delta q_i+\left[m_{ij}\frac{\mathrm{d}q_j(0)}{\mathrm{d}t}-m_{ij}\frac{\mathrm{d}\bar{q}_j(0)}{\mathrm{d}t}\right]\delta q_i=0 \tag{2.12}$$

由于 δq_i 的任意性，因此有

$$-\frac{\mathrm{d}}{\mathrm{d}t}\left(m_{ij}\frac{\mathrm{d}q_j}{\mathrm{d}t}\right)+P_i+F_i=0 \tag{2.13}$$

$$\frac{\mathrm{d}q_i(0)}{\mathrm{d}t}-\frac{\mathrm{d}\bar{q}_i(0)}{\mathrm{d}t}=0 \tag{2.14}$$

式(2.13)、式(2.14)即为一类变量非保守分析力学初值问题拟势能变分原理的拟驻

值条件。可见,式(2.13)正是动态平衡方程(2.1),式(2.14)正是广义坐标对时间 t 的导数的初值条件(2.3)的第二式。

2.2.3 拟余能变分原理

1. 拟变分原理

按照广义力和广义位移之间的对应关系,将式(2.2)卷乘 $\delta\left(m_{ij}\dfrac{\mathrm{d}q_j}{\mathrm{d}t}\right)$,将式(2.3)的第一式乘 $\delta\left(m_{ij}\dfrac{\mathrm{d}q_j}{\mathrm{d}t}\right)$,然后代数相加,可得

$$-\left[\frac{\mathrm{d}q_i}{\mathrm{d}t}-M_{ij}\left(m_{jk}\frac{\mathrm{d}q_k}{\mathrm{d}t}\right)\right]*\delta\left(m_{ij}\frac{\mathrm{d}q_j}{\mathrm{d}t}\right)-\left[q_i(0)-\bar{q}_i(0)\right]\delta\left(m_{ij}\frac{\mathrm{d}q_j}{\mathrm{d}t}\right)=0 \quad (2.15)$$

应用 Laplace 变换中卷积理论的分部积分公式,有

$$\frac{\mathrm{d}q_i}{\mathrm{d}t}*\delta\left(m_{ij}\frac{\mathrm{d}q_j}{\mathrm{d}t}\right)=q_i*\delta\frac{\mathrm{d}}{\mathrm{d}t}\left(m_{ij}\frac{\mathrm{d}q_j}{\mathrm{d}t}\right)-q_i(0)\delta\left(m_{ij}\frac{\mathrm{d}q_j}{\mathrm{d}t}\right) \quad (2.16)$$

将式(2.16)代入式(2.15),经整理可得

$$M_{ij}\left(m_{jk}\frac{\mathrm{d}q_k}{\mathrm{d}t}\right)*\delta\left(m_{ij}\frac{\mathrm{d}q_j}{\mathrm{d}t}\right)+\bar{q}_i(0)\delta\left(m_{ij}\frac{\mathrm{d}q_j}{\mathrm{d}t}\right)-q_i*\delta\frac{\mathrm{d}}{\mathrm{d}t}\left(m_{ij}\frac{\mathrm{d}q_j}{\mathrm{d}t}\right)=0 \quad (2.17)$$

将式(2.1)代入式(2.17),可得

$$M_{ij}\left(m_{jk}\frac{\mathrm{d}q_k}{\mathrm{d}t}\right)*\delta\left(m_{ij}\frac{\mathrm{d}q_j}{\mathrm{d}t}\right)+\bar{q}_i(0)\delta\left(m_{ij}\frac{\mathrm{d}q_j}{\mathrm{d}t}\right)-q_i*\delta(P_i+F_i)=0 \quad (2.18)$$

考虑到外力 P_i 为保守力、外力 F_i 为非保守力,并将变分符号提出,式(2.18)可进一步变换为

$$\delta\left[\frac{1}{2}M_{ij}\left(m_{jk}\frac{\mathrm{d}q_k}{\mathrm{d}t}\right)*\left(m_{ij}\frac{\mathrm{d}q_j}{\mathrm{d}t}\right)+\bar{q}_i(0)\left(m_{ij}\frac{\mathrm{d}q_j}{\mathrm{d}t}\right)+U^*-F_i*q_i\right]+F_i*\delta q_i=0$$

$$(2.19)$$

上式简记为

$$\delta\Gamma_1+\delta Q^*=0 \quad (2.20)$$

其中

$$\Gamma_1=\frac{1}{2}M_{ij}\left(m_{jk}\frac{\mathrm{d}q_k}{\mathrm{d}t}\right)*\left(m_{ij}\frac{\mathrm{d}q_j}{\mathrm{d}t}\right)+\bar{q}_i(0)\left(m_{ij}\frac{\mathrm{d}q_j}{\mathrm{d}t}\right)+U^*-F_i*q_i$$

$$\delta U^*=-q_i*\delta P_i$$

$$\delta Q^*=F_i*\delta q_i$$

式中　U^*——卷积余势能函数。

式(2.20)即为一类变量非保守分析力学初值问题拟余能变分原理,其先决条件为式(2.1)。

2. 拟驻值条件

以下推导一类变量非保守分析力学初值问题拟余能变分原理的拟驻值条件。为此,将式(2.20)写成展开形式,可得

$$\delta\Gamma_1+\delta Q^*=M_{ij}\left(m_{jk}\frac{\mathrm{d}q_k}{\mathrm{d}t}\right)*\delta\left(m_{ij}\frac{\mathrm{d}q_j}{\mathrm{d}t}\right)+\bar{q}_i(0)\delta\left(m_{ij}\frac{\mathrm{d}q_j}{\mathrm{d}t}\right)-q_i*\delta(P_i+F_i)=0 \tag{2.21}$$

将式(2.1)代入式(2.21),可得

$$M_{ij}\left(m_{jk}\frac{\mathrm{d}q_k}{\mathrm{d}t}\right)*\delta\left(m_{ij}\frac{\mathrm{d}q_j}{\mathrm{d}t}\right)+\bar{q}_i(0)\delta\left(m_{ij}\frac{\mathrm{d}q_j}{\mathrm{d}t}\right)-q_i*\delta\frac{\mathrm{d}}{\mathrm{d}t}\left(m_{ij}\frac{\mathrm{d}q_j}{\mathrm{d}t}\right)=0 \tag{2.22}$$

应用 Laplace 变换中的卷积理论的分部积分公式,有

$$q_i*\delta\frac{\mathrm{d}}{\mathrm{d}t}\left(m_{ij}\frac{\mathrm{d}q_j}{\mathrm{d}t}\right)=\frac{\mathrm{d}q_i}{\mathrm{d}t}*\delta\left(m_{ij}\frac{\mathrm{d}q_j}{\mathrm{d}t}\right)+q_i(0)\delta\left(m_{ij}\frac{\mathrm{d}q_j}{\mathrm{d}t}\right) \tag{2.23}$$

将式(2.23)代入式(2.22),可得

$$\begin{aligned}&M_{ij}\left(m_{jk}\frac{\mathrm{d}q_k}{\mathrm{d}t}\right)*\delta\left(m_{ij}\frac{\mathrm{d}q_j}{\mathrm{d}t}\right)+\bar{q}_i(0)\delta\left(m_{ij}\frac{\mathrm{d}q_j}{\mathrm{d}t}\right)-\\&\frac{\mathrm{d}q_i}{\mathrm{d}t}*\delta\left(m_{ij}\frac{\mathrm{d}q_j}{\mathrm{d}t}\right)-q_i(0)\delta\left(m_{ij}\frac{\mathrm{d}q_j}{\mathrm{d}t}\right)=0\end{aligned} \tag{2.24}$$

经过同类项合并,上式进一步变换为

$$-\left[\frac{\mathrm{d}q_i}{\mathrm{d}t}-M_{ij}\left(m_{jk}\frac{\mathrm{d}q_k}{\mathrm{d}t}\right)\right]*\delta\left(m_{ij}\frac{\mathrm{d}q_j}{\mathrm{d}t}\right)-[q_i(0)-\bar{q}_i(0)]\delta\left(m_{ij}\frac{\mathrm{d}q_j}{\mathrm{d}t}\right)=0 \tag{2.25}$$

由于 $\delta\left(m_{ij}\frac{\mathrm{d}q_j}{\mathrm{d}t}\right)$ 的任意性,有

$$\frac{\mathrm{d}q_i}{\mathrm{d}t}-M_{ij}\left(m_{jk}\frac{\mathrm{d}q_k}{\mathrm{d}t}\right)=0 \tag{2.26}$$

$$q_i(0)-\bar{q}_i(0)=0 \tag{2.27}$$

式(2.26)、式(2.27)即为一类变量非保守分析力学初值问题拟余能变分原理的拟驻值条件,与其先决条件式(2.1)一起构成封闭的微分方程组。可见,式(2.26)正是动量守恒方程(2.2),式(2.27)正是广义位移初值条件(2.3)的第一式。

2.3 两类变量初值问题拟变分原理

两类变量非保守分析力学初值问题拟变分原理的建立方法有两种:一是应用对合变换,将一类变量初值问题拟变分原理及其拟驻值条件直接变换为两类变量初值问题拟变分原理及其拟驻值条件;二是按照广义力和广义位移之间的对应关系,将两类变量基本方程卷乘相应的虚量,然后代数相加,同时考虑到系统的非保守特性,进而建立两类变量初值问题拟变分原理,最后应用变分方法,推导出拟驻值条件。为保证研究的系统性和整体性,本节采用第二种方法。

2.3.1 基本方程

对式(2.1)、式(2.2)应用对合变换,得到分析力学稳定约束系统和半稳定约束系统动力学基本方程的另一种形式为

$$-\frac{\mathrm{d}p_i^q}{\mathrm{d}t}+P_i+F_i=0 \tag{2.28}$$

$$v_i^q - M_{ij} p_j^q = 0 \tag{2.29}$$

或

$$p_i^q - m_{ij} v_j^q = 0 \tag{2.30}$$

$$v_i^q - \frac{\mathrm{d}q_i}{\mathrm{d}t} = 0 \tag{2.31}$$

初值条件为

$$q_i(0) = \bar{q}_i(0), \quad v_i^q(0) = \bar{v}_i^q(0), \quad p_i^q(0) = \bar{p}_i^q(0) \tag{2.32}$$

式中　v_i^q —— 广义速度；

p_i^q —— 广义动量。

2.3.2　拟势能变分原理

1. 拟变分原理

按照广义力和广义位移之间的对应关系，将式(2.28)卷乘 δq_i，将式(2.32)的第三式乘 δq_i，然后代数相加，可得

$$-\left(-\frac{\mathrm{d}}{\mathrm{d}t} p_i^q + P_i + F_i\right) * \delta q_i + [p_i^q(0) - \bar{p}_i^q(0)]\delta q_i = 0 \tag{2.33}$$

应用 Laplace 变换中的卷积理论的分部积分公式，有

$$\frac{\mathrm{d}p_i^q}{\mathrm{d}t} * \delta q_i = p_i^q * \delta \frac{\mathrm{d}q_i}{\mathrm{d}t} - p_i^q(0)\delta q_i \tag{2.34}$$

将式(2.34)代入式(2.33)，经整理可得

$$p_i^q * \delta \frac{\mathrm{d}q_i}{\mathrm{d}t} - P_i * \delta q_i - F_i * \delta q_i - \bar{p}_i^q(0)\delta q_i = 0 \tag{2.35}$$

将式(2.30)、式(2.31)代入式(2.35)，可得

$$m_{ij} v_j^q * \delta v_i^q - \bar{p}_i^q(0)\delta q_i - P_i * \delta q_i - F_i * \delta q_i = 0 \tag{2.36}$$

考虑到外力 P_i 为保守力、外力 F_i 为非保守力，并将变分符号提出，式(2.36)可进一步变换为

$$\delta\left[\frac{1}{2} m_{ij} v_j^q * v_i^q - \bar{p}_i^q(0) q_i + U - F_i * q_i\right] + q_i * \delta F_i = 0 \tag{2.37}$$

上式简记为

$$\delta \Pi_2 + \delta Q = 0 \tag{2.38}$$

式中

$$\Pi_2 = \frac{1}{2} m_{ij} v_j^q * v_i^q - \bar{p}_i^q(0) q_i + U - F_i * q_i$$

$$\delta U = -P_i * \delta q_i$$

$$\delta Q = q_i * \delta F_i$$

式(2.38)即为两类变量非保守分析力学初值问题拟势能变分原理，其先决条件为式(2.30)和式(2.31)。

2. 拟驻值条件

以下推导两类变量非保守分析力学初值问题拟势能变分原理的拟驻值条件。为此，

将式(2.38)写成展开形式，可得

$$\delta\Pi_2+\delta Q=m_{ij}v_j^q*\delta v_i^q-\bar{p}_i^q(0)\delta q_i-P_i*\delta q_i-F_i*\delta q_i=0 \tag{2.39}$$

将式(2.31)代入式(2.39)，可得

$$m_{ij}v_j^q*\delta\frac{\mathrm{d}q_i}{\mathrm{d}t}-\bar{p}_i^q(0)\delta q_i-P_i*\delta q_i-F_i*\delta q_i=0 \tag{2.40}$$

应用 Laplace 变换中的卷积理论的分部积分公式，有

$$m_{ij}v_j^q*\delta\frac{\mathrm{d}q_i}{\mathrm{d}t}=\frac{\mathrm{d}}{\mathrm{d}t}(m_{ij}v_j^q)*\delta q_i+m_{ij}v_j^q(0)\delta q_i \tag{2.41}$$

将式(2.41)代入式(2.40)，可得

$$\frac{\mathrm{d}}{\mathrm{d}t}(m_{ij}v_j^q)*\delta q_i+m_{ij}v_j^q(0)\delta q_i-\bar{p}_i^q(0)\delta q_i-P_i*\delta q_i-F_i*\delta q_i=0 \tag{2.42}$$

经过同类项合并，上式进一步变换为

$$-\left[-\frac{\mathrm{d}}{\mathrm{d}t}(m_{ij}v_j^q)+P_i+F_i\right]*\delta q_i+\left[m_{ij}v_j^q(0)-\bar{p}_i^q(0)\right]\delta q_i=0 \tag{2.43}$$

由于 δq_i 的任意性，因此有

$$-\frac{\mathrm{d}}{\mathrm{d}t}(m_{ij}v_j^q)+P_i+F_i=0 \tag{2.44}$$

$$m_{ij}v_j^q(0)-\bar{p}_i^q(0)=0 \tag{2.45}$$

式(2.44)、式(2.45)即为两类变量非保守分析力学初值问题拟势能变分原理的拟驻值条件，与其先决条件式(2.30)、式(2.31)一起构成封闭的微分方程组。

应用对合变换，将式(2.30)从式(2.44)、式(2.45)中分离出来，可得

$$-\frac{\mathrm{d}}{\mathrm{d}t}p_i^q+P_i+F_i=0 \tag{2.46}$$

$$p_i^q(0)-\bar{p}_i^q(0)=0 \tag{2.47}$$

可见，式(2.46)正是动态平衡方程(2.28)，式(2.47)正是动量初值条件(2.32)的第三式。

2.3.3 拟余能变分原理

1. 拟变分原理

按照广义力和广义位移之间的对应关系，将式(2.31)卷乘 δp_i^q，将式(2.32)的第一式乘 δp_i^q，然后代数相加，可得

$$\left(v_i^q-\frac{\mathrm{d}q_i}{\mathrm{d}t}\right)*\delta p_i^q-\left[q_i(0)-\bar{q}_i(0)\right]\delta p_i^q=0 \tag{2.48}$$

应用 Laplace 变换中卷积理论的分部积分公式，有

$$\frac{\mathrm{d}q_i}{\mathrm{d}t}*\delta p_i^q=q_i*\delta\frac{\mathrm{d}p_i^q}{\mathrm{d}t}-q_i(0)\delta p_i^q \tag{2.49}$$

将式(2.49)代入式(2.48)，经整理可得

$$v_i^q*\delta p_i^q-q_i*\delta\frac{\mathrm{d}p_i^q}{\mathrm{d}t}+\bar{q}_i(0)\delta p_i^q=0 \tag{2.50}$$

将式(2.28)、式(2.29)代入式(2.50)，可得

$$M_{ij}p_j^q * \delta p_i^q + \bar{q}_i(0)\delta p_i^q - q_i * \delta(P_i + F_i) = 0 \tag{2.51}$$

考虑到外力 P_i 为保守力、外力 F_i 为非保守力,并将变分符号提出,式(2.51)可进一步变换为

$$\delta\left[\frac{1}{2}M_{ij}p_j^q * p_i^q + \bar{q}_i(0)p_i^q + U^* - F_i * q_i\right] + F_i * \delta q_i = 0 \tag{2.52}$$

上式简记为

$$\delta\Gamma_2 + \delta Q^* = 0 \tag{2.53}$$

式中

$$\Gamma_2 = \frac{1}{2}M_{ij}p_j^q * p_i^q + \bar{q}_i(0)p_i^q + U^* - F_i * q_i$$

$$\delta U^* = -q_i * \delta P_i$$

$$\delta Q^* = F_i * \delta q_i$$

式(2.53)即为两类变量非保守分析力学初值问题拟余能变分原理,其先决条件为式(2.28)和式(2.29)。

2. 拟驻值条件

以下推导两类变量非保守分析力学初值问题拟余能变分原理的拟驻值条件。为此,将式(2.53)写成展开形式,可得

$$\delta\Gamma_2 + \delta Q^* = M_{ij}p_j^q * \delta p_i^q + \bar{q}_i(0)\delta p_i^q - q_i * \delta(P_i + F_i) = 0 \tag{2.54}$$

将式(2.28)代入式(2.54),可得

$$M_{ij}p_j^q * \delta p_i^q + \bar{q}_i(0)\delta p_i^q - q_i * \delta\frac{\mathrm{d}p_i^q}{\mathrm{d}t} = 0 \tag{2.55}$$

应用 Laplace 变换中的卷积理论的分部积分公式,有

$$q_i * \delta\frac{\mathrm{d}p_i^q}{\mathrm{d}t} = \frac{\mathrm{d}q_i}{\mathrm{d}t} * \delta p_i^q + q_i(0)\delta p_i^q \tag{2.56}$$

将式(2.56)代入式(2.55),可得

$$M_{ij}p_j^q * \delta p_i^q + \bar{q}_i(0)\delta p_i^q - \frac{\mathrm{d}q_i}{\mathrm{d}t} * \delta p_i^q - q_i(0)\delta p_i^q = 0 \tag{2.57}$$

经过同类项合并,上式进一步变换为

$$\left(M_{ij}p_j^q - \frac{\mathrm{d}q_i}{\mathrm{d}t}\right) * \delta p_i^q - [q_i(0) - \bar{q}_i(0)]\delta p_i^q = 0 \tag{2.58}$$

由于 δp_i^q 的任意性,因此有

$$M_{ij}p_j^q - \frac{\mathrm{d}q_i}{\mathrm{d}t} = 0 \tag{2.59}$$

$$q_i(0) - \bar{q}_i(0) = 0 \tag{2.60}$$

式(2.59)、式(2.60)即为两类变量非保守分析力学初值问题拟余能变分原理的拟驻值条件,与其先决条件式(2.28)、式(2.29)一起构成封闭的微分方程组。

应用对合变换,将式(2.29)从式(2.59)中分离出来,可得

$$v_i^q - \frac{\mathrm{d}q_i}{\mathrm{d}t} = 0 \tag{2.61}$$

可见，式(2.61)正是几何（或连续性）方程(2.31)，式(2.60)正是广义位移初值条件(2.32)的第一式。

2.4 两类变量初值问题广义拟变分原理

2.4.1 第一类广义拟变分原理

1. 广义拟势能变分原理

按照广义力和广义位移之间的对应关系，将式(2.28)卷乘 δq_i，将式(2.31)卷乘 δp_i^q，将式(2.32)第一式乘 δp_i^q、第三式乘 δq_i，然后代数相加，可得

$$-\left(-\frac{\mathrm{d}p_i^q}{\mathrm{d}t}+P_i+F_i\right)*\delta q_i-\left(v_i^q-\frac{\mathrm{d}q_i}{\mathrm{d}t}\right)*\delta p_i^q+[q_i(0)-\bar{q}_i(0)]\delta p_i^q+ [p_i^q(0)-\bar{p}_i^q(0)]\delta q_i=0 \tag{2.62}$$

应用 Laplace 变换中的卷积理论的分部积分公式(2.34)，经整理可将式(2.62)变换为

$$-v_i^q*\delta p_i^q+\frac{\mathrm{d}q_i}{\mathrm{d}t}*\delta p_i^q+p_i^q*\delta\frac{\mathrm{d}q_i}{\mathrm{d}t}+[q_i(0)-\bar{q}_i(0)]\delta p_i^q- \bar{p}_i^q(0)\delta q_i-P_i*\delta q_i-F_i*\delta q_i=0 \tag{2.63}$$

将式(2.29)代入式(2.63)，可得

$$-M_{ij}p_j^q*\delta p_i^q+\frac{\mathrm{d}q_i}{\mathrm{d}t}*\delta p_i^q+p_i^q*\delta\frac{\mathrm{d}q_i}{\mathrm{d}t}+[q_i(0)-\bar{q}_i(0)]\delta p_i^q- \bar{p}_i^q(0)\delta q_i-P_i*\delta q_i-F_i*\delta q_i=0 \tag{2.64}$$

考虑到外力 P_i 为保守力、外力 F_i 为非保守力，并将变分符号提出，式(2.64)可进一步变换为

$$\delta\left\{-\frac{1}{2}M_{ij}p_j^q*p_i^q+\frac{\mathrm{d}q_i}{\mathrm{d}t}*p_i^q+[q_i(0)-\bar{q}_i(0)]p_i^q-\bar{p}_i^q(0)q_i+ U-F_i*q_i\right\}+q_i*\delta F_i=0 \tag{2.65}$$

上式简记为

$$\delta\Pi_{21}+\delta Q=0 \tag{2.66}$$

其中

$$\Pi_{21}=-\frac{1}{2}M_{ij}p_j^q*p_i^q+\frac{\mathrm{d}q_i}{\mathrm{d}t}*p_i^q+[q_i(0)-\bar{q}_i(0)]p_i^q-\bar{p}_i^q(0)q_i+U-F_i*q_i$$

$$\delta U=-P_i*\delta q_i$$

$$\delta Q=q_i*\delta F_i$$

式(2.66)即为第一类两类变量非保守分析力学初值问题广义拟势能变分原理，其先决条件为式(2.29)。

2. 广义拟势能变分原理的拟驻值条件

以下推导第一类两类变量非保守分析力学初值问题广义拟势能变分原理的拟驻值条件。为此，将式(2.66)写成展开形式，可得

$$\delta\Pi_{21}+\delta Q=-M_{ij}p_j^q*\delta p_i^q+\frac{\mathrm{d}q_i}{\mathrm{d}t}*\delta p_i^q+p_i^q*\delta\frac{\mathrm{d}q_i}{\mathrm{d}t}+[q_i(0)-\bar{q}_i(0)]\delta p_i^q-$$
$$\bar{p}_i^q(0)\delta q_i-P_i*\delta q_i-F_i*\delta q_i=0 \tag{2.67}$$

应用 Laplace 变换中的卷积理论的分部积分公式,有

$$p_i^q*\delta\frac{\mathrm{d}q_i}{\mathrm{d}t}=\frac{\mathrm{d}p_i^q}{\mathrm{d}t}*\delta q_i+p_i^q(0)\delta q_i \tag{2.68}$$

将式(2.68)代入式(2.67),可得

$$-M_{ij}p_j^q*\delta p_i^q+\frac{\mathrm{d}q_i}{\mathrm{d}t}*\delta p_i^q+\frac{\mathrm{d}p_i^q}{\mathrm{d}t}*\delta q_i+p_i^q(0)\delta q_i+[q_i(0)-\bar{q}_i(0)]\delta p_i^q-$$
$$\bar{p}_i^q(0)\delta q_i-P_i*\delta q_i-F_i*\delta q_i=0 \tag{2.69}$$

经过同类项合并,上式进一步变换为

$$-\left(-\frac{\mathrm{d}p_i^q}{\mathrm{d}t}+P_i+F_i\right)*\delta q_i-\left(\sum_{j=1}^{n}M_{ij}p_j^q-\frac{\mathrm{d}q_i}{\mathrm{d}t}\right)*\delta p_i^q+$$
$$[q_i(0)-\bar{q}_i(0)]\delta p_i^q+[p_i^q(0)-\bar{p}_i^q(0)]\delta q_i=0 \tag{2.70}$$

由于 δq_i、δp_i^q 的任意性,因此有

$$-\frac{\mathrm{d}p_i^q}{\mathrm{d}t}+P_i+F_i=0 \tag{2.71}$$

$$\sum_{j=1}^{n}M_{ij}p_j^q-\frac{\mathrm{d}q_i}{\mathrm{d}t}=0 \tag{2.72}$$

$$q_i(0)-\bar{q}_i(0)=0 \tag{2.73}$$

$$p_i^q(0)-\bar{p}_i^q(0)=0 \tag{2.74}$$

式(2.71)～(2.74)即为第一类两类变量非保守分析力学初值问题广义拟势能变分原理的拟驻值条件,与其先决条件式(2.29)一起构成封闭的微分方程组。

应用对合变换,将式(2.29)从式(2.72)中分离出来,可得

$$v_i^q-\frac{\mathrm{d}q_i}{\mathrm{d}t}=0 \tag{2.75}$$

可见,式(2.71)正是动态平衡方程(2.28),式(2.75)正是几何(或连续性)方程(2.31),式(2.73)正是广义位移初值条件(2.32)的第一式,式(2.74)正是动量初值条件(2.32)的第三式。

3. 广义拟余能变分原理

将式(2.62)取负,并应用 Laplace 变换中卷积理论的分部积分公式(2.49),经整理可将式(2.62)变换为

$$v_i^q*\delta p_i^q-q_i*\delta\frac{\mathrm{d}p_i^q}{\mathrm{d}t}-\frac{\mathrm{d}p_i^q}{\mathrm{d}t}*\delta q_i+\bar{q}_i(0)\delta p_i^q-[p_i^q(0)-\bar{p}_i^q(0)]\delta q_i+$$
$$P_i*\delta q_i+F_i*\delta q_i=0 \tag{2.76}$$

将式(2.29)代入式(2.76),可得

$$M_{ij}p_j^q*\delta p_i^q-q_i*\delta\frac{\mathrm{d}p_i^q}{\mathrm{d}t}-\frac{\mathrm{d}p_i^q}{\mathrm{d}t}*\delta q_i+\bar{q}_i(0)\delta p_i^q-[p_i^q(0)-\bar{p}_i^q(0)]\delta q_i+$$
$$P_i*\delta q_i+F_i*\delta q_i=0 \tag{2.77}$$

考虑到外力 P_i 为保守力、外力 F_i 为非保守力，并将变分符号提出，式(2.77) 可进一步变换为

$$\delta\left\{\frac{1}{2}M_{ij}p_j^q * p_i^q - q_i * \frac{dp_i^q}{dt} + \bar{q}_i(0)p_i^q - [p_i^q(0) - \bar{p}_i^q(0)]q_i - U + F_i * q_i\right\} - q_i * \delta F_i = 0 \tag{2.78}$$

上式简记为

$$\delta\Gamma_{21} - \delta Q = 0 \tag{2.79}$$

式中

$$\Gamma_{21} = \frac{1}{2}M_{ij}p_j^q * p_i^q - q_i * \frac{dp_i^q}{dt} + \bar{q}_i(0)p_i^q - [p_i^q(0) - \bar{p}_i^q(0)]q_i - U + F_i * q_i$$

$$\delta U = -P_i * \delta q_i$$

$$\delta Q = q_i * \delta F_i$$

式(2.79) 即为第一类两类变量非保守分析力学初值问题广义拟余能变分原理，其先决条件为式(2.29)。比较式(2.79) 与式(2.66)，可以看出第一类两类变量非保守分析力学初值问题广义拟余能变分原理和广义拟势能变分原理呈对偶形式。

4. 广义拟余能变分原理的拟驻值条件

以下推导第一类两类变量非保守分析力学初值问题广义拟余能变分原理的拟驻值条件。为此，将式(2.79) 写成展开形式，可得

$$\delta\Gamma_{21} - \delta Q = M_{ij}p_j^q * \delta p_i^q - q_i * \delta\frac{dp_i^q}{dt} - \frac{dp_i^q}{dt} * \delta q_i + \bar{q}_i(0)\delta p_i^q - [p_i^q(0) - \bar{p}_i^q(0)]\delta q_i + P_i * \delta q_i + F_i * \delta q_i = 0 \tag{2.80}$$

应用 Laplace 变换中的卷积理论的分部积分公式(2.56)，可将式(2.80) 变换为

$$M_{ij}p_j^q * \delta p_i^q - \frac{dq_i}{dt} * \delta p_i^q - q_i(0)\delta p_i^q - \frac{dp_i^q}{dt} * \delta q_i + \bar{q}_i(0)\delta p_i^q - [p_i^q(0) - \bar{p}_i^q(0)]\delta q_i + P_i * \delta q_i + F_i * \delta q_i = 0 \tag{2.81}$$

经过同类项合并，上式进一步变换为

$$\left(-\frac{dp_i^q}{dt} + P_i + F_i\right) * \delta q_i + \left(\sum_{j=1}^{n} M_{ij}p_j^q - \frac{dq_i}{dt}\right) * \delta p_i^q - [q_i(0) - \bar{q}_i(0)]\delta p_i^q - [p_i^q(0) - \bar{p}_i^q(0)]\delta q_i = 0 \tag{2.82}$$

由于 δq_i、δp_i^q 的任意性，因此有

$$-\frac{dp_i^q}{dt} + P_i + F_i = 0 \tag{2.83}$$

$$\sum_{j=1}^{n} M_{ij}p_j^q - \frac{dq_i}{dt} = 0 \tag{2.84}$$

$$q_i(0) - \bar{q}_i(0) = 0 \tag{2.85}$$

$$p_i^q(0) - \bar{p}_i^q(0) = 0 \tag{2.86}$$

式(2.83) ～ (2.86) 即为第一类两类变量非保守分析力学初值问题广义拟余能变分原理的拟驻值条件，与其先决条件式(2.29) 一起构成封闭的微分方程组。可见，式

(2.83) ～ (2.86) 与式(2.71) ～ (2.74) 完全一致,即第一类两类变量非保守分析力学初值问题广义拟余能变分原理的拟驻值条件和广义拟势能变分原理的拟驻值条件相同。

2.4.2　第二类广义拟变分原理

1. 广义拟势能变分原理

将式(2.30) 代入式(2.63),并且考虑到 $\bar{p}_i^q(0)=m_{ij}\bar{v}_j^q(0)$,经整理可得

$$-v_i^q*\delta(m_{ij}v_j^q)+\frac{\mathrm{d}q_i}{\mathrm{d}t}*\delta(m_{ij}v_j^q)+m_{ij}v_j^q*\delta\frac{\mathrm{d}q_i}{\mathrm{d}t}+[q_i(0)-\bar{q}_i(0)]\delta(m_{ij}v_j^q)-$$
$$m_{ij}\bar{v}_j^q(0)\delta q_i-P_i*\delta q_i-F_i*\delta q_i=0 \tag{2.87}$$

考虑到外力 P_i 为保守力、外力 F_i 为非保守力,并将变分符号提出,式(2.87) 可进一步变换为

$$\delta\left\{-\frac{1}{2}m_{ij}v_j^q*v_i^q+m_{ij}v_j^q*\frac{\mathrm{d}q_i}{\mathrm{d}t}+m_{ij}v_j^q[q_i(0)-\bar{q}_i(0)]-m_{ij}\bar{v}_j^q(0)q_i+\right.$$
$$\left.U-F_i*q_i\right\}+q_i*\delta F_i=0 \tag{2.88}$$

上式简记为

$$\delta\Pi_{22}+\delta Q=0 \tag{2.89}$$

式中

$$\Pi_{22}=-\frac{1}{2}m_{ij}v_j^q*v_i^q+m_{ij}v_j^q*\frac{\mathrm{d}q_i}{\mathrm{d}t}+m_{ij}v_j^q[q_i(0)-\bar{q}_i(0)]-m_{ij}\bar{v}_j^q(0)q_i+U-F_i*q_i$$

$$\delta U=-P_i*\delta q_i$$

$$\delta Q=q_i*\delta F_i$$

式(2.89) 即为第二类两类变量非保守分析力学初值问题广义拟势能变分原理,其先决条件为式(2.30)。

2. 广义拟势能变分原理的拟驻值条件

以下推导第二类两类变量非保守分析力学初值问题广义拟势能变分原理的拟驻值条件。为此,将式(2.89) 写成展开形式,可得

$$\delta\Pi_{22}+\delta Q=-v_i^q*\delta(m_{ij}v_j^q)+\frac{\mathrm{d}q_i}{\mathrm{d}t}*\delta(m_{ij}v_j^q)+m_{ij}v_j^q*\delta\frac{\mathrm{d}q_i}{\mathrm{d}t}+$$
$$[q_i(0)-\bar{q}_i(0)]\delta(m_{ij}v_j^q)-m_{ij}\bar{v}_j^q(0)\delta q_i-P_i*\delta q_i-F_i*\delta q_i=0 \tag{2.90}$$

应用 Laplace 变换中的卷积理论的分部积分公式(2.41),可将式(2.90) 变换为

$$-v_i^q*\delta(m_{ij}v_j^q)+\frac{\mathrm{d}q_i}{\mathrm{d}t}*\delta(m_{ij}v_j^q)+\frac{\mathrm{d}}{\mathrm{d}t}(m_{ij}v_j^q)*\delta q_i+m_{ij}v_j^q(0)\delta q_i+$$
$$[q_i(0)-\bar{q}_i(0)]\delta(m_{ij}v_j^q)-m_{ij}\bar{v}_j^q(0)\delta q_i-P_i*\delta q_i-F_i*\delta q_i=0 \tag{2.91}$$

经过同类项合并,上式进一步变换为

$$-\left(-\frac{\mathrm{d}}{\mathrm{d}t}(m_{ij}v_j^q)+P_i+F_i\right)*\delta q_i-\left(v_i^q-\frac{\mathrm{d}q_i}{\mathrm{d}t}\right)*\delta(m_{ij}v_j^q)+$$
$$[q_i(0)-\bar{q}_i(0)]\delta(m_{ij}v_j^q)+[m_{ij}v_j^q(0)-m_{ij}\bar{v}_j^q(0)]\delta q_i=0 \tag{2.92}$$

由于 δq_i、$\delta(m_{ij}v_j^q)$ 的任意性,因此有

$$-\frac{\mathrm{d}}{\mathrm{d}t}(m_{ij}v_j^q)+P_i+F_i=0 \tag{2.93}$$

$$v_i^q-\frac{\mathrm{d}q_i}{\mathrm{d}t}=0 \tag{2.94}$$

$$q_i(0)-\bar{q}_i(0)=0 \tag{2.95}$$

$$m_{ij}v_j^q(0)-m_{ij}\bar{v}_j^q(0)=0 \tag{2.96}$$

式(2.93)～(2.96)即为第二类两类变量非保守分析力学初值问题广义拟势能变分原理的拟驻值条件,与其先决条件式(2.30)一起构成封闭的微分方程组。

应用对合变换,将式(2.30)从式(2.93)、式(2.96)中分离出来,可得

$$-\frac{\mathrm{d}p_i^q}{\mathrm{d}t}+P_i+F_i=0 \tag{2.97}$$

$$p_i^q(0)-\bar{p}_i^q(0)=0 \tag{2.98}$$

可见,式(2.97)正是动态平衡方程(2.28),式(2.94)正是几何(或连续性)方程(2.31),式(2.95)正是广义位移初值条件(2.32)的第一式,式(2.98)正是动量初值条件(2.32)的第三式。

3. 广义拟余能变分原理

将式(2.30)代入式(2.76),并且考虑到 $p_i^q(0)=m_{ij}v_j^q(0)$、$\bar{p}_i^q(0)=m_{ij}\bar{v}_j^q(0)$,经整理可得

$$v_i^q*\delta(m_{ij}v_j^q)-q_i*\delta\frac{\mathrm{d}}{\mathrm{d}t}(m_{ij}v_j^q)-\frac{\mathrm{d}}{\mathrm{d}t}(m_{ij}v_j^q)*\delta q_i+\bar{q}_i(0)\delta(m_{ij}v_j^q)-$$
$$[m_{ij}v_j^q(0)-m_{ij}\bar{v}_j^q(0)]\delta q_i+P_i*\delta q_i+F_i*\delta q_i=0 \tag{2.99}$$

考虑到外力 P_i 为保守力、外力 F_i 为非保守力,并将变分符号提出,式(2.99)可进一步变换为

$$\delta\Big\{\frac{1}{2}m_{ij}v_j^q*v_i^q-\frac{\mathrm{d}}{\mathrm{d}t}(m_{ij}v_j^q)*q_i+m_{ij}v_j^q\bar{q}_i(0)-[m_{ij}v_j^q(0)-m_{ij}\bar{v}_j^q(0)]q_i-$$
$$U+F_i*q_i\Big\}-q_i*\delta F_i=0 \tag{2.100}$$

上式简记为

$$\delta\Gamma_{22}-\delta Q=0 \tag{2.101}$$

式中

$$\Gamma_{22}=\frac{1}{2}m_{ij}v_j^q*v_i^q-\frac{\mathrm{d}}{\mathrm{d}t}(m_{ij}v_j^q)*q_i+m_{ij}v_j^q\bar{q}_i(0)-[m_{ij}v_j^q(0)-m_{ij}\bar{v}_j^q(0)]q_i-U+F_i*q_i$$

$$\delta U=-P_i*\delta q_i$$

$$\delta Q=q_i*\delta F_i$$

式(2.101)即为第二类两类变量非保守分析力学初值问题广义拟余能变分原理,其先决条件为式(2.30)。比较式(2.101)与式(2.89),可以看出第二类两类变量非保守分析力学初值问题广义拟余能变分原理和广义拟势能变分原理呈对偶形式。

4. 广义拟余能变分原理的拟驻值条件

以下推导第二类两类变量的非保守分析力学初值问题的卷积型广义拟余能变分原理的拟驻值条件。为此,将式(2.101)写成展开形式,可得

$$\delta\Gamma_{22}-\delta Q=v_i^q*\delta(m_{ij}v_j^q)-q_i*\delta\frac{\mathrm{d}}{\mathrm{d}t}(m_{ij}v_j^q)-\frac{\mathrm{d}}{\mathrm{d}t}(m_{ij}v_j^q)*\delta q_i+$$
$$\bar{q}_i(0)\delta(m_{ij}v_j^q)-[m_{ij}v_j^q(0)-m_{ij}\bar{v}_j^q(0)]\delta q_i+$$
$$P_i*\delta q_i+F_i*\delta q_i=0 \tag{2.102}$$

应用 Laplace 变换中的卷积理论的分部积分公式,有

$$q_i*\delta\frac{\mathrm{d}}{\mathrm{d}t}(m_{ij}v_j^q)=\frac{\mathrm{d}q_i}{\mathrm{d}t}*\delta(m_{ij}v_j^q)+q_i(0)\delta(m_{ij}v_j^q) \tag{2.103}$$

将式(2.103)代入式(2.102),可得

$$v_i^q*\delta(m_{ij}v_j^q)-\frac{\mathrm{d}q_i}{\mathrm{d}t}*\delta(m_{ij}v_j^q)-q_i(0)\delta(m_{ij}v_j^q)-\frac{\mathrm{d}}{\mathrm{d}t}(m_{ij}v_j^q)*\delta q_i+$$
$$\bar{q}_i(0)\delta(m_{ij}v_j^q)-[m_{ij}v_j^q(0)-m_{ij}\bar{v}_j^q(0)]\delta q_i+P_i*\delta q_i+F_i*\delta q_i=0 \tag{2.104}$$

经过同类项合并,上式进一步变换为

$$\left(-\frac{\mathrm{d}}{\mathrm{d}t}(m_{ij}v_j^q)+P_i+F_i\right)*\delta q_i+\left(v_i^q-\frac{\mathrm{d}q_i}{\mathrm{d}t}\right)*\delta(m_{ij}v_j^q)-$$
$$[q_i(0)-\bar{q}_i(0)]\delta(m_{ij}v_j^q)-[m_{ij}v_j^q(0)-m_{ij}\bar{v}_j^q(0)]\delta q_i=0 \tag{2.105}$$

由于 δq_i、$\delta(m_{ij}v_j^q)$ 的任意性,因此有

$$-\frac{\mathrm{d}}{\mathrm{d}t}(m_{ij}v_j^q)+P_i+F_i=0 \tag{2.106}$$

$$v_i^q-\frac{\mathrm{d}q_i}{\mathrm{d}t}=0 \tag{2.107}$$

$$q_i(0)-\bar{q}_i(0)=0 \tag{2.108}$$

$$m_{ij}v_j^q(0)-m_{ij}\bar{v}_j^q(0)=0 \tag{2.109}$$

式(2.106) ~ (2.109) 即为第二类两类变量非保守分析力学初值问题广义拟余能变分原理的拟驻值条件,与其先决条件式(2.30)一起构成封闭的微分方程组。可见,式(2.106) ~ (2.109) 与式(2.93) ~ (2.96) 完全一致,即第二类两类变量非保守分析力学初值问题广义拟余能变分原理的拟驻值条件和广义拟势能变分原理的拟驻值条件相同。

2.5　三类变量初值问题广义拟变分原理

2.5.1　广义拟势能变分原理

1. 广义拟变分原理

按照广义力和广义位移之间的对应关系,将式(2.28)卷乘 δq_i,将式(2.30)卷乘 δv_i^q,将式(2.31)卷乘 δp_i^q,将式(2.32)第一式乘 δp_i^q、第三式乘 δq_i,然后代数相加,可得

$$-\left(-\frac{\mathrm{d}p_i^q}{\mathrm{d}t}+P_i+F_i\right)*\delta q_i-(p_i^q-m_{ij}v_j^q)*\delta v_i^q-\left(v_i^q-\frac{\mathrm{d}q_i}{\mathrm{d}t}\right)*\delta p_i^q+$$

$$[q_i(0)-\bar{q}_i(0)]\delta p_i^q+[p_i^q(0)-\bar{p}_i^q(0)]\delta q_i=0 \tag{2.110}$$

应用 Laplace 变换中的卷积理论的分部积分公式(2.34),经整理可将式(2.110) 变换为

$$m_{ij}v_j^q*\delta v_i^q-p_i^q*\delta v_i^q-v_i^q*\delta p_i^q+\frac{\mathrm{d}q_i}{\mathrm{d}t}*\delta p_i^q+p_i^q*\delta\frac{\mathrm{d}q_i}{\mathrm{d}t}+$$

$$[q_i(0)-\bar{q}_i(0)]\delta p_i^q-\bar{p}_i^q(0)\delta q_i-P_i*\delta q_i-F_i*\delta q_i=0 \tag{2.111}$$

考虑到外力 P_i 为保守力、外力 F_i 为非保守力,并将变分符号提出,式(2.111) 可进一步变换为

$$\delta\left\{\frac{1}{2}m_{ij}v_j^q*v_i^q-\left(v_i^q-\frac{\mathrm{d}q_i}{\mathrm{d}t}\right)*p_i^q+[q_i(0)-\bar{q}_i(0)]p_i^q-\bar{p}_i^q(0)q_i+\right.$$

$$\left.U-F_i*q_i\right\}+q_i*\delta F_i=0 \tag{2.112}$$

上式简记为

$$\delta\Pi_3+\delta Q=0 \tag{2.113}$$

式中

$$\Pi_3=\frac{1}{2}m_{ij}v_j^q*v_i^q-\left(v_i^q-\frac{\mathrm{d}q_i}{\mathrm{d}t}\right)*p_i^q+[q_i(0)-\bar{q}_i(0)]p_i^q-\bar{p}_i^q(0)q_i+U-F_i*q_i$$

$$\delta U=-P_i*\delta q_i$$

$$\delta Q=q_i*\delta F_i$$

式(2.113) 即为三类变量非保守分析力学初值问题广义拟势能变分原理。

2. 拟驻值条件

以下推导三类变量非保守分析力学初值问题广义拟势能变分原理的拟驻值条件。为此,将式(2.113) 写成展开形式,可得

$$\delta\Pi_3+\delta Q=m_{ij}v_j^q*\delta v_i^q-p_i^q*\delta v_i^q-v_i^q*\delta p_i^q+\frac{\mathrm{d}q_i}{\mathrm{d}t}*\delta p_i^q+p_i^q*\delta\frac{\mathrm{d}q_i}{\mathrm{d}t}+$$

$$[q_i(0)-\bar{q}_i(0)]\delta p_i^q-\bar{p}_i^q(0)\delta q_i-P_i*\delta q_i-F_i*\delta q_i=0 \tag{2.114}$$

应用 Laplace 变换中的卷积理论的分部积分公式(2.68),可将式(2.114) 变换为

$$m_{ij}v_j^q*\delta v_i^q-p_i^q*\delta v_i^q-v_i^q*\delta p_i^q+\frac{\mathrm{d}q_i}{\mathrm{d}t}*\delta p_i^q+\frac{\mathrm{d}p_i^q}{\mathrm{d}t}*\delta q_i+p_i^q(0)\delta q_i+$$

$$[q_i(0)-\bar{q}_i(0)]\delta p_i^q-\bar{p}_i^q(0)\delta q_i-P_i*\delta q_i-F_i*\delta q_i=0 \tag{2.115}$$

经过同类项合并,上式进一步变换为

$$-\left(-\frac{\mathrm{d}p_i^q}{\mathrm{d}t}+P_i+F_i\right)*\delta q_i-(p_i^q-m_{ij}v_j^q)*\delta v_i^q-\left(v_i^q-\frac{\mathrm{d}q_i}{\mathrm{d}t}\right)*\delta p_i^q+$$

$$[q_i(0)-\bar{q}_i(0)]\delta p_i^q+[p_i^q(0)-\bar{p}_i^q(0)]\delta q_i=0 \tag{2.116}$$

由于 δq_i、δv_i^q、δp_i^q 的任意性,因此有

$$-\frac{\mathrm{d}p_i^q}{\mathrm{d}t}+P_i+F_i=0 \tag{2.117}$$

$$p_i^q-m_{ij}v_j^q=0 \tag{2.118}$$

$$v_i^q-\frac{\mathrm{d}q_i}{\mathrm{d}t}=0 \tag{2.119}$$

$$q_i(0)-\bar{q}_i(0)=0 \tag{2.120}$$

$$p_i^q(0)-\bar{p}_i^q(0)=0 \tag{2.121}$$

式(2.117)～(2.121)即为三类变量非保守分析力学初值问题广义拟势能变分原理的拟驻值条件。可见,式(2.117)正是动态平衡方程(2.28),式(2.118)正是动量守恒方程(2.30),式(2.119)正是几何(或连续性)方程(2.31),式(2.120)正是广义位移初值条件(2.32)的第一式,式(2.121)正是动量初值条件(2.32)的第三式。

2.5.2　广义拟余能变分原理

1. 广义拟变分原理

将式(2.110)取负,并应用 Laplace 变换中卷积理论的分部积分公式(2.49),经整理可将式(2.110)变换为

$$-m_{ij}v_j^q*\delta v_i^q+p_i^q*\delta v_i^q+v_i^q*\delta p_i^q-q_i*\delta\frac{\mathrm{d}p_i^q}{\mathrm{d}t}-\frac{\mathrm{d}p_i^q}{\mathrm{d}t}*\delta q_i+$$
$$\bar{q}_i(0)\delta p_i^q-[p_i^q(0)-\bar{p}_i^q(0)]\delta q_i+P_i*\delta q_i+F_i*\delta q_i=0 \tag{2.122}$$

考虑到外力 P_i 为保守力、外力 F_i 为非保守力,并将变分符号提出,式(2.122)可进一步变换为

$$\delta\left\{-\frac{1}{2}m_{ij}v_j^q*v_i^q+v_i^q*p_i^q-q_i*\frac{\mathrm{d}p_i^q}{\mathrm{d}t}+\bar{q}_i(0)p_i^q-[p_i^q(0)-\bar{p}_i^q(0)]q_i-\right.$$
$$\left.U+F_i*q_i\right\}-q_i*\delta F_i=0 \tag{2.123}$$

上式简记为

$$\delta\Gamma_3-\delta Q=0 \tag{2.124}$$

式中

$$\Gamma_3=-\frac{1}{2}m_{ij}v_j^q*v_i^q+v_i^q*p_i^q-q_i*\frac{\mathrm{d}p_i^q}{\mathrm{d}t}+\bar{q}_i(0)p_i^q-[p_i^q(0)-\bar{p}_i^q(0)]q_i-U+F_i*q_i$$
$$\delta U=-P_i*\delta q_i$$
$$\delta Q=q_i*\delta F_i$$

式(2.124)即为三类变量非保守分析力学初值问题广义拟余能变分原理。比较式(2.124)与式(2.113),可以看出三类变量非保守分析力学初值问题广义拟余能变分原理和广义拟势能变分原理呈对偶形式。

2. 拟驻值条件

以下推导三类变量非保守分析力学初值问题广义拟余能变分原理的拟驻值条件。为此,将式(2.124)写成展开形式,可得

$$\delta\Gamma_3-\delta Q=-m_{ij}v_j^q*\delta v_i^q+p_i^q*\delta v_i^q+v_i^q*\delta p_i^q-q_i*\delta\frac{\mathrm{d}p_i^q}{\mathrm{d}t}-\frac{\mathrm{d}p_i^q}{\mathrm{d}t}*\delta q_i+$$
$$\bar{q}_i(0)\delta p_i^q-[p_i^q(0)-\bar{p}_i^q(0)]\delta q_i+P_i*\delta q_i+F_i*\delta q_i=0 \tag{2.125}$$

应用 Laplace 变换中的卷积理论的分部积分公式(2.56),可将式(2.125)变换为

$$-m_{ij}v_j^q*\delta v_i^q+p_i^q*\delta v_i^q+v_i^q*\delta p_i^q-\frac{\mathrm{d}q_i}{\mathrm{d}t}*\delta p_i^q-q_i(0)\delta p_i^q-\frac{\mathrm{d}p_i^q}{\mathrm{d}t}*\delta q_i+$$
$$\bar{q}_i(0)\delta p_i^q-[p_i^q(0)-\bar{p}_i^q(0)]\delta q_i+P_i*\delta q_i+F_i*\delta q_i=0 \tag{2.126}$$

经过同类项合并，上式进一步变换为

$$\left(-\frac{\mathrm{d}p_i^q}{\mathrm{d}t}+P_i+F_i\right)*\delta q_i+(p_i^q-m_{ij}v_j^q)*\delta v_i^q+\left(v_i^q-\frac{\mathrm{d}q_i}{\mathrm{d}t}\right)*\delta p_i^q-$$
$$[q_i(0)-\bar{q}_i(0)]\delta p_i^q-[p_i^q(0)-\bar{p}_i^q(0)]\delta q_i=0 \tag{2.127}$$

由于 δq_i、δv_i^q、δp_i^q 的任意性，因此有

$$-\frac{\mathrm{d}p_i^q}{\mathrm{d}t}+P_i+F_i=0 \tag{2.128}$$

$$p_i^q-m_{ij}v_j^q=0 \tag{2.129}$$

$$v_i^q-\frac{\mathrm{d}q_i}{\mathrm{d}t}=0 \tag{2.130}$$

$$q_i(0)-\bar{q}_i(0)=0 \tag{2.131}$$

$$p_i^q(0)-\bar{p}_i^q(0)=0 \tag{2.132}$$

式(2.128)～(2.132)即为三类变量非保守分析力学初值问题广义拟余能变分原理的拟驻值条件。可见，式(2.128)～(2.132)与式(2.117)～(2.121)完全一致，即三类变量非保守分析力学初值问题广义拟余能变分原理的拟驻值条件和广义拟势能变分原理的拟驻值条件相同。

2.6 应用举例

本节以质量－弹簧－阻尼器振动系统为研究对象，应用非保守分析力学初值问题拟变分原理分别建立其单自由度、二自由度在受迫振动情况下的运动微分方程。需要说明的是，二自由度系统是多自由度系统最简单的情况，多自由度系统与二自由度系统的振动性质十分相似，运动微分方程建立的方法也基本相同。

2.6.1 单自由度受迫振动系统

如图 2.1 所示的有黏性阻尼的单自由度受迫振动系统总质量为 m，用图中的刚体表示。由于滚筒约束，刚体只能发生水平方向的运动，因此用单一的位移坐标 $q(t)$ 就可以完全确定它的位置。抵抗运动的弹性抗力由刚度为 k 的无重弹簧来提供，而能量耗散机理用阻尼系数为 c 的阻尼器表示，产生此系统动力反应的外部荷载是随时间变化的力 $F(t)$。这是一个非保守系统，阻尼力与外部荷载均是非保守力。

应用非保守分析力学初值问题拟势能变分原理来研究这一问题，表示为

$$\delta\Pi_1+\delta Q=0 \tag{2.133}$$

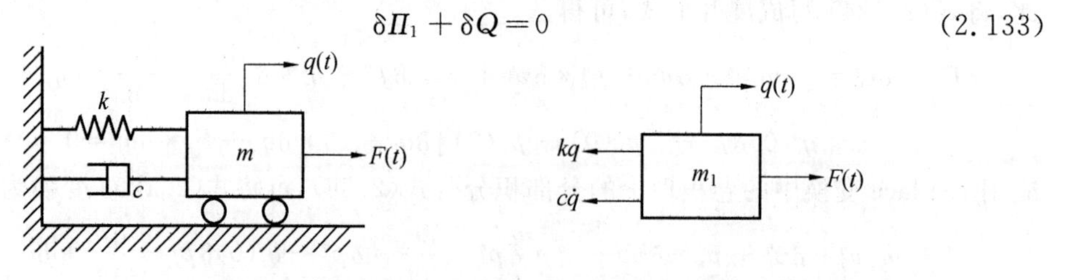

图 2.1 有黏性阻尼的单自由度受迫振动系统

式中

$$\Pi_1 = \int_{t_0}^{t_1} \left[\frac{1}{2} m\dot{q} * \dot{q} - m\bar{\dot{q}}(0) q + \frac{1}{2} kq * q + c\dot{q} * q - F * q \right] \mathrm{d}t$$

$$\delta Q = \int_{t_0}^{t_1} [-q * \delta(c\dot{q}) + q * \delta F] \mathrm{d}t$$

将式(2.133)写成展开形式,经整理可得

$$\delta \Pi_1 + \delta Q = \int_{t_0}^{t_1} [m\dot{q} * \delta\dot{q} - m\bar{\dot{q}}(0)\delta q + kq * \delta q + c\dot{q} * \delta q - F * \delta q] \mathrm{d}t = 0 \tag{2.134}$$

应用 Laplace 变换中的卷积理论的分部积分公式,有

$$\int_{t_0}^{t_1} m\dot{q} * \delta\dot{q}\mathrm{d}t = \int_{t_0}^{t_1} m\ddot{q} * \delta q\mathrm{d}t + \int_{t_0}^{t_1} m\dot{q}(0)\delta q\mathrm{d}t \tag{2.135}$$

将式(2.135)代入式(2.134),整理可得

$$\int_{t_0}^{t_1} (m\ddot{q} + c\dot{q} + kq - F) * \delta q\mathrm{d}t + \int_{t_0}^{t_1} [m\dot{q}(0) - m\bar{\dot{q}}(0)] \delta q\mathrm{d}t = 0 \tag{2.136}$$

由于 δq 的任意性,因此有

$$m\ddot{q} + c\dot{q} + kq = F \tag{2.137}$$

$$m\dot{q}(0) - m\bar{\dot{q}}(0) = 0 \quad \text{(初值条件)} \tag{2.138}$$

方程(2.137)的全解可以表示为

$$q(t) = q_1(t) + q_2(t) \tag{2.139}$$

式中　$q_1(t)$ —— 齐次方程的通解;

$q_2(t)$ —— 非齐次方程的特解。

齐次方程的通解为

$$q_1(t) = \left\{ q_1(0)\cos \omega_{\mathrm{d}} t + \left[\frac{\dot{q}_1(0) + \xi\omega_{\mathrm{n}} q_1(0)}{\omega_{\mathrm{d}}} \right] \sin \omega_{\mathrm{d}} t \right\} \exp(-\xi\omega_{\mathrm{n}} t) \tag{2.140}$$

式中　ω_{n} —— 固有频率(无阻尼自振频率),$\omega_{\mathrm{n}} = \sqrt{\dfrac{k}{m}}$;

ξ —— 阻尼比(阻尼与临界阻尼的比值),$\xi = \dfrac{c}{2m\omega_{\mathrm{n}}}$;

ω_{d} —— 有阻尼自振频率,$\omega_{\mathrm{d}} = \sqrt{1-\xi^2}\,\omega_{\mathrm{n}}$;

$q_1(0)$ —— $q_1(t)$ 的初始值;

$\dot{q}_1(0)$ —— $\dot{q}_1(t)$ 的初始值。

可知,由于阻尼的存在,齐次方程的解会逐步衰减掉。

设单自由度系统受简谐激振力,且 $F(t) = F_0 \sin \omega t$,则非齐次方程的特解为

$$q_2(t) = B\sin(\omega t - \varphi) \tag{2.141}$$

式中　B —— 振幅,$B = \dfrac{F_0}{\sqrt{(k - m\omega^2)^2 + (c\omega)^2}}$;

ω —— 激振频率;

φ —— 相位角,$\varphi = \arctan\left(\dfrac{c\omega}{k - m\omega^2}\right)$。

此解有时称为稳定解。

2.6.2 二自由度受迫振动系统

如图 2.2 所示的有黏性阻尼的二自由度受迫振动系统中,两质量块质量分别为 m_1 和 m_2,用图中的刚体表示。由于滚筒约束,系统只能发生水平方向的运动,确定其位置的独立参数有两个,即 $q_1(t)$ 和 $q_2(t)$。抵抗运动的弹性抗力分别由刚度为 k_1 和 k_2 的无重弹簧来提供,而能量耗散机理分别用阻尼系数为 c_1 和 c_2 的阻尼器表示,产生此系统动力反应的外部荷载 $F_1(t)$ 和 $F_2(t)$ 是随时间变化的力,分别作用于两质点。这是一个非保守系统,阻尼力与外部荷载均是非保守力。

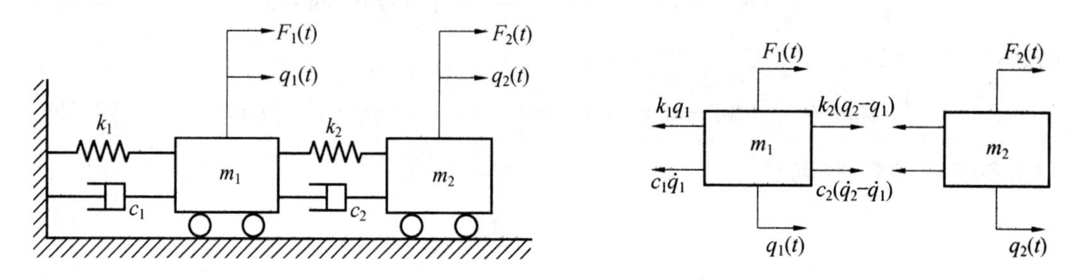

图 2.2 有黏性阻尼的二自由度受迫振动系统

应用非保守分析力学初值问题拟势能变分原理来研究这一问题,表示为

$$\delta \Pi_1 + \delta Q = 0 \tag{2.142}$$

式中

$$\Pi_1 = \int_{t_0}^{t_1} \Big[\frac{1}{2} m_1 \dot{q}_1 * \dot{q}_1 + \frac{1}{2} m_2 \dot{q}_2 * \dot{q}_2 - m_1 \bar{\dot{q}}_1(0) q_1 - m_2 \bar{\dot{q}}_2(0) q_2 + \frac{1}{2} k_1 q_1 * q_1 + \frac{1}{2} k_2 (q_2 - q_1) * (q_2 - q_1) + c_1 \dot{q}_1 * q_1 + c_2 (\dot{q}_2 - \dot{q}_1) * (q_2 - q_1) - F_1 * q_1 - F_2 * q_2 \Big] \mathrm{d}t$$

$$\delta Q = \int_{t_0}^{t_1} \Big\{ -q_1 * \delta(c_1 \dot{q}_1) - (q_2 - q_1) * \delta[c_2(\dot{q}_2 - \dot{q}_1)] + q_1 * \delta F_1 + q_2 * \delta F_2 \Big\} \mathrm{d}t$$

将式(2.142) 写成展开形式,经整理可得

$$\begin{aligned} \delta \Pi_1 + \delta Q = \int_{t_0}^{t_1} [& m_1 \dot{q}_1 * \delta \dot{q}_1 + m_2 \dot{q}_2 * \delta \dot{q}_2 - m_1 \bar{\dot{q}}_1(0) \delta q_1 - m_2 \bar{\dot{q}}_2(0) \delta q_2 + \\ & k_1 q_1 * \delta q_1 + k_2 q_2 * \delta q_2 + k_2 q_1 * \delta q_1 - k_2 q_2 * \delta q_1 - \\ & k_2 q_1 * \delta q_2 + c_1 \dot{q}_1 * \delta q_1 + c_2 \dot{q}_2 * \delta q_2 + c_2 \dot{q}_1 * \delta q_1 - \\ & c_2 \dot{q}_2 * \delta q_1 - c_2 \dot{q}_1 * \delta q_2 - F_1 * \delta q_1 - F_2 * \delta q_2] \mathrm{d}t = 0 \end{aligned} \tag{2.143}$$

应用 Laplace 变换中的卷积理论的分部积分公式,有

$$\int_{t_0}^{t_1} m_1 \dot{q}_1 * \delta \dot{q}_1 \mathrm{d}t = \int_{t_0}^{t_1} m_1 \ddot{q}_1 * \delta q_1 \mathrm{d}t + \int_{t_0}^{t_1} m_1 \dot{q}_1(0) \delta q_1 \mathrm{d}t \tag{2.144}$$

$$\int_{t_0}^{t_1} m_2 \dot{q}_2 * \delta \dot{q}_2 \mathrm{d}t = \int_{t_0}^{t_1} m_2 \ddot{q}_2 * \delta q_2 \mathrm{d}t + \int_{t_0}^{t_1} m_2 \dot{q}_2(0) \delta q_2 \mathrm{d}t \tag{2.145}$$

将式(2.144)、式(2.145) 代入式(2.143),整理可得

$$\int_{t_0}^{t_1}[m_1\ddot{q}_1+(c_1+c_2)\dot{q}_1-c_2\dot{q}_2+(k_1+k_2)q_1-k_2q_2-F_1]*\delta q_1\mathrm{d}t+$$
$$\int_{t_0}^{t_1}[m_2\ddot{q}_2-c_2\dot{q}_1+c_2\dot{q}_2-k_2q_1+k_2q_2-F_2]*\delta q_2\mathrm{d}t+$$
$$\int_{t_0}^{t_1}[m_1\dot{q}_1(0)-m_1\bar{\dot{q}}_1(0)]\delta q_1\mathrm{d}t+\int_{t_0}^{t_1}[m_2\dot{q}_2(0)-m_2\bar{\dot{q}}_2(0)]\delta q_2\mathrm{d}t=0 \tag{2.146}$$

由于 δq_1、δq_2 的任意性,因此有

$$m_1\ddot{q}_1+(c_1+c_2)\dot{q}_1-c_2\dot{q}_2+(k_1+k_2)q_1-k_2q_2=F_1 \tag{2.147}$$
$$m_2\ddot{q}_2-c_2\dot{q}_1+c_2\dot{q}_2-k_2q_1+k_2q_2=F_2 \tag{2.148}$$
$$m_1\dot{q}_1(0)-m_1\bar{\dot{q}}_1(0)=0\quad(初值条件) \tag{2.149}$$
$$m_2\dot{q}_2(0)-m_2\bar{\dot{q}}_2(0)=0\quad(初值条件) \tag{2.150}$$

从式(2.147)、式(2.148)可看出,对质量块 m_1 而言,其方程中包括 q_2 和 $\dot{q}_2$ 的项,而对质量块 m_2 而言,其方程中包括 q_1 和 $\dot{q}_1$ 的项。因此其方程不是独立的,也就是说两个质量块的运动相互影响,这种现象称为坐标耦合。

为了简单起见,将式(2.147)、式(2.148)写成矩阵形式

$$\begin{bmatrix}m_1 & 0\\0 & m_2\end{bmatrix}\begin{bmatrix}\ddot{q}_1\\\ddot{q}_2\end{bmatrix}+\begin{bmatrix}c_1+c_2 & -c_2\\-c_2 & c_2\end{bmatrix}\begin{bmatrix}\dot{q}_1\\\dot{q}_2\end{bmatrix}+\begin{bmatrix}k_1+k_2 & -k_2\\-k_2 & k_2\end{bmatrix}\begin{bmatrix}q_1\\q_2\end{bmatrix}=\begin{bmatrix}F_1\\F_2\end{bmatrix} \tag{2.151}$$

或

$$\boldsymbol{M}\ddot{\boldsymbol{q}}+\boldsymbol{C}\dot{\boldsymbol{q}}+\boldsymbol{K}\boldsymbol{q}=\boldsymbol{F} \tag{2.152}$$

式中　$\boldsymbol{M}$ —— 质量矩阵,$\boldsymbol{M}=\begin{bmatrix}m_1 & 0\\0 & m_2\end{bmatrix}$;

$\boldsymbol{C}$ —— 阻尼矩阵,$\boldsymbol{C}=\begin{bmatrix}c_1+c_2 & -c_2\\-c_2 & c_2\end{bmatrix}$;

$\boldsymbol{K}$ —— 刚度矩阵,$\boldsymbol{K}=\begin{bmatrix}k_1+k_2 & -k_2\\-k_2 & k_2\end{bmatrix}$。

该方程的全解可以表示为

$$q_1(t)=q_{11}(t)+q_{12}(t) \tag{2.153}$$
$$q_2(t)=q_{21}(t)+q_{22}(t) \tag{2.154}$$

式中　$q_{11}(t)$、$q_{21}(t)$ —— 齐次方程的通解;

$q_{12}(t)$、$q_{22}(t)$ —— 非齐次方程的特解。

齐次方程的通解为

$$q_{11}(t)=\mathrm{e}^{-n_1t}[s_1q_{11}(0)\cos\omega_{\mathrm{d}1}t+s'_1q_{21}(0)\sin\omega_{\mathrm{d}1}t]+$$
$$\mathrm{e}^{-n_2t}[s_2\dot{q}_{11}(0)\cos\omega_{\mathrm{d}2}t+s'_2\dot{q}_{21}(0)\sin\omega_{\mathrm{d}2}t] \tag{2.155}$$
$$q_{21}(t)=\mathrm{e}^{-n_1t}[q_{11}(0)\cos\omega_{\mathrm{d}1}t+q_{21}(0)\sin\omega_{\mathrm{d}1}t]+$$
$$\mathrm{e}^{-n_2t}[\dot{q}_{11}(0)\cos\omega_{\mathrm{d}2}t+\dot{q}_{21}(0)\sin\omega_{\mathrm{d}2}t] \tag{2.156}$$

式中　n_1、n_2 —— 衰减系数;

ω_{d1}、ω_{d2} —— 有阻尼自振频率；

s_1、s'_1、s_2、s'_2 —— 振幅比；

$q_1(0)$、$q_2(0)$ —— $q_1(t)$、$q_2(t)$ 的初始值；

$\dot{q}_1(0)$、$\dot{q}_2(0)$ —— $\dot{q}_1(t)$、$\dot{q}_2(t)$ 的初始值。

可知，由于阻尼的存在齐次方程的解会逐步衰减掉。

为了讨论方便，假设只在质量块 m_1 上加一简谐激振力，即设 $F_1(t)=F_0\sin\omega t$、$F_2(t)=0$，则非齐次方程的特解为

$$q_{21}(t)=B_1\sin(\omega t-\varphi_1) \tag{2.157}$$

$$q_{22}(t)=B_2\sin(\omega t-\varphi_2) \tag{2.158}$$

式中　B_1、B_2 —— 振幅，$B_1=F_0\sqrt{\dfrac{h^2+d^2}{a^2+b^2}}$，$B_2=F_0\sqrt{\dfrac{f^2+g^2}{a^2+b^2}}$；

ω —— 激振频率；

φ_1、φ_2 —— 激振力超前于位移的相位角，$\varphi_1=\arctan\left(\dfrac{bh-ad}{ah+bd}\right)$，$\varphi_2=\arctan\left(\dfrac{bf-ag}{af+bg}\right)$。

其中

$$a=(k_1+k_2-m_1\omega^2)(k_2-m_2\omega^2)-k_2^2-(c_1+c_2)c_2\omega^2+c_2^2\omega^2$$

$$b=(k_1+k_2-m_1\omega^2)c_2\omega+(k_2-m_2\omega^2)(c_1+c_2)\omega-2k_2\omega c_2$$

$$h=k_2-m_2\omega^2,\quad d=c_2\omega,\quad f=k_2,\quad g=c_2\omega$$

此解有时称为稳态解。

第3章 刚体动力学初值问题（广义）拟变分原理及其应用

3.1 引　　言

从动力学角度讲，刚体是刚弹耦合体的特殊情况，在研究刚弹耦合系统动力学时，必然会首先涉及刚体动力学。因此，本章研究“刚体动力学初值问题（广义）拟变分原理及其应用”。

自从1957年人类首次发射人造地球卫星以来，航天技术发展十分迅速，给质点刚体力学提出了许多新的研究课题，人们把这类研究形象地称为“人造天体力学”，它与古典的天体力学不同之处在于人造天体（卫星、飞船、空间站等）可受人为的控制力作用，主要分为轨道动力学及姿态动力学两方面，这正是刚体动力学的研究内容。我们知道，刚体的一般运动可以处理为随质心的平动和绕质心的转动。前者将刚体视为一个质点（即以质心代表整个刚体的平动）来研究，形成轨道动力学，研究兵器的学者形象地称之为弹道学，而对于飞行器的飞行轨迹，有的还要涉及飞行器再入大气层的问题，研究内容相当丰富；后者是研究这些人造天体相对质心的运动，主要是姿态的稳定与控制。由于作用力矩可以是复杂的干扰力矩和控制力矩，关于定点运动的经典理论因此获得很大的丰富与发展，直到现在仍有许多新的研究课题。

本章在研究“非保守分析力学初值问题（广义）拟变分原理及其应用”的基础上，建立了刚体动力学初值问题拟变分原理和广义拟变分原理，推导出刚体动力学初值问题拟变分原理的拟驻值条件和广义拟变分原理的拟驻值条件，并结合应用实例，说明了建立刚体动力学初值问题（广义）拟变分原理的优越性。

3.2 运动学关系

如图3.1所示，坐标系 $e=(e_1,e_2,e_3)$ 为定坐标系（又称惯性坐标系），建立在刚体系统质心上的坐标系 $o=(o_1,o_2,o_3)$ 为随体动坐标系。对于刚体上某一微元质量，有

$$R_i = X_i^c + x_i \tag{3.1}$$

式中　R_i —— 微元质量 $\mathrm{d}m$ 相对定坐标系矢径；

X_i^c —— 质心到定坐标系原点的矢径；

x_i —— 由微元质量 $\mathrm{d}m$ 到质心的矢径。

将式(3.1)对时间求导，有

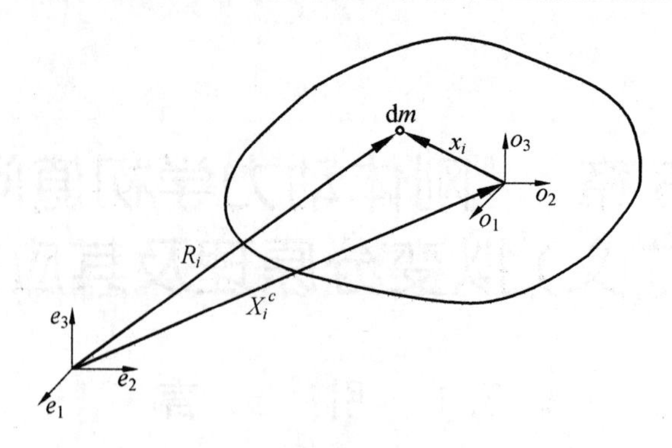

图 3.1　刚体向量关系

$$\frac{\mathrm{d}R_i}{\mathrm{d}t}=\frac{\mathrm{d}X_i^c}{\mathrm{d}t}+\frac{\mathrm{d}x_i}{\mathrm{d}t} \tag{3.2}$$

式中　$\frac{\mathrm{d}R_i}{\mathrm{d}t}$ —— 微元质量 dm 的矢径在定坐标系内的时间导数；

$\frac{\mathrm{d}X_i^c}{\mathrm{d}t}$ —— 质心到定坐标系原点的矢径在定坐标系内的时间导数；

$\frac{\mathrm{d}x_i}{\mathrm{d}t}$ —— 由微元质量 dm 到质心的矢径在定坐标系内的时间导数。

注意到，只有刚体 θ_i 很小时才能处理为矢量，称之为小角定理。这里 θ_i 可以认为满足小角定理，或者认为是伪坐标。应用 Coriolis 转动定理，有

$$\frac{\mathrm{d}x_i}{\mathrm{d}t}=\frac{\partial x_i}{\partial t}+e_{ijk}\frac{\mathrm{d}\theta_j}{\mathrm{d}t}x_k \tag{3.3}$$

式中　$\frac{\partial x_i}{\partial t}$ —— 由微元质量 dm 到质心的矢径在动坐标系内的时间导数；

e_{ijk} —— 置换符号；

θ_i —— 刚体的转角。

在力学模型中，x_i 是刚体上微元质量 dm 到质心的距离，而刚体中任意两点间的距离都是常量，可知

$$\frac{\partial x_i}{\partial t}=0 \tag{3.4}$$

故有

$$\frac{\mathrm{d}x_i}{\mathrm{d}t}=e_{ijk}\frac{\mathrm{d}\theta_j}{\mathrm{d}t}x_k \tag{3.5}$$

将式(3.5)代入式(3.2)中，可得刚体上微元质量 dm 相对定坐标系速度为

$$\frac{\mathrm{d}R_i}{\mathrm{d}t}=\frac{\mathrm{d}X_i^c}{\mathrm{d}t}+e_{ijk}\frac{\mathrm{d}\theta_j}{\mathrm{d}t}x_k \tag{3.6}$$

3.3　一类变量初值问题拟变分原理

3.3.1　基本方程

这里认为,导致刚体运动的力(即作用于质心的主矢和主矩)为非保守力。根据上述运动学关系分析,刚体动力学的基本方程为

$$-m\frac{\mathrm{d}^2X_i^c}{\mathrm{d}t^2}+F_i=0 \tag{3.7}$$

$$-\frac{\mathrm{d}}{\mathrm{d}t}\left(J_{ij}\frac{\mathrm{d}\theta_j}{\mathrm{d}t}\right)+M_i=0 \tag{3.8}$$

初值条件为

$$X_i^c\big|_{t=0}=X_i^c(0),\quad \left.\frac{\mathrm{d}X_i^c}{\mathrm{d}t}\right|_{t=0}=\frac{\mathrm{d}X_i^c(0)}{\mathrm{d}t} \tag{3.9}$$

$$\theta_i\big|_{t=0}=\theta_i(0),\quad \left.\frac{\mathrm{d}\theta_i}{\mathrm{d}t}\right|_{t=0}=\frac{\mathrm{d}\theta_i(0)}{\mathrm{d}t} \tag{3.10}$$

式中　m —— 刚体的质量;

F_i —— 外力主矢;

M_i —— 外力主矩;

J_{ij} —— 刚体转动惯量。

3.3.2　拟变分原理

1. 原空间中的拟变分原理

应用卷变积方法,按照广义力和广义位移的对应关系,将式(3.7)卷乘 δX_i^c,将式(3.8)卷乘 $\delta\theta_i$,并代数相加,可得

$$-\left(-m\frac{\mathrm{d}^2X_i^c}{\mathrm{d}t^2}+F_i\right)*\delta X_i^c-\left[-\frac{\mathrm{d}}{\mathrm{d}t}\left(J_{ij}\frac{\mathrm{d}\theta_j}{\mathrm{d}t}\right)+M_i\right]*\delta\theta_i=0 \tag{3.11}$$

应用 Laplace 变换中的卷积理论的分部积分公式,有

$$\frac{\mathrm{d}}{\mathrm{d}t}\left(\frac{\mathrm{d}X_i^c}{\mathrm{d}t}\right)*\delta X_i^c=\frac{\mathrm{d}X_i^c}{\mathrm{d}t}*\delta\frac{\mathrm{d}X_i^c}{\mathrm{d}t}-\frac{\mathrm{d}X_i^c(0)}{\mathrm{d}t}\delta X_i^c \tag{3.12}$$

$$\frac{\mathrm{d}}{\mathrm{d}t}\left(J_{ij}\frac{\mathrm{d}\theta_j}{\mathrm{d}t}\right)*\delta\theta_i=J_{ij}\frac{\mathrm{d}\theta_j}{\mathrm{d}t}*\delta\frac{\mathrm{d}\theta_i}{\mathrm{d}t}-J_{ij}\frac{\mathrm{d}\theta_j(0)}{\mathrm{d}t}\delta\theta_i \tag{3.13}$$

将式(3.12)、式(3.13)代入式(3.11),可得

$$\begin{aligned}&m\frac{\mathrm{d}X_i^c}{\mathrm{d}t}*\delta\frac{\mathrm{d}X_i^c}{\mathrm{d}t}-m\frac{\mathrm{d}X_i^c(0)}{\mathrm{d}t}\delta X_i^c-F_i*\delta X_i^c+\\&J_{ij}\frac{\mathrm{d}\theta_j}{\mathrm{d}t}*\delta\frac{\mathrm{d}\theta_i}{\mathrm{d}t}-J_{ij}\frac{\mathrm{d}\theta_j(0)}{\mathrm{d}t}\delta\theta_i-M_i*\delta\theta_i=0\end{aligned} \tag{3.14}$$

进一步变换为

$$\delta\left[\frac{1}{2}m\frac{\mathrm{d}X_i^c}{\mathrm{d}t}*\frac{\mathrm{d}X_i^c}{\mathrm{d}t}-m\frac{\mathrm{d}X_i^c(0)}{\mathrm{d}t}X_i^c+\frac{1}{2}J_{ij}\frac{\mathrm{d}\theta_j}{\mathrm{d}t}*\frac{\mathrm{d}\theta_i}{\mathrm{d}t}-J_{ij}\frac{\mathrm{d}\theta_j(0)}{\mathrm{d}t}\theta_i-\right.$$

$$F_i * X_i^c - M_i * \theta_i \Big] + X_i^c * \delta F_i + \theta_i * \delta M_i = 0 \tag{3.15}$$

上式简记为

$$\delta \Pi_1 + \delta Q = 0 \tag{3.16}$$

式中

$$\Pi_1 = \frac{1}{2} m \frac{\mathrm{d}X_i^c}{\mathrm{d}t} * \frac{\mathrm{d}X_i^c}{\mathrm{d}t} - m \frac{\mathrm{d}X_i^c(0)}{\mathrm{d}t} X_i^c + \frac{1}{2} J_{ij} \frac{\mathrm{d}\theta_j}{\mathrm{d}t} * \frac{\mathrm{d}\theta_i}{\mathrm{d}t} - J_{ij} \frac{\mathrm{d}\theta_j(0)}{\mathrm{d}t} \theta_i - F_i * X_i^c - M_i * \theta_i$$

$$\delta Q = X_i^c * \delta F_i + \theta_i * \delta M_i$$

式(3.16)即为一类变量刚体动力学初值问题在原空间中的拟变分原理。

2. 相空间中的拟变分原理

考虑到刚体质心到惯性坐标系原点的矢径对时间的导数的 Laplace 变换式为

$$\frac{\mathrm{d}X_i^c}{\mathrm{d}t} \doteq p\tilde{X}_i^c - X_i^c(0) \tag{3.17}$$

及刚体转角对时间的导数的 Laplace 变换式为

$$\frac{\mathrm{d}\theta_i}{\mathrm{d}t} \doteq p\tilde{\Theta}_i - \theta_i(0) \tag{3.18}$$

将各张量符号的 Laplace 变换式：$F_i \doteq \tilde{F}_i$、$M_i \doteq \tilde{M}_i$、$X_i^c \doteq \tilde{X}_i^c$、$\theta_i \doteq \tilde{\Theta}_i$，以及式(3.17)、式(3.18)代入式(3.15)中，并整理得

$$\delta \Big[\frac{1}{2} m p^2 \tilde{X}_i^c \tilde{X}_i^c - m p X_i^c(0) \tilde{X}_i^c - m \frac{\mathrm{d}X_i^c(0)}{\mathrm{d}t} \tilde{X}_i^c + \frac{1}{2} p^2 J_{ij} \tilde{\Theta}_j \tilde{\Theta}_i - p J_{ij} \theta_j(0) \tilde{\Theta}_i - J_{ij} \frac{\mathrm{d}\theta_j(0)}{\mathrm{d}t} \tilde{\Theta}_i - \tilde{F}_i \tilde{X}_i^c - \tilde{M}_i \tilde{\Theta}_i \Big] + \tilde{X}_i^c \delta \tilde{F}_i + \tilde{\Theta}_i \delta \tilde{M}_i = 0 \tag{3.19}$$

上式简记为

$$\delta \tilde{\Pi}_1 + \delta \tilde{Q} = 0 \tag{3.20}$$

式中

$$\tilde{\Pi}_1 = \frac{1}{2} m p^2 \tilde{X}_i^c \tilde{X}_i^c - m p X_i^c(0) \tilde{X}_i^c - m \frac{\mathrm{d}X_i^c(0)}{\mathrm{d}t} \tilde{X}_i^c + \frac{1}{2} p^2 J_{ij} \tilde{\Theta}_j \tilde{\Theta}_i - p J_{ij} \theta_j(0) \tilde{\Theta}_i - J_{ij} \frac{\mathrm{d}\theta_j(0)}{\mathrm{d}t} \tilde{\Theta}_i - \tilde{F}_i \tilde{X}_i^c - \tilde{M}_i \tilde{\Theta}_i$$

$$\delta \tilde{Q} = \tilde{X}_i^c \delta \tilde{F}_i + \tilde{\Theta}_i \delta \tilde{M}_i$$

其中，$\Pi_1 \doteq \tilde{\Pi}_1$，$Q \doteq \tilde{Q}$。

式(3.20)即为一类变量刚体动力学初值问题在相空间中的拟变分原理。

3.3.3 拟驻值条件

这里，首先应用变分方法，推导出一类变量刚体动力学初值问题在相空间中的拟变分原理的拟驻值条件；然后应用 Laplace 逆变换，将拟驻值条件由相空间反演到原空间，从而得到一类变量刚体动力学初值问题在原空间中的拟变分原理的拟驻值条件。

1. 相空间中的拟驻值条件

将式(3.20)写成展开形式,可得

$$\delta\tilde{\Pi}_1+\delta\tilde{Q}=mp^2\tilde{X}_i^c\delta\tilde{X}_i^c-mpX_i^c(0)\delta\tilde{X}_i^c-m\frac{\mathrm{d}X_i^c(0)}{\mathrm{d}t}\delta\tilde{X}_i^c+p^2J_{ij}\tilde{\Theta}_j\delta\tilde{\Theta}_i-$$
$$pJ_{ij}\theta_j(0)\delta\tilde{\Theta}_i-J_{ij}\frac{\mathrm{d}\theta_j(0)}{\mathrm{d}t}\delta\tilde{\Theta}_i-\tilde{F}_i\delta\tilde{X}_i^c-\tilde{M}_i\delta\tilde{\Theta}_i=0 \tag{3.21}$$

经过同类项合并,上式进一步变换为

$$-\left\{-m\left[p^2\tilde{X}_i^c-pX_i^c(0)-\frac{\mathrm{d}X_i^c(0)}{\mathrm{d}t}\right]+\tilde{F}_i\right\}\delta\tilde{X}_i^c-$$
$$\left\{-J_{ij}\left[p^2\tilde{\Theta}_j-p\theta_j(0)-\frac{\mathrm{d}\theta_j(0)}{\mathrm{d}t}\right]+\tilde{M}_i\right\}\delta\tilde{\Theta}_i=0 \tag{3.22}$$

由于 $\delta\tilde{X}_i^c$、$\delta\tilde{\Theta}_i$ 的任意性,因此有

$$-m\left[p^2\tilde{X}_i^c-pX_i^c(0)-\frac{\mathrm{d}X_i^c(0)}{\mathrm{d}t}\right]+\tilde{F}_i=0 \tag{3.23}$$

$$-J_{ij}\left[p^2\tilde{\Theta}_j-p\theta_j(0)-\frac{\mathrm{d}\theta_j(0)}{\mathrm{d}t}\right]+\tilde{M}_i=0 \tag{3.24}$$

式(3.23)、式(3.24)即为一类变量刚体动力学初值问题在相空间中的拟变分原理的拟驻值条件。

2. 原空间中的拟驻值条件

考虑到刚体质心到惯性坐标系原点的矢径对时间的二阶导数的 Laplace 变换式为

$$\frac{\mathrm{d}^2X_i^c}{\mathrm{d}t^2}\fallingdotseq p^2\tilde{X}_i^c-pX_i^c(0)-\frac{\mathrm{d}X_i^c(0)}{\mathrm{d}t} \tag{3.25}$$

及刚体转角对时间的二阶导数的 Laplace 变换式为

$$\frac{\mathrm{d}^2\theta_i}{\mathrm{d}t^2}\fallingdotseq p^2\tilde{\Theta}_i-p\theta_i(0)-\frac{\mathrm{d}\theta_i(0)}{\mathrm{d}t} \tag{3.26}$$

将各张量符号的 Laplace 变换式:$F_i\fallingdotseq\tilde{F}_i$、$M_i\fallingdotseq\tilde{M}_i$,以及式(3.25)、式(3.26)分别代入式(3.23)、式(3.24)中,即应用 Laplace 逆变换,将式(3.23)、式(3.24)由相空间反演到原空间,可得

$$-m\frac{\mathrm{d}^2X_i^c}{\mathrm{d}t^2}+F_i=0 \tag{3.27}$$

$$-\frac{\mathrm{d}}{\mathrm{d}t}\left(J_{ij}\frac{\mathrm{d}\theta_j}{\mathrm{d}t}\right)+M_i=0 \tag{3.28}$$

式(3.27)、式(3.28)即为一类变量刚体动力学初值问题在原空间中的拟变分原理的拟驻值条件。可见,式(3.27)正是刚体质心运动方程(3.7),式(3.28)正是刚体转动方程(3.8)。

3.4　两类变量初值问题拟变分原理

两类变量刚体动力学初值问题拟变分原理的建立方法有两种:一是应用对合变换,将

一类变量初值问题拟变分原理及其拟驻值条件直接变换为两类变量初值问题拟变分原理及其拟驻值条件。二是以两类变量基本方程为前提，首先应用卷变积方法，建立原空间中的拟变分原理；其次应用 Laplace 变换，得到相空间中的拟变分原理；再次应用变分方法，推导出相空间中的拟变分原理的拟驻值条件；最后应用 Laplace 逆变换，得到原空间中的拟变分原理的拟驻值条件。为保证研究的系统性和整体性，本节采用第二种方法。

3.4.1 基本方程

对式(3.7)、式(3.8)应用对合变换，得到刚体动力学基本方程的另一种形式为

$$-m\frac{\mathrm{d}v_i^c}{\mathrm{d}t}+F_i=0 \tag{3.29}$$

$$-\frac{\mathrm{d}}{\mathrm{d}t}(J_{ij}\omega_j)+M_i=0 \tag{3.30}$$

$$v_i^c-\frac{\mathrm{d}X_i^c}{\mathrm{d}t}=0 \tag{3.31}$$

$$\omega_i-\frac{\mathrm{d}\theta_i}{\mathrm{d}t}=0 \tag{3.32}$$

初值条件为

$$X_i^c\big|_{t=0}=X_i^c(0),\quad v_i^c\big|_{t=0}=v_i^c(0) \tag{3.33}$$

$$\theta_i\big|_{t=0}=\theta_i(0),\quad \omega_i\big|_{t=0}=\omega_i(0) \tag{3.34}$$

式中 v_i^c —— 刚体质心的速度矢量；

ω_i —— 刚体转动角速度矢量。

3.4.2 拟变分原理

1. 原空间中的拟变分原理

应用卷变积方法，按照广义力和广义位移的对应关系，将式(3.29) 卷乘 δX_i^c，将式(3.30) 卷乘 $\delta\theta_i$，并代数相加，可得

$$-\left(-m\frac{\mathrm{d}v_i^c}{\mathrm{d}t}+F_i\right)*\delta X_i^c-\left[-\frac{\mathrm{d}}{\mathrm{d}t}(J_{ij}\omega_j)+M_i\right]*\delta\theta_i=0 \tag{3.35}$$

应用 Laplace 变换中的卷积理论的分部积分公式，有

$$\frac{\mathrm{d}v_i^c}{\mathrm{d}t}*\delta X_i^c=v_i^c*\delta\frac{\mathrm{d}X_i^c}{\mathrm{d}t}-v_i^c(0)\delta X_i^c \tag{3.36}$$

$$\frac{\mathrm{d}}{\mathrm{d}t}(J_{ij}\omega_j)*\delta\theta_i=J_{ij}\omega_j*\delta\frac{\mathrm{d}\theta_i}{\mathrm{d}t}-J_{ij}\omega_j(0)\delta\theta_i \tag{3.37}$$

将式(3.36)、式(3.37) 代入式(3.35)，可得

$$\begin{aligned}&mv_i^c*\delta\frac{\mathrm{d}X_i^c}{\mathrm{d}t}-mv_i^c(0)\delta X_i^c-F_i*\delta X_i^c+\\&J_{ij}\omega_j*\delta\frac{\mathrm{d}\theta_i}{\mathrm{d}t}-J_{ij}\omega_j(0)\delta\theta_i-M_i*\delta\theta_i=0\end{aligned} \tag{3.38}$$

将式(3.31)、式(3.32) 代入式(3.38)，并将变分符号提出，从而得到

$$\delta\left[\frac{1}{2}mv_i^c * v_i^c - mv_i^c(0)X_i^c + \frac{1}{2}J_{ij}\omega_j * \omega_i - J_{ij}\omega_j(0)\theta_i - F_i * X_i^c - M_i * \theta_i\right] + X_i^c * \delta F_i + \theta_i * \delta M_i = 0 \tag{3.39}$$

上式简记为

$$\delta\Pi_2 + \delta Q = 0 \tag{3.40}$$

式中

$$\Pi_2 = \frac{1}{2}mv_i^c * v_i^c - mv_i^c(0)X_i^c + \frac{1}{2}J_{ij}\omega_j * \omega_i - J_{ij}\omega_j(0)\theta_i - F_i * X_i^c - M_i * \theta_i$$

$$\delta Q = X_i^c * \delta F_i + \theta_i * \delta M_i$$

式(3.40)即为两类变量刚体动力学初值问题在原空间中的拟变分原理,其先决条件为式(3.31)、式(3.32)。

2. 相空间中的拟变分原理

应用Laplace变换,将式(3.39)变换到相空间,可得

$$\delta\left[\frac{1}{2}m\tilde{v}_i^c\tilde{v}_i^c - mv_i^c(0)\tilde{X}_i^c + \frac{1}{2}J_{ij}\tilde{\omega}_j\tilde{\omega}_i - J_{ij}\omega_j(0)\tilde{\Theta}_i - \tilde{F}_i\tilde{X}_i^c - \tilde{M}_i\tilde{\Theta}_i\right] + \tilde{X}_i^c\delta\tilde{F}_i + \tilde{\Theta}_i\delta\tilde{M}_i = 0 \tag{3.41}$$

其中,各张量符号的Laplace变换式分别为:$F_i \doteq \tilde{F}_i$、$M_i \doteq \tilde{M}_i$、$X_i^c \doteq \tilde{X}_i^c$、$\theta_i \doteq \tilde{\Theta}_i$、$v_i^c \doteq \tilde{v}_i^c$、$\omega_i \doteq \tilde{\omega}_i$。

式(3.41)简记为

$$\delta\tilde{\Pi}_2 + \delta\tilde{Q} = 0 \tag{3.42}$$

式中

$$\tilde{\Pi}_2 = \frac{1}{2}m\tilde{v}_i^c\tilde{v}_i^c - mv_i^c(0)\tilde{X}_i^c + \frac{1}{2}J_{ij}\tilde{\omega}_j\tilde{\omega}_i - J_{ij}\omega_j(0)\tilde{\Theta}_i - \tilde{F}_i\tilde{X}_i^c - \tilde{M}_i\tilde{\Theta}_i$$

$$\delta\tilde{Q} = \tilde{X}_i^c\delta\tilde{F}_i + \tilde{\Theta}_i\delta\tilde{M}_i$$

其中,$\Pi_2 \doteq \tilde{\Pi}_2$、$Q \doteq \tilde{Q}$。

式(3.42)即为两类变量刚体动力学初值问题在相空间中的拟变分原理,其先决条件为式(3.31)、式(3.32)的Laplace变换式,即

$$\tilde{v}_i^c - p\tilde{X}_i^c + X_i^c(0) = 0 \tag{3.43}$$

$$\tilde{\omega}_i - p\tilde{\Theta}_i + \theta_i(0) = 0 \tag{3.44}$$

3.4.3　拟驻值条件

以下推导两类变量刚体动力学初值问题拟变分原理的拟驻值条件。

1. 相空间中的拟驻值条件

将式(3.42)写成展开形式,可得

$$\delta\tilde{\Pi}_2 + \delta\tilde{Q} = m\tilde{v}_i^c\delta\tilde{v}_i^c - mv_i^c(0)\delta\tilde{X}_i^c + J_{ij}\tilde{\omega}_j\delta\tilde{\omega}_i - J_{ij}\omega_j(0)\delta\tilde{\Theta}_i -$$

$$\widetilde{F}_i\delta\widetilde{X}_i^c-\widetilde{M}_i\delta\widetilde{\Theta}_i=0 \tag{3.45}$$

经过同类项合并，上式进一步变换为

$$m\widetilde{v}_i^c\delta\widetilde{v}_i^c-[mv_i^c(0)+\widetilde{F}_i]\delta\widetilde{X}_i^c+J_{ij}\widetilde{\omega}_j\delta\widetilde{\omega}_i-[J_{ij}\omega_j(0)+\widetilde{M}_i]\delta\widetilde{\Theta}_i=0 \tag{3.46}$$

考虑到先决条件式(3.43)、式(3.44)的变分为

$$\delta\widetilde{v}_i^c-p\delta\widetilde{X}_i^c=0 \tag{3.47}$$

$$\delta\widetilde{\omega}_i-p\delta\widetilde{\Theta}_i=0 \tag{3.48}$$

将式(3.47)、式(3.48)代入式(3.46)，可得

$$-[-mp\widetilde{v}_i^c+mv_i^c(0)+\widetilde{F}_i]\delta\widetilde{X}_i^c-[-pJ_{ij}\widetilde{\omega}_j+J_{ij}\omega_j(0)+\widetilde{M}_i]\delta\widetilde{\Theta}_i=0 \tag{3.49}$$

由于 $\delta\widetilde{X}_i^c$、$\delta\widetilde{\Theta}_i$ 的任意性，因此有

$$-mp\widetilde{v}_i^c+mv_i^c(0)+\widetilde{F}_i=0 \tag{3.50}$$

$$-pJ_{ij}\widetilde{\omega}_j+J_{ij}\omega_j(0)+\widetilde{M}_i=0 \tag{3.51}$$

式(3.50)、式(3.51)即为两类变量刚体动力学初值问题在相空间中的拟变分原理的拟驻值条件，与其先决条件式(3.43)、式(3.44)一起构成封闭的微分方程组。

2. 原空间中的拟驻值条件

考虑到刚体质心的速度矢量对时间的导数的 Laplace 变换式为

$$\frac{\mathrm{d}v_i^c}{\mathrm{d}t}\doteq p\widetilde{v}_i^c-v_i^c(0) \tag{3.52}$$

及刚体转动角速度矢量对时间的导数的 Laplace 变换式为

$$\frac{\mathrm{d}\omega_i}{\mathrm{d}t}\doteq p\widetilde{\omega}_i-\omega_i(0) \tag{3.53}$$

将各张量符号的 Laplace 变换式：$F_i\doteq\widetilde{F}_i$、$M_i\doteq\widetilde{M}_i$，以及式(3.52)、式(3.53)分别代入式(3.50)、式(3.51)中，即应用 Laplace 逆变换，将式(3.50)、式(3.51)由相空间反演到原空间，可得

$$-m\frac{\mathrm{d}v_i^c}{\mathrm{d}t}+F_i=0 \tag{3.54}$$

$$-\frac{\mathrm{d}}{\mathrm{d}t}(J_{ij}\omega_j)+M_i=0 \tag{3.55}$$

式(3.54)、式(3.55)即为两类变量刚体动力学初值问题在原空间中的拟变分原理的拟驻值条件，与其先决条件式(3.31)、式(3.32)一起构成封闭的微分方程组。可见，式(3.54)正是刚体质心运动方程(3.29)，式(3.55)正是刚体转动方程(3.30)。

3.5　两类变量初值问题广义拟变分原理

3.5.1　拟变分原理

1. 原空间中的广义拟变分原理

应用卷变积方法，按照广义力和广义位移的对应关系，将式(3.29)卷乘 δX_i^c，将式(3.30)卷乘 $\delta\theta_i$，将式(3.31)卷乘 $\delta(mv_i^c)$，将式(3.32)卷乘 $\delta(J_{ij}\omega_j)$，并代数相加，得

$$-\left(-m\frac{\mathrm{d}v_i^c}{\mathrm{d}t}+F_i\right)*\delta X_i^c-\left[-\frac{\mathrm{d}}{\mathrm{d}t}(J_{ij}\omega_j)+M_i\right]*\delta\theta_i-$$

$$\left(v_i^c-\frac{\mathrm{d}X_i^c}{\mathrm{d}t}\right)*\delta(mv_i^c)-\left(\omega_i-\frac{\mathrm{d}\theta_i}{\mathrm{d}t}\right)*\delta(J_{ij}\omega_j)=0 \tag{3.56}$$

应用 Laplace 变换中的卷积理论的分部积分公式(3.36)、式(3.37)，可将式(3.56)表示为

$$mv_i^c*\delta\frac{\mathrm{d}X_i^c}{\mathrm{d}t}-mv_i^c(0)\delta X_i^c-F_i*\delta X_i^c+J_{ij}\omega_j*\delta\frac{\mathrm{d}\theta_i}{\mathrm{d}t}-J_{ij}\omega_j(0)\delta\theta_i-$$

$$M_i*\delta\theta_i-mv_i^c*\delta v_i^c+\frac{\mathrm{d}X_i^c}{\mathrm{d}t}*\delta(mv_i^c)-\omega_i*\delta(J_{ij}\omega_j)+\frac{\mathrm{d}\theta_i}{\mathrm{d}t}*\delta(J_{ij}\omega_j)=0 \tag{3.57}$$

进一步变换为

$$\delta\left[-\frac{1}{2}mv_i^c*v_i^c+mv_i^c*\frac{\mathrm{d}X_i^c}{\mathrm{d}t}-mv_i^c(0)X_i^c-\frac{1}{2}J_{ij}\omega_j*\omega_i+J_{ij}\omega_j*\frac{\mathrm{d}\theta_i}{\mathrm{d}t}-\right.$$

$$\left.J_{ij}\omega_j(0)\theta_i-F_i*X_i^c-M_i*\theta_i\right]+X_i^c*\delta F_i+\theta_i*\delta M_i=0 \tag{3.58}$$

上式简记为

$$\delta\Pi_{\mathrm{G}}+\delta Q=0 \tag{3.59}$$

式中

$$\Pi_{\mathrm{G}}=-\frac{1}{2}mv_i^c*v_i^c+mv_i^c*\frac{\mathrm{d}X_i^c}{\mathrm{d}t}-mv_i^c(0)X_i^c-\frac{1}{2}J_{ij}\omega_j*\omega_i+J_{ij}\omega_j*\frac{\mathrm{d}\theta_i}{\mathrm{d}t}-$$

$$J_{ij}\omega_j(0)\theta_i-F_i*X_i^c-M_i*\theta_i$$

$$\delta Q=X_i^c*\delta F_i+\theta_i*\delta M_i$$

式(3.59)即为两类变量刚体动力学初值问题在原空间中的广义拟变分原理。

2. 相空间中的广义拟变分原理

将各张量符号的 Laplace 变换式：$F_i\doteq\widetilde{F}_i$、$M_i\doteq\widetilde{M}_i$、$X_i^c\doteq\widetilde{X}_i^c$、$\theta_i\doteq\widetilde{\Theta}_i$、$v_i^c\doteq\widetilde{v}_i^c$、$\omega_i\doteq\widetilde{\omega}_i$，以及式(3.17)、式(3.18)代入式(3.58)中，并整理得

$$\delta\left[-\frac{1}{2}m\widetilde{v}_i^c\widetilde{v}_i^c+mp\widetilde{v}_i^c\widetilde{X}_i^c-m\widetilde{v}_i^cX_i^c(0)-mv_i^c(0)\widetilde{X}_i^c-\frac{1}{2}J_{ij}\widetilde{\omega}_j\widetilde{\omega}_i+pJ_{ij}\widetilde{\omega}_j\widetilde{\Theta}_i-\right.$$

$$\left.J_{ij}\widetilde{\omega}_j\theta_i(0)-J_{ij}\omega_j(0)\widetilde{\Theta}_i-\widetilde{F}_i\widetilde{X}_i^c-\widetilde{M}_i\widetilde{\Theta}_i\right]+\widetilde{X}_i^c\delta\widetilde{F}_i+\widetilde{\Theta}_i\delta\widetilde{M}_i=0 \tag{3.60}$$

上式简记为

$$\delta\tilde{\Pi}_G + \delta\tilde{Q} = 0 \tag{3.61}$$

式中

$$\tilde{\Pi}_G = -\frac{1}{2}m\tilde{v}_i^c\tilde{v}_i^c + mp\tilde{v}_i^c\tilde{X}_i^c - m\tilde{v}_i^cX_i^c(0) - mv_i^c(0)\tilde{X}_i^c - \frac{1}{2}J_{ij}\tilde{\omega}_j\tilde{\omega}_i +$$

$$pJ_{ij}\tilde{\omega}_j\tilde{\Theta}_i - J_{ij}\tilde{\omega}_j\theta_i(0) - J_{ij}\omega_j(0)\tilde{\Theta}_i - \tilde{F}_i\tilde{X}_i^c - \tilde{M}_i\tilde{\Theta}_i$$

$$\delta\tilde{Q} = \tilde{X}_i^c\delta\tilde{F}_i + \tilde{\Theta}_i\delta\tilde{M}_i$$

其中，$\Pi_G \doteq \tilde{\Pi}_G$，$Q \doteq \tilde{Q}$。

式(3.61) 即为两类变量刚体动力学初值问题在相空间中的广义拟变分原理。

3.5.2 拟驻值条件

以下推导两类变量刚体动力学初值问题广义拟变分原理的拟驻值条件。

1. 相空间中的拟驻值条件

将式(3.61) 写成展开形式，可得

$$\delta\tilde{\Pi}_G + \delta\tilde{Q} = -\tilde{v}_i^c\delta(m\tilde{v}_i^c) + mp\tilde{v}_i^c\delta\tilde{X}_i^c + p\tilde{X}_i^c\delta(m\tilde{v}_i^c) - X_i^c(0)\delta(m\tilde{v}_i^c) -$$

$$mv_i^c(0)\delta\tilde{X}_i^c - \tilde{\omega}_i\delta(J_{ij}\tilde{\omega}_j) + pJ_{ij}\tilde{\omega}_j\delta\tilde{\Theta}_i + p\tilde{\Theta}_i\delta(J_{ij}\tilde{\omega}_j) -$$

$$\theta_i(0)\delta(J_{ij}\tilde{\omega}_j) - J_{ij}\omega_j(0)\delta\tilde{\Theta}_i - \tilde{F}_i\delta\tilde{X}_i^c - \tilde{M}_i\delta\tilde{\Theta}_i = 0 \tag{3.62}$$

经过同类项合并，上式进一步变换为

$$-[-mp\tilde{v}_i^c + mv_i^c(0) + \tilde{F}_i]\delta\tilde{X}_i^c - [-pJ_{ij}\tilde{\omega}_j + J_{ij}\omega_j(0) + \tilde{M}_i]\delta\tilde{\Theta}_i -$$

$$[\tilde{v}_i^c - p\tilde{X}_i^c + X_i^c(0)]\delta(m\tilde{v}_i^c) - [\tilde{\omega}_i - p\tilde{\Theta}_i + \theta_i(0)]\delta(J_{ij}\tilde{\omega}_j) = 0 \tag{3.63}$$

由于 $\delta\tilde{X}_i^c$、$\delta\tilde{\Theta}_i$、$\delta(m\tilde{v}_i^c)$、$\delta(J_{ij}\tilde{\omega}_j)$ 的任意性，因此有

$$-mp\tilde{v}_i^c + mv_i^c(0) + \tilde{F}_i = 0 \tag{3.64}$$

$$-pJ_{ij}\tilde{\omega}_j + J_{ij}\omega_j(0) + \tilde{M}_i = 0 \tag{3.65}$$

$$\tilde{v}_i^c - p\tilde{X}_i^c + X_i^c(0) = 0 \tag{3.66}$$

$$\tilde{\omega}_i - p\tilde{\Theta}_i + \theta_i(0) = 0 \tag{3.67}$$

式(3.64) ~ (3.67) 即为两类变量刚体动力学初值问题在相空间中的广义拟变分原理的拟驻值条件。

2. 原空间中的拟驻值条件

将各张量符号的 Laplace 变换式：$F_i \doteq \tilde{F}_i$、$M_i \doteq \tilde{M}_i$、$v_i^c \doteq \tilde{v}_i^c$、$\omega_i \doteq \tilde{\omega}_i$，以及式(3.52)、式(3.53)、式(3.17)、式(3.18) 分别代入式(3.64) ~ (3.67) 中，即应用 Laplace 逆变换，将式(3.64) ~ (3.67) 由相空间反演到原空间，可得

$$-m\frac{dv_i^c}{dt} + F_i = 0 \tag{3.68}$$

$$-\frac{\mathrm{d}}{\mathrm{d}t}(J_{ij}\omega_j)+M_i=0 \tag{3.69}$$

$$v_i^c-\frac{\mathrm{d}X_i^c}{\mathrm{d}t}=0 \tag{3.70}$$

$$\omega_i-\frac{\mathrm{d}\theta_i}{\mathrm{d}t}=0 \tag{3.71}$$

式(3.68) ～ (3.71) 即为两类变量刚体动力学初值问题在原空间中的广义拟变分原理的拟驻值条件。可见，式(3.68) 正是刚体质心运动方程(3.29)，式(3.69) 正是刚体转动方程(3.30)，式(3.70) 及式(3.71) 正是刚体运动学条件(3.31) 及(3.32)。由此可知，一方面，应用广义拟变分原理的拟驻值条件研究刚体动力学的解析解，可以全面把握问题的性质，从数学上说，可以得到适定的微分方程组，进而求得问题的唯一解；另一方面，在应用变分直接方法(包括有限元素法) 求解问题的近似数值解时，既可以对拟驻值条件中的刚体动力学方程(3.68)、(3.69) 取近似，也可以对拟驻值条件中的刚体运动学条件(3.70)、(3.71) 取近似，便于求得合理的近似数值解。

3.6　应用举例

刚体动力学初值问题一类变量拟变分原理为

$$\delta\Pi_1+\delta Q=0 \tag{3.72}$$

式中

$$\Pi_1=\frac{1}{2}m\frac{\mathrm{d}X_i^c}{\mathrm{d}t}*\frac{\mathrm{d}X_i^c}{\mathrm{d}t}-m\frac{\mathrm{d}X_i^c(0)}{\mathrm{d}t}X_i^c+\frac{1}{2}J_{ij}\frac{\mathrm{d}\theta_j}{\mathrm{d}t}*\frac{\mathrm{d}\theta_i}{\mathrm{d}t}-J_{ij}\frac{\mathrm{d}\theta_j(0)}{\mathrm{d}t}\theta_i-F_i*X_i^c-M_i*\theta_i$$

$$\delta Q=X_i^c*\delta F_i+\theta_i*\delta M_i$$

假设其完整约束条件为

$$F(t,X_i^c,\theta_i)=0 \tag{3.73}$$

将式(3.72) 写成展开形式

$$\delta\Pi_1+\delta Q=m\frac{\mathrm{d}X_i^c}{\mathrm{d}t}*\delta\frac{\mathrm{d}X_i^c}{\mathrm{d}t}-m\frac{\mathrm{d}X_i^c(0)}{\mathrm{d}t}\delta X_i^c+J_{ij}\frac{\mathrm{d}\theta_j}{\mathrm{d}t}*\delta\frac{\mathrm{d}\theta_i}{\mathrm{d}t}-J_{ij}\frac{\mathrm{d}\theta_j(0)}{\mathrm{d}t}\delta\theta_i-F_i*\delta X_i^c-M_i*\delta\theta_i=0 \tag{3.74}$$

其约束条件的变分式为

$$\delta F(t,X_i^c,\theta_i)=\frac{\partial F}{\partial X_i^c}*\delta X_i^c+\frac{\partial F}{\partial\theta_i}*\delta\theta_i=0 \tag{3.75}$$

应用 Laplace 变换中的卷积理论的分部积分公式，有

$$m\frac{\mathrm{d}X_i^c}{\mathrm{d}t}*\delta\frac{\mathrm{d}X_i^c}{\mathrm{d}t}=m\frac{\mathrm{d}^2X_i^c}{\mathrm{d}t^2}*\delta X_i^c+m\frac{\mathrm{d}X_i^c(0)}{\mathrm{d}t}\delta X_i^c \tag{3.76}$$

$$J_{ij}\frac{\mathrm{d}\theta_j}{\mathrm{d}t}*\delta\frac{\mathrm{d}\theta_i}{\mathrm{d}t}=\frac{\mathrm{d}}{\mathrm{d}t}\left(J_{ij}\frac{\mathrm{d}\theta_j}{\mathrm{d}t}\right)*\delta\theta_i+J_{ij}\frac{\mathrm{d}\theta_j(0)}{\mathrm{d}t}\delta\theta_i \tag{3.77}$$

将式(3.76)、式(3.77) 代入式(3.74)，并且应用 Lagrange 乘子法将约束条件的变分式

(3.75) 纳入式(3.74) 中,整理可得

$$-\left(-m\frac{\mathrm{d}^2X_i^c}{\mathrm{d}t^2}+F_i+\mu\frac{\partial F}{\partial X_i^c}\right)*\delta X_i^c-\left[-\frac{\mathrm{d}}{\mathrm{d}t}\left(J_{ij}\frac{\mathrm{d}\theta_j}{\mathrm{d}t}\right)+M_i+\mu\frac{\partial F}{\partial\theta_i}\right]*\delta\theta_i=0 \tag{3.78}$$

由于 δX_i^c、$\delta\theta_i$ 的任意性,因此有

$$-m\frac{\mathrm{d}^2X_i^c}{\mathrm{d}t^2}+F_i+\mu\frac{\partial F}{\partial X_i^c}=0 \tag{3.79}$$

$$-\frac{\mathrm{d}}{\mathrm{d}t}\left(J_{ij}\frac{\mathrm{d}\theta_j}{\mathrm{d}t}\right)+M_i+\mu\frac{\partial F}{\partial\theta_i}=0 \tag{3.80}$$

有些伺服约束和/或控制约束是完整的微分约束,针对一般情况,适于应用

$$\dot{F}(t,X_i^c,\dot{X}_i^c,\theta_i,\dot{\theta}_i)=0 \tag{3.81}$$

表示可积微分约束,即完整的微分约束;有些伺服约束和/或控制约束是非完整约束,即不可积分的微分约束,适于应用

$$f(t,X_i^c,\dot{X}_i^c,\theta_i,\dot{\theta}_i)=0 \tag{3.82}$$

表示非完整约束。

对非完整约束和完整的微分约束应用 Chetaev 条件,可得

$$\frac{\partial f}{\partial\dot{X}_i^c}*\delta X_i^c+\frac{\partial f}{\partial\dot{\theta}_i}*\delta\theta_i=0 \tag{3.83}$$

$$\frac{\partial\dot{F}}{\partial\dot{X}_i^c}*\delta X_i^c+\frac{\partial\dot{F}}{\partial\dot{\theta}_i}*\delta\theta_i=0 \tag{3.84}$$

Chetaev 条件是非完整力学中的概念,因为非完整力学的理论包括而不是排斥完整力学的理论,所以 Chetaev 条件也适用于完整力学。这样处理问题时的完整约束成为可积的微分约束,便于处理为控制约束。另外指出:本书 Chetaev 条件的写法与一些著作中的写法不同,差别在于本书用张量符号书写,而一些著作中则用一般的代数符号书写。

应用 Lagrange 乘子法,将式(3.83) 和式(3.84) 纳入泛函式(3.74) 中,并考虑到 Laplace 变换中的卷积理论的分部积分公式(3.76)、式(3.77),整理可得

$$-\left[-m\frac{\mathrm{d}^2X_i^c}{\mathrm{d}t^2}+F_i+\lambda\frac{\partial f}{\partial\dot{X}_i^c}+\mu\frac{\partial\dot{F}}{\partial\dot{X}_i^c}\right]*\delta X_i^c-$$
$$\left[-\frac{\mathrm{d}}{\mathrm{d}t}\left(J_{ij}\frac{\mathrm{d}\theta_j}{\mathrm{d}t}\right)+M_i+\lambda\frac{\partial f}{\partial\dot{\theta}_i}+\mu\frac{\partial\dot{F}}{\partial\dot{\theta}_i}\right]*\delta\theta_i=0 \tag{3.85}$$

由于 δX_i^c、$\delta\theta_i$ 的任意性,由上式可得拟驻值条件为

$$-m\frac{\mathrm{d}^2X_i^c}{\mathrm{d}t^2}+F_i+\lambda\frac{\partial f}{\partial\dot{X}_i^c}+\mu\frac{\partial\dot{F}}{\partial\dot{X}_i^c}=0 \tag{3.86}$$

$$-\frac{\mathrm{d}}{\mathrm{d}t}\left(J_{ij}\frac{\mathrm{d}\theta_j}{\mathrm{d}t}\right)+M_i+\lambda\frac{\partial f}{\partial\dot{\theta}_i}+\mu\frac{\partial\dot{F}}{\partial\dot{\theta}_i}=0 \tag{3.87}$$

航天器动力学系统，常常具有非完整约束和控制约束，应用拟变分原理来研究刚体动力学问题，便于将非完整约束和控制约束加入刚体动力学系统，这也说明了建立刚体动力学初值问题拟变分原理的优越性。

第4章　非保守弹性动力学初值问题(广义)拟变分原理及其应用

4.1　引　　言

第3章研究了“刚体动力学初值问题(广义)拟变分原理及其应用”，而刚弹耦合系统动力学是研究物体变形与其整体刚性运动的相互作用或耦合，不仅涉及刚体动力学，还涉及弹性动力学。因此，本章研究“非保守弹性动力学初值问题(广义)拟变分原理及其应用”。

在较深入地研究了“非保守分析力学初值问题(广义)拟变分原理及其应用”和“刚体动力学初值问题(广义)拟变分原理及其应用”的基础上，本章应用卷变积方法，按照广义力和广义位移之间的对应关系，将非保守弹性动力学的基本方程卷乘相应的虚量，然后积分，代数相加，并考虑到体积力和面积力均为伴生力，进而在原空间中建立了非保守弹性动力学初值问题一类变量和两类变量拟变分原理、两类变量和三类变量广义拟变分原理；然后，应用 Laplace 变换，在相空间中得到相应的拟变分原理和广义拟变分原理的表达形式；最后，给出应用实例。

4.2　一类变量初值问题拟变分原理

4.2.1　基本方程

线性弹性动力学的基本方程为

$$\left[a_{ijkl}\left(\frac{1}{2}u_{k,l}+\frac{1}{2}u_{l,k}\right)\right]_{,j}+f_i-\rho\frac{\mathrm{d}^2u_i}{\mathrm{d}t^2}=0\quad(\text{在 }V\text{ 内})\tag{4.1}$$

$$a_{ijkl}\left(\frac{1}{2}u_{k,l}+\frac{1}{2}u_{l,k}\right)n_j-T_i=0\quad(\text{在 }S_\sigma\text{ 上})\tag{4.2}$$

$$u_i-\bar{u}_i=0\quad(\text{在 }S_u\text{ 上})\tag{4.3}$$

$$\left(\frac{1}{2}u_{i,j}+\frac{1}{2}u_{j,i}\right)-b_{ijkl}\left[a_{klmn}\left(\frac{1}{2}u_{m,n}+\frac{1}{2}u_{n,m}\right)\right]=0\quad(\text{在 }V\text{ 内})\tag{4.4}$$

初值条件为

$$u_i\big|_{t=0}=u_i(0),\quad \left.\frac{\mathrm{d}u_i}{\mathrm{d}t}\right|_{t=0}=\dot{u}_i(0)\tag{4.5}$$

式中　a_{ijkl} —— 刚度系数；

b_{ijkl} —— 柔度系数；

u_i —— 弹性位移；

$\bar{u}_i$ —— 边界位移；
ρ —— 质量密度；
f_i —— 体积力；
T_i —— 面积力；
“·” —— 空间坐标变量对时间 t 的导数。

4.2.2　拟势能变分原理

1. 原空间中的拟势能变分原理

按照广义力和广义位移之间的对应关系，将式(4.1)和式(4.2)卷乘虚位移 δu_i，然后积分并代数相加，可得

$$-\iiint_V\left\{\left[a_{ijkl}\left(\frac{1}{2}u_{k,l}+\frac{1}{2}u_{l,k}\right)\right]_{,j}+f_i-\rho\frac{\mathrm{d}^2u_i}{\mathrm{d}t^2}\right\}*\delta u_i\mathrm{d}V+$$
$$\iint_{S_\sigma}\left[a_{ijkl}\left(\frac{1}{2}u_{k,l}+\frac{1}{2}u_{l,k}\right)n_j-T_i\right]*\delta u_i\mathrm{d}S=0 \tag{4.6}$$

应用 Green 定理，有

$$\iiint_V\left[a_{ijkl}\left(\frac{1}{2}u_{k,l}+\frac{1}{2}u_{l,k}\right)\right]_{,j}*\delta u_i\mathrm{d}V=\iint_{S_\sigma+S_u}a_{ijkl}\left(\frac{1}{2}u_{k,l}+\frac{1}{2}u_{l,k}\right)n_j*\delta u_i\mathrm{d}S-$$
$$\iiint_V a_{ijkl}\left(\frac{1}{2}u_{k,l}+\frac{1}{2}u_{l,k}\right)*\delta\left(\frac{1}{2}u_{i,j}+\frac{1}{2}u_{j,i}\right)\mathrm{d}V \tag{4.7}$$

应用 Laplace 变换中卷积理论的分部积分公式，有

$$\frac{\mathrm{d}}{\mathrm{d}t}\left(\frac{\mathrm{d}u_i}{\mathrm{d}t}\right)*\delta u_i=\frac{\mathrm{d}u_i}{\mathrm{d}t}*\delta\frac{\mathrm{d}u_i}{\mathrm{d}t}-\frac{\mathrm{d}u_i(0)}{\mathrm{d}t}\delta u_i \tag{4.8}$$

将式(4.7)、式(4.8)代入式(4.6)，可得

$$\iiint_V\left[\rho\frac{\mathrm{d}u_i}{\mathrm{d}t}*\delta\frac{\mathrm{d}u_i}{\mathrm{d}t}-\rho\frac{\mathrm{d}u_i(0)}{\mathrm{d}t}\delta u_i+a_{ijkl}\left(\frac{1}{2}u_{k,l}+\frac{1}{2}u_{l,k}\right)*\delta\left(\frac{1}{2}u_{i,j}+\frac{1}{2}u_{j,i}\right)-\right.$$
$$\left.f_i*\delta u_i\right]\mathrm{d}V-\iint_{S_u}a_{ijkl}\left(\frac{1}{2}u_{k,l}+\frac{1}{2}u_{l,k}\right)n_j*\delta u_i\mathrm{d}S-\iint_{S_\sigma}T_i*\delta u_i\mathrm{d}S=0 \tag{4.9}$$

考虑到式(4.3)的变分为

$$\delta u_i=0\quad(\text{在 }S_u\text{ 上}) \tag{4.10}$$

将式(4.10)代入式(4.9)，可得

$$\iiint_V\left[\rho\frac{\mathrm{d}u_i}{\mathrm{d}t}*\delta\frac{\mathrm{d}u_i}{\mathrm{d}t}-\rho\frac{\mathrm{d}u_i(0)}{\mathrm{d}t}\delta u_i+a_{ijkl}\left(\frac{1}{2}u_{k,l}+\frac{1}{2}u_{l,k}\right)*\delta\left(\frac{1}{2}u_{i,j}+\frac{1}{2}u_{j,i}\right)-\right.$$
$$\left.f_i*\delta u_i\right]\mathrm{d}V-\iint_{S_\sigma}T_i*\delta u_i\mathrm{d}S=0 \tag{4.11}$$

进一步变换为

$$\delta\left\{\iiint_V\left[\frac{1}{2}\rho\frac{\mathrm{d}u_i}{\mathrm{d}t}*\frac{\mathrm{d}u_i}{\mathrm{d}t}-\rho\frac{\mathrm{d}u_i(0)}{\mathrm{d}t}u_i+\frac{1}{2}a_{ijkl}\left(\frac{1}{2}u_{i,j}+\frac{1}{2}u_{j,i}\right)*\left(\frac{1}{2}u_{k,l}+\frac{1}{2}u_{l,k}\right)-\right.\right.$$
$$\left.\left.f_i*u_i\right]\mathrm{d}V-\iint_{S_\sigma}T_i*u_i\mathrm{d}S\right\}+\iiint_V u_i*\delta f_i\mathrm{d}V+\iint_{S_\sigma}u_i*\delta T_i\mathrm{d}S=0 \tag{4.12}$$

上式简记为

$$\delta \Pi_1 + \delta Q = 0 \tag{4.13}$$

式中

$$\Pi_1 = \iiint_V \left[\frac{1}{2}\rho \frac{\mathrm{d}u_i}{\mathrm{d}t} * \frac{\mathrm{d}u_i}{\mathrm{d}t} - \rho \frac{\mathrm{d}u_i(0)}{\mathrm{d}t} u_i + \frac{1}{2} a_{ijkl} \left(\frac{1}{2}u_{i,j} + \frac{1}{2}u_{j,i} \right) * \left(\frac{1}{2}u_{k,l} + \frac{1}{2}u_{l,k} \right) - f_i * u_i \right] \mathrm{d}V - \iint_{S_\sigma} T_i * u_i \mathrm{d}S$$

$$\delta Q = \iiint_V u_i * \delta f_i \mathrm{d}V + \iint_{S_\sigma} u_i * \delta T_i \mathrm{d}S$$

式(4.13)即为一类变量非保守弹性动力学初值问题在原空间中的拟势能变分原理，其先决条件为式(4.3)。当体积力 f_i 和面积力 T_i 为非伴生力，即 $\delta Q=0$ 时，则退化为通常的一类变量弹性动力学初值问题势能变分原理。

2. 相空间中的拟势能变分原理

考虑到弹性位移对时间的导数的 Laplace 变换式为

$$\frac{\mathrm{d}u_i}{\mathrm{d}t} \doteq p\tilde{u}_i - u_i(0) \tag{4.14}$$

将各张量符号的 Laplace 变换式：$u_i \doteq \tilde{u}_i$、$\bar{T}_i \doteq \tilde{T}_i$、$f_i \doteq \tilde{f}_i$，以及式(4.14)代入式(4.12)中，并整理得

$$\delta \left\{ \iiint_V \left[\frac{1}{2}\rho p^2 \tilde{u}_i \tilde{u}_i - \rho p u_i(0) \tilde{u}_i - \rho \frac{\mathrm{d}u_i(0)}{\mathrm{d}t} \tilde{u}_i + \frac{1}{2} a_{ijkl} \left(\frac{1}{2}\tilde{u}_{i,j} + \frac{1}{2}\tilde{u}_{j,i} \right) \left(\frac{1}{2}\tilde{u}_{k,l} + \frac{1}{2}\tilde{u}_{l,k} \right) - \tilde{f}_i \tilde{u}_i \right] \mathrm{d}V - \iint_{S_\sigma} \tilde{T}_i \tilde{u}_i \mathrm{d}S \right\} + \iiint_V \tilde{u}_i \delta \tilde{f}_i \mathrm{d}V + \iint_{S_\sigma} \tilde{u}_i \delta \tilde{T}_i \mathrm{d}S = 0 \tag{4.15}$$

上式简记为

$$\delta \tilde{\Pi}_1 + \delta \tilde{Q} = 0 \tag{4.16}$$

式中

$$\tilde{\Pi}_1 = \iiint_V \left[\frac{1}{2}\rho p^2 \tilde{u}_i \tilde{u}_i - \rho p u_i(0) \tilde{u}_i - \rho \frac{\mathrm{d}u_i(0)}{\mathrm{d}t} \tilde{u}_i + \frac{1}{2} a_{ijkl} \left(\frac{1}{2}\tilde{u}_{i,j} + \frac{1}{2}\tilde{u}_{j,i} \right) \left(\frac{1}{2}\tilde{u}_{k,l} + \frac{1}{2}\tilde{u}_{l,k} \right) - \tilde{f}_i \tilde{u}_i \right] \mathrm{d}V - \iint_{S_\sigma} \tilde{T}_i \tilde{u}_i \mathrm{d}S$$

$$\delta \tilde{Q} = \iiint_V \tilde{u}_i \delta \tilde{f}_i \mathrm{d}V + \iint_{S_\sigma} \tilde{u}_i \delta \tilde{T}_i \mathrm{d}S$$

其中，$\Pi_1 \doteq \tilde{\Pi}_1$，$Q \doteq \tilde{Q}$。

式(4.16)即为一类变量非保守弹性动力学初值问题在相空间中的拟势能变分原理，其先决条件为式(4.3)的 Laplace 变换式，即

$$\tilde{u}_i - \tilde{\bar{u}}_i = 0 \quad (\text{在 } S_u \text{ 上}) \tag{4.17}$$

其中，$\bar{u}_i \doteq \tilde{\bar{u}}_i$。

4.2.3　拟余能变分原理

1. 原空间中的拟余能变分原理

按照广义力和广义位移之间的对应关系，将式(4.3)、式(4.4) 卷乘虚应力 $\delta\left[a_{ijkl}\left(\frac{1}{2}u_{k,l}+\frac{1}{2}u_{l,k}\right)\right]$，然后积分并代数相加，可得

$$-\iiint_V\left\{\left(\frac{1}{2}u_{i,j}+\frac{1}{2}u_{j,i}\right)-b_{ijkl}\left[a_{klmn}\left(\frac{1}{2}u_{m,n}+\frac{1}{2}u_{n,m}\right)\right]\right\}*\delta\left[a_{ijkl}\left(\frac{1}{2}u_{k,l}+\frac{1}{2}u_{l,k}\right)\right]\mathrm{d}V+$$
$$\iint_{S_u}(u_i-\bar{u}_i)*\delta\left[a_{ijkl}\left(\frac{1}{2}u_{k,l}+\frac{1}{2}u_{l,k}\right)\right]n_j\,\mathrm{d}S=0 \tag{4.18}$$

应用 Green 定理，有

$$\iiint_V u_{i,j}*\delta\left[a_{ijkl}\left(\frac{1}{2}u_{k,l}+\frac{1}{2}u_{l,k}\right)\right]\mathrm{d}V=\iint_{S_\sigma+S_u}u_i*\delta\left[a_{ijkl}\left(\frac{1}{2}u_{k,l}+\frac{1}{2}u_{l,k}\right)\right]n_j\,\mathrm{d}S-$$
$$\iiint_V u_i*\delta\left[a_{ijkl}\left(\frac{1}{2}u_{k,l}+\frac{1}{2}u_{l,k}\right)\right]_{,j}\mathrm{d}V \tag{4.19}$$

将式(4.19) 代入式(4.18)，可得

$$\iiint_V\left\{u_i*\delta\left[a_{ijkl}\left(\frac{1}{2}u_{k,l}+\frac{1}{2}u_{l,k}\right)\right]_{,j}+b_{ijkl}\left[a_{klmn}\left(\frac{1}{2}u_{m,n}+\frac{1}{2}u_{n,m}\right)\right]*\right.$$
$$\left.\delta\left[a_{ijkl}\left(\frac{1}{2}u_{k,l}+\frac{1}{2}u_{l,k}\right)\right]\right\}\mathrm{d}V-\iint_{S_u}\bar{u}_i*\delta\left[a_{ijkl}\left(\frac{1}{2}u_{k,l}+\frac{1}{2}u_{l,k}\right)\right]n_j\,\mathrm{d}S-$$
$$\iint_{S_\sigma}u_i*\delta\left[a_{ijkl}\left(\frac{1}{2}u_{k,l}+\frac{1}{2}u_{l,k}\right)\right]n_j\,\mathrm{d}S=0 \tag{4.20}$$

考虑到式(4.1) 和式(4.2) 的变分为

$$\delta\left[a_{ijkl}\left(\frac{1}{2}u_{k,l}+\frac{1}{2}u_{l,k}\right)\right]_{,j}+\delta f_i-\rho\delta\frac{\mathrm{d}^2u_i}{\mathrm{d}t^2}=0\quad(\text{在 }V\text{ 内}) \tag{4.21}$$

$$\delta\left[a_{ijkl}\left(\frac{1}{2}u_{k,l}+\frac{1}{2}u_{l,k}\right)\right]n_j-\delta T_i=0\qquad(\text{在 }S_\sigma\text{ 上}) \tag{4.22}$$

将式(4.21) 和式(4.22) 代入式(4.20)，可得

$$\iiint_V\left\{-u_i*\delta f_i+\rho u_i*\delta\frac{\mathrm{d}^2u_i}{\mathrm{d}t^2}+b_{ijkl}\left[a_{klmn}\left(\frac{1}{2}u_{m,n}+\frac{1}{2}u_{n,m}\right)\right]*\right.$$
$$\left.\delta\left[a_{ijkl}\left(\frac{1}{2}u_{k,l}+\frac{1}{2}u_{l,k}\right)\right]\right\}\mathrm{d}V-\iint_{S_u}\bar{u}_i*\delta T_i\,\mathrm{d}S-\iint_{S_\sigma}u_i*\delta T_i\,\mathrm{d}S=0 \tag{4.23}$$

应用 Laplace 变换中卷积理论的分部积分公式，有

$$u_i*\delta\frac{\mathrm{d}}{\mathrm{d}t}\left(\frac{\mathrm{d}u_i}{\mathrm{d}t}\right)=\frac{\mathrm{d}u_i}{\mathrm{d}t}*\delta\frac{\mathrm{d}u_i}{\mathrm{d}t}+u_i(0)\delta\frac{\mathrm{d}u_i}{\mathrm{d}t} \tag{4.24}$$

将式(4.24) 代入式(4.23)，可得

$$\iiint_V\left\{-u_i*\delta f_i+\rho\frac{\mathrm{d}u_i}{\mathrm{d}t}*\delta\frac{\mathrm{d}u_i}{\mathrm{d}t}+\rho u_i(0)\delta\frac{\mathrm{d}u_i}{\mathrm{d}t}+b_{ijkl}\left[a_{klmn}\left(\frac{1}{2}u_{m,n}+\frac{1}{2}u_{n,m}\right)\right]*\right.$$

$$\delta\left[a_{ijkl}\left(\frac{1}{2}u_{k,l}+\frac{1}{2}u_{l,k}\right)\right]\Bigg\}\mathrm{d}V-\iint_{S_u}\bar{u}_i*\delta T_i\mathrm{d}S-\iint_{S_\sigma}u_i*\delta T_i\mathrm{d}S=0 \tag{4.25}$$

进一步变换为

$$\delta\Bigg\{\iiint_V\Bigg\{\frac{1}{2}\rho\frac{\mathrm{d}u_i}{\mathrm{d}t}*\frac{\mathrm{d}u_i}{\mathrm{d}t}+\rho u_i(0)\frac{\mathrm{d}u_i}{\mathrm{d}t}+\frac{1}{2}b_{ijkl}\left[a_{ijkl}\left(\frac{1}{2}u_{k,l}+\frac{1}{2}u_{l,k}\right)\right]*$$

$$\left[a_{klmn}\left(\frac{1}{2}u_{m,n}+\frac{1}{2}u_{n,m}\right)\right]\Bigg\}\mathrm{d}V-\iint_{S_u}\bar{u}_i*T_i\mathrm{d}S\Bigg\}-\iiint_V u_i*\delta f_i\mathrm{d}V-\iint_{S_\sigma}u_i*\delta T_i\mathrm{d}S=0$$

$$\tag{4.26}$$

上式简记为

$$\delta\Gamma_1-\delta Q=0 \tag{4.27}$$

式中

$$\Gamma_1=\iiint_V\Bigg\{\frac{1}{2}\rho\frac{\mathrm{d}u_i}{\mathrm{d}t}*\frac{\mathrm{d}u_i}{\mathrm{d}t}+\rho u_i(0)\frac{\mathrm{d}u_i}{\mathrm{d}t}+\frac{1}{2}b_{ijkl}\left[a_{ijkl}\left(\frac{1}{2}u_{k,l}+\frac{1}{2}u_{l,k}\right)\right]*$$

$$\left[a_{klmn}\left(\frac{1}{2}u_{m,n}+\frac{1}{2}u_{n,m}\right)\right]\Bigg\}\mathrm{d}V-\iint_{S_u}\bar{u}_i*T_i\mathrm{d}S$$

$$\delta Q=\iiint_V u_i*\delta f_i\mathrm{d}V+\iint_{S_\sigma}u_i*\delta T_i\mathrm{d}S$$

式(4.27) 即为一类变量非保守弹性动力学初值问题在原空间中的拟余能变分原理，其先决条件为式(4.1)、式(4.2)。当体积力 f_i 和面积力 T_i 为非伴生力，即 $\delta Q=0$ 时，则退化为通常的一类变量弹性动力学初值问题余能变分原理。

2. 相空间中的拟余能变分原理

将各张量符号的 Laplace 变换式：$u_i\doteq\tilde{u}_i$、$\bar{u}_i\doteq\tilde{\bar{u}}_i$、$\bar{T}_i\doteq\tilde{T}_i$、$f_i\doteq\tilde{f}_i$，以及式(4.14) 代入式(4.26) 中，并整理得

$$\delta\Bigg\{\iiint_V\Bigg\{\frac{1}{2}\rho p^2\tilde{u}_i\tilde{u}_i-\rho p u_i(0)\tilde{u}_i+\rho p u_i(0)\tilde{u}_i-\rho u_i^2(0)+$$

$$\frac{1}{2}b_{ijkl}\left[a_{ijkl}\left(\frac{1}{2}\tilde{u}_{k,l}+\frac{1}{2}\tilde{u}_{l,k}\right)\right]\left[a_{klmn}\left(\frac{1}{2}\tilde{u}_{m,n}+\frac{1}{2}\tilde{u}_{n,m}\right)\right]\Bigg\}\mathrm{d}V-$$

$$\iint_{S_u}\tilde{\bar{u}}_i\tilde{T}_i\mathrm{d}S\Bigg\}-\iiint_V\tilde{u}_i\delta\tilde{f}_i\mathrm{d}V-\iint_{S_\sigma}\tilde{u}_i\delta\tilde{T}_i\mathrm{d}S=0 \tag{4.28}$$

上式简记为

$$\delta\tilde{\Gamma}_1-\delta\tilde{Q}=0 \tag{4.29}$$

式中

$$\tilde{\Gamma}_1=\iiint_V\Bigg\{\frac{1}{2}\rho p^2\tilde{u}_i\tilde{u}_i-\rho p u_i(0)\tilde{u}_i+\rho p u_i(0)\tilde{u}_i-\rho u_i^2(0)+$$

$$\frac{1}{2}b_{ijkl}\left[a_{ijkt}\left(\frac{1}{2}\tilde{u}_{k,l}+\frac{1}{2}\tilde{u}_{l,k}\right)\right]\left[a_{klmn}\left(\frac{1}{2}\tilde{u}_{m,n}+\frac{1}{2}\tilde{u}_{n,m}\right)\right]\Bigg\}\mathrm{d}V-\iint_{S_u}\tilde{\bar{u}}_i\tilde{T}_i\mathrm{d}S$$

$$\delta\tilde{Q}=\iiint_V\tilde{u}_i\delta\tilde{f}_i\mathrm{d}V+\iint_{S_\sigma}\tilde{u}_i\delta\tilde{T}_i\mathrm{d}S$$

其中，$\Gamma_1 \doteq \tilde{\Gamma}_1, Q \doteq \tilde{Q}$。

式(4.29)即为一类变量非保守弹性动力学初值问题在相空间中的拟余能变分原理，其先决条件为式(4.1)、式(4.2)的 Laplace 变换式，考虑到

$$\frac{\mathrm{d}^2 u_i}{\mathrm{d}t^2} \doteq p^2 \tilde{u}_i - p u_i(0) - \frac{\mathrm{d}u_i(0)}{\mathrm{d}t} \tag{4.30}$$

则有

$$\left[a_{ijkl}\left(\frac{1}{2}\tilde{u}_{k,l} + \frac{1}{2}\tilde{u}_{l,k}\right)\right]_{,j} + \tilde{f}_i - \rho p^2 \tilde{u}_i + \rho p u_i(0) + \rho \frac{\mathrm{d}u_i(0)}{\mathrm{d}t} = 0 \quad (\text{在} V \text{内}) \tag{4.31}$$

$$a_{ijkl}\left(\frac{1}{2}\tilde{u}_{k,l} + \frac{1}{2}\tilde{u}_{l,k}\right)n_j - \tilde{T}_i = 0 \quad (\text{在} S_\sigma \text{上}) \tag{4.32}$$

4.3　两类变量初值问题拟变分原理

两类变量非保守弹性动力学初值问题拟变分原理的建立方法有两种：一是应用对合变换，将一类变量初值问题拟变分原理直接变换为两类变量初值问题拟变分原理；二是以两类变量基本方程为前提，首先应用卷变积方法，建立原空间中的拟变分原理，然后应用 Laplace 变换，得到相空间中的拟变分原理。为保证研究的系统性和整体性，本节采用第二种方法。

4.3.1　基本方程

对式(4.1)、式(4.2)、式(4.4)应用对合变换，得到线性弹性动力学基本方程的另一种形式为

$$\sigma_{ij,j} + f_i - \frac{\mathrm{d}p_i}{\mathrm{d}t} = 0 \quad (\text{在} V \text{内}) \tag{4.33}$$

$$\sigma_{ij} n_j - T_i = 0 \quad (\text{在} S_\sigma \text{上}) \tag{4.34}$$

$$u_i - \bar{u}_i = 0 \quad (\text{在} S_u \text{上}) \tag{4.35}$$

$$\varepsilon_{ij} - b_{ijkl}\sigma_{kl} = 0 \quad (\text{在} V \text{内}) \tag{4.36}$$

或

$$\sigma_{ij} - a_{ijkl}\varepsilon_{kl} = 0 \quad (\text{在} V \text{内}) \tag{4.37}$$

$$\varepsilon_{ij} - \frac{1}{2}u_{i,j} - \frac{1}{2}u_{j,i} = 0 \quad (\text{在} V \text{内}) \tag{4.38}$$

$$v_i - \frac{\mathrm{d}u_i}{\mathrm{d}t} = 0 \quad (\text{在} V \text{内}) \tag{4.39}$$

$$p_i - \rho v_i = 0 \quad (\text{在} V \text{内}) \tag{4.40}$$

或

$$v_i - \frac{p_i}{\rho} = 0 \quad (\text{在} V \text{内}) \tag{4.41}$$

初值条件为

$$u_i\big|_{t=0} = u_i(0), \qquad v_i\big|_{t=0} = v_i(0) \tag{4.42}$$

式中　σ_{ij} —— 应力；

ε_{ij} —— 应变；

v_i —— 速度；

p_i —— 动量。

4.3.2　拟势能变分原理

1. 原空间中的拟势能变分原理

按照广义力和广义位移之间的对应关系，将式(4.33)和式(4.34)卷乘虚位移 δu_i，然后积分并代数相加，可得

$$-\iiint_V\left(\sigma_{ij,j}+f_i-\frac{\mathrm{d}p_i}{\mathrm{d}t}\right)*\delta u_i\mathrm{d}V+\iint_{S_\sigma}(\sigma_{ij}n_j-T_i)*\delta u_i\mathrm{d}S=0 \tag{4.43}$$

应用 Green 定理，有

$$\iiint_V\sigma_{ij,j}*\delta u_i\mathrm{d}V=\iint_{S_\sigma+S_u}\sigma_{ij}n_j*\delta u_i\mathrm{d}S-\iiint_V\sigma_{ij}*\delta\left(\frac{1}{2}u_{i,j}+\frac{1}{2}u_{j,i}\right)\mathrm{d}V \tag{4.44}$$

应用 Laplace 变换中卷积理论的分部积分公式，有

$$\frac{\mathrm{d}p_i}{\mathrm{d}t}*\delta u_i=p_i*\delta\frac{\mathrm{d}u_i}{\mathrm{d}t}-p_i(0)\delta u_i \tag{4.45}$$

将式(4.44)和式(4.45)代入式(4.43)，可得

$$\iiint_V\left[p_i*\delta\frac{\mathrm{d}u_i}{\mathrm{d}t}-p_i(0)\delta u_i+\sigma_{ij}*\delta\left(\frac{1}{2}u_{i,j}+\frac{1}{2}u_{j,i}\right)-f_i*\delta u_i\right]\mathrm{d}V-$$
$$\iint_{S_u}\sigma_{ij}n_j*\delta u_i\mathrm{d}S-\iint_{S_\sigma}T_i*\delta u_i\mathrm{d}S=0 \tag{4.46}$$

由式(4.40)，可知

$$p_i(0)=\rho v_i(0) \tag{4.47}$$

考虑到式(4.38)和式(4.39)的变分分别为

$$\delta\varepsilon_{ij}-\frac{1}{2}\delta u_{i,j}-\frac{1}{2}\delta u_{j,i}=0\quad(\text{在}\ V\ \text{内}) \tag{4.48}$$

$$\delta v_i-\delta\frac{\mathrm{d}u_i}{\mathrm{d}t}=0\quad(\text{在}\ V\ \text{内}) \tag{4.49}$$

将式(4.10)、式(4.47)～(4.49)代入式(4.46)，可得

$$\iiint_V[p_i*\delta v_i-\rho v_i(0)\delta u_i+\sigma_{ij}*\delta\varepsilon_{ij}-f_i*\delta u_i]\mathrm{d}V-\iint_{S_\sigma}T_i*\delta u_i\mathrm{d}S=0 \tag{4.50}$$

将材料本构关系式(4.37)和式(4.40)代入式(4.50)，可得

$$\iiint_V[\rho v_i*\delta v_i-\rho v_i(0)\delta u_i+a_{ijkl}\varepsilon_{kl}*\delta\varepsilon_{ij}-f_i*\delta u_i]\mathrm{d}V-\iint_{S_\sigma}T_i*\delta u_i\mathrm{d}S=0 \tag{4.51}$$

进一步变换为

$$\delta\left\{\iiint_V\left[\frac{1}{2}\rho v_i*v_i-\rho v_i(0)u_i+\frac{1}{2}a_{ijkl}\varepsilon_{ij}*\varepsilon_{kl}-f_i*u_i\right]\mathrm{d}V-\iint_{S_\sigma}T_i*u_i\mathrm{d}S\right\}+$$

$$\iiint_V u_i * \delta f_i \mathrm{d}V + \iint_{S_\sigma} u_i * \delta T_i \mathrm{d}S = 0 \tag{4.52}$$

上式简记为

$$\delta\Pi_2 + \delta Q = 0 \tag{4.53}$$

式中

$$\Pi_2 = \iiint_V \left[\frac{1}{2}\rho v_i * v_i - \rho v_i(0) u_i + \frac{1}{2} a_{ijkl} \varepsilon_{ij} * \varepsilon_{kl} - f_i * u_i\right] \mathrm{d}V - \iint_{S_\sigma} T_i * u_i \mathrm{d}S$$

$$\delta Q = \iiint_V u_i * \delta f_i \mathrm{d}V + \iint_{S_\sigma} u_i * \delta T_i \mathrm{d}S$$

式(4.53) 即为两类变量非保守弹性动力学初值问题在原空间中的拟势能变分原理，其先决条件为式(4.35)、式(4.38) 和式(4.39)。当体积力 f_i 和面积力 T_i 为非伴生力，即 $\delta Q = 0$ 时，则退化为通常的两类变量弹性动力学初值问题势能变分原理。

2. 相空间中的拟势能变分原理

应用 Laplace 变换将式(4.52) 变换到相空间，可得

$$\delta\left\{\iiint_V \left[\frac{1}{2}\rho \tilde{v}_i \tilde{v}_i - \rho v_i(0) \tilde{u}_i + \frac{1}{2} a_{ijkl} \tilde{\varepsilon}_{ij} \tilde{\varepsilon}_{kl} - \tilde{f}_i \tilde{u}_i\right] \mathrm{d}V - \iint_{S_\sigma} \tilde{T}_i \tilde{u}_i \mathrm{d}S\right\} +$$

$$\iiint_V \tilde{u}_i \delta \tilde{f}_i \mathrm{d}V + \iint_{S_\sigma} \tilde{u}_i \delta \tilde{T}_i \mathrm{d}S = 0 \tag{4.54}$$

上式简记为

$$\delta\tilde{\Pi}_2 + \delta\tilde{Q} = 0 \tag{4.55}$$

式中

$$\tilde{\Pi}_2 = \iiint_V \left[\frac{1}{2}\rho \tilde{v}_i \tilde{v}_i - \rho v_i(0) \tilde{u}_i + \frac{1}{2} a_{ijkl} \tilde{\varepsilon}_{ij} \tilde{\varepsilon}_{kl} - \tilde{f}_i \tilde{u}_i\right] \mathrm{d}V - \iint_{S_\sigma} \tilde{T}_i \tilde{u}_i \mathrm{d}S$$

$$\delta\tilde{Q} = \iiint_V \tilde{u}_i \delta \tilde{f}_i \mathrm{d}V + \iint_{S_\sigma} \tilde{u}_i \delta \tilde{T}_i \mathrm{d}S$$

其中，各张量符号的 Laplace 变换式分别为：$v_i \doteq \tilde{v}_i$、$u_i \doteq \tilde{u}_i$、$\varepsilon_{ij} \doteq \tilde{\varepsilon}_{ij}$、$f_i \doteq \tilde{f}_i$、$T_i \doteq \tilde{T}_i$、$\Pi_2 \doteq \tilde{\Pi}_2$、$Q \doteq \tilde{Q}$。

式(4.55) 即为两类变量非保守弹性动力学初值问题在相空间中的拟势能变分原理，其先决条件为式(4.35)、式(4.38) 和式(4.39) 的 Laplace 变换式，考虑到式(4.14)，则有

$$\tilde{u}_i - \tilde{\bar{u}}_i = 0 \quad (\text{在 } S_u \text{ 上}) \tag{4.56}$$

$$\tilde{\varepsilon}_{ij} - \frac{1}{2}\tilde{u}_{i,j} - \frac{1}{2}\tilde{u}_{j,i} = 0 \quad (\text{在 } V \text{ 内}) \tag{4.57}$$

$$\tilde{v}_i - p\tilde{u}_i + u_i(0) = 0 \quad (\text{在 } V \text{ 内}) \tag{4.58}$$

4.3.3　拟余能变分原理

1. 原空间中的拟余能变分原理

按照广义力和广义位移之间的对应关系，将式(4.35)、式(4.38) 卷乘虚应力 $\delta\sigma_{ij}$，将

式(4.39) 卷乘虚动量 δp_i，然后积分并代数相加，可得

$$\iiint_V \left[\left(\varepsilon_{ij} - \frac{1}{2}u_{i,j} - \frac{1}{2}u_{j,i}\right) * \delta\sigma_{ij} + \left(v_i - \frac{\mathrm{d}u_i}{\mathrm{d}t}\right) * \delta p_i\right]\mathrm{d}V + \iint_{S_u} (u_i - \bar{u}_i) * \delta\sigma_{ij} n_j \mathrm{d}S = 0 \tag{4.59}$$

应用 Green 定理，有

$$\iiint_V u_{i,j} * \delta\sigma_{ij}\mathrm{d}V = \iint_{S_\sigma + S_u} u_i * \delta\sigma_{ij} n_j \mathrm{d}S - \iiint_V u_i * \delta\sigma_{ij,j}\mathrm{d}V \tag{4.60}$$

应用 Laplace 变换中卷积理论的分部积分公式，有

$$\frac{\mathrm{d}u_i}{\mathrm{d}t} * \delta p_i = u_i * \delta\frac{\mathrm{d}p_i}{\mathrm{d}t} - u_i(0)\delta p_i \tag{4.61}$$

将式(4.60) 和式(4.61) 代入式(4.59)，可得

$$\iiint_V \left[v_i * \delta p_i - u_i * \delta\frac{\mathrm{d}p_i}{\mathrm{d}t} + u_i(0)\delta p_i + \varepsilon_{ij} * \delta\sigma_{ij} + u_i * \delta\sigma_{ij,j}\right]\mathrm{d}V - \iint_{S_u} \bar{u}_i * \delta\sigma_{ij} n_j \mathrm{d}S - \iint_{S_\sigma} u_i * \delta\sigma_{ij} n_j \mathrm{d}S = 0 \tag{4.62}$$

考虑到式(4.33) 和式(4.34) 的变分为

$$\delta\sigma_{ij,j} + \delta f_i - \delta\frac{\mathrm{d}p_i}{\mathrm{d}t} = 0 \quad (\text{在 } V \text{ 内}) \tag{4.63}$$

$$\delta\sigma_{ij} n_j - \delta T_i = 0 \quad (\text{在 } S_\sigma \text{ 上}) \tag{4.64}$$

将式(4.63) 和式(4.64) 代入式(4.62)，可得

$$\iiint_V [v_i * \delta p_i + u_i(0)\delta p_i + \varepsilon_{ij} * \delta\sigma_{ij} - u_i * \delta f_i]\mathrm{d}V - \iint_{S_u} \bar{u}_i * \delta T_i \mathrm{d}S - \iint_{S_\sigma} u_i * \delta T_i \mathrm{d}S = 0 \tag{4.65}$$

将材料本构关系式(4.36) 和式(4.41) 代入式(4.65)，可得

$$\iiint_V \left[\frac{p_i}{\rho} * \delta p_i + u_i(0)\delta p_i + b_{ijkl}\sigma_{kl} * \delta\sigma_{ij} - u_i * \delta f_i\right]\mathrm{d}V - \iint_{S_u} \bar{u}_i * \delta T_i \mathrm{d}S - \iint_{S_\sigma} u_i * \delta T_i \mathrm{d}S = 0 \tag{4.66}$$

进一步变换为

$$\delta\left\{\iiint_V \left[\frac{1}{2\rho}p_i * p_i + u_i(0)p_i + \frac{1}{2}b_{ijkl}\sigma_{ij} * \sigma_{kl}\right]\mathrm{d}V - \iint_{S_u} \bar{u}_i * T_i \mathrm{d}S\right\} - \iiint_V u_i * \delta f_i \mathrm{d}V - \iint_{S_\sigma} u_i * \delta T_i \mathrm{d}S = 0 \tag{4.67}$$

上式简记为

$$\delta\Gamma_2 - \delta Q = 0 \tag{4.68}$$

式中

$$\Gamma_2 = \iiint_V \left[\frac{1}{2\rho} p_i * p_i + u_i(0) p_i + \frac{1}{2} b_{ijkl} \sigma_{ij} * \sigma_{kl}\right] dV - \iint_{S_u} \bar{u}_i * T_i dS$$

$$\delta Q = \iiint_V u_i * \delta f_i dV + \iint_{S_\sigma} u_i * \delta T_i dS$$

式(4.68)即为两类变量非保守弹性动力学初值问题在原空间中的拟余能变分原理，其先决条件为式(4.33)、式(4.34)。当体积力 f_i 和面积力 T_i 为非伴生力，即 $\delta Q = 0$ 时，则退化为通常的两类变量弹性动力学初值问题余能变分原理。

2. 相空间中的拟余能变分原理

应用 Laplace 变换将式(4.67)变换到相空间，可得

$$\delta\left\{\iiint_V \left[\frac{1}{2\rho}\tilde{p}_i\tilde{p}_i + u_i(0)\tilde{p}_i + \frac{1}{2} b_{ijkl}\tilde{\sigma}_{ij}\tilde{\sigma}_{kl}\right] dV - \iint_{S_u} \tilde{\bar{u}}_i \tilde{T}_i dS\right\} -$$

$$\iiint_V \tilde{u}_i \delta \tilde{f}_i dV - \iint_{S_\sigma} \tilde{u}_i \delta \tilde{T}_i dS = 0 \tag{4.69}$$

上式简记为

$$\delta\tilde{\Gamma}_2 - \delta\tilde{Q} = 0 \tag{4.70}$$

式中

$$\tilde{\Gamma}_2 = \iiint_V \left[\frac{1}{2\rho}\tilde{p}_i\tilde{p}_i + u_i(0)\tilde{p}_i + \frac{1}{2} b_{ijkl}\tilde{\sigma}_{ij}\tilde{\sigma}_{kl}\right] dV - \iint_{S_u} \tilde{\bar{u}}_i \tilde{T}_i dS$$

$$\delta\tilde{Q} = \iiint_V \tilde{u}_i \delta \tilde{f}_i dV + \iint_{S_\sigma} \tilde{u}_i \delta \tilde{T}_i dS$$

其中，各张量符号的 Laplace 变换式分别为：$p_i \doteq \tilde{p}_i$、$\sigma_{ij} \doteq \tilde{\sigma}_{ij}$、$\bar{u}_i \doteq \tilde{\bar{u}}_i$、$u_i \doteq \tilde{u}_i$、$f_i \doteq \tilde{f}_i$、$T_i \doteq \tilde{T}_i$、$\Gamma_2 \doteq \tilde{\Gamma}_2$、$Q \doteq \tilde{Q}$。

式(4.70)即为两类变量非保守弹性动力学初值问题在相空间中的拟余能变分原理，其先决条件为式(4.33)、式(4.34)的 Laplace 变换式，考虑到

$$\frac{dp_i}{dt} \doteq p\tilde{p}_i - p_i(0) \tag{4.71}$$

则有

$$\tilde{\sigma}_{ij,j} + \tilde{f}_i - p\tilde{p}_i + p_i(0) = 0 \quad (\text{在 } V \text{ 内}) \tag{4.72}$$

$$\tilde{\sigma}_{ij} n_j - \tilde{T}_i = 0 \quad (\text{在 } S_\sigma \text{ 上}) \tag{4.73}$$

4.4 两类变量初值问题广义拟变分原理

4.4.1 第一类广义拟变分原理

1. 原空间中的广义拟势能变分原理

根据广义力和广义位移的对应关系，将式(4.33)和式(4.34)卷乘虚位移 δu_i，将式(4.35)、式(4.38)卷乘虚应力 $\delta\sigma_{ij}$，将式(4.39)卷乘虚动量 δp_i，然后积分并代数相加，可得

$$\iiint_V\left[-\left(\sigma_{ij,j}+f_i-\frac{\mathrm{d}p_i}{\mathrm{d}t}\right)*\delta u_i-\left(\varepsilon_{ij}-\frac{1}{2}u_{i,j}-\frac{1}{2}u_{j,i}\right)*\delta\sigma_{ij}-\left(v_i-\frac{\mathrm{d}u_i}{\mathrm{d}t}\right)*\delta p_i\right]\mathrm{d}V+\iint_{S_\sigma}(\sigma_{ij}n_j-T_i)*\delta u_i\mathrm{d}S-\iint_{S_u}(u_i-\bar{u}_i)*\delta\sigma_{ij}n_j\mathrm{d}S=0 \tag{4.74}$$

应用 Green 定理式(4.44)和 Laplace 变换中卷积理论的分部积分公式(4.45)，可将式(4.74)变换为

$$\iiint_V\left[-v_i*\delta p_i+\frac{\mathrm{d}u_i}{\mathrm{d}t}*\delta p_i+p_i*\delta\frac{\mathrm{d}u_i}{\mathrm{d}t}-p_i(0)\delta u_i+\sigma_{ij}*\delta\left(\frac{1}{2}u_{i,j}+\frac{1}{2}u_{j,i}\right)+\left(\frac{1}{2}u_{i,j}+\frac{1}{2}u_{j,i}\right)*\delta\sigma_{ij}-\varepsilon_{ij}*\delta\sigma_{ij}-f_i*\delta u_i\right]\mathrm{d}V-\iint_{S_\sigma}T_i*\delta u_i\mathrm{d}S-\iint_{S_u}(\sigma_{ij}n_j*\delta u_i+u_i*\delta\sigma_{ij}n_j-\bar{u}_i*\delta\sigma_{ij}n_j)\,\mathrm{d}S=0 \tag{4.75}$$

将材料的本构关系式(4.36)和式(4.41)代入式(4.75)，可得

$$\iiint_V\left[-\frac{p_i}{\rho}*\delta p_i+\frac{\mathrm{d}u_i}{\mathrm{d}t}*\delta p_i+p_i*\delta\frac{\mathrm{d}u_i}{\mathrm{d}t}-p_i(0)\delta u_i+\sigma_{ij}*\delta\left(\frac{1}{2}u_{i,j}+\frac{1}{2}u_{j,i}\right)+\left(\frac{1}{2}u_{i,j}+\frac{1}{2}u_{j,i}\right)*\delta\sigma_{ij}-b_{ijkl}\sigma_{kl}*\delta\sigma_{ij}-f_i*\delta u_i\right]\mathrm{d}V-\iint_{S_\sigma}T_i*\delta u_i\mathrm{d}S-\iint_{S_u}(\sigma_{ij}n_j*\delta u_i+u_i*\delta\sigma_{ij}n_j-\bar{u}_i*\delta\sigma_{ij}n_j)\,\mathrm{d}S=0 \tag{4.76}$$

进一步变换为

$$\delta\left\{\iiint_V\left[-\frac{1}{2\rho}p_i*p_i+\frac{\mathrm{d}u_i}{\mathrm{d}t}*p_i-p_i(0)u_i+\sigma_{ij}*\left(\frac{1}{2}u_{i,j}+\frac{1}{2}u_{j,i}\right)-\frac{1}{2}b_{ijkl}\sigma_{ij}*\sigma_{kl}-f_i*u_i\right]\mathrm{d}V-\iint_{S_\sigma}T_i*u_i\mathrm{d}S-\iint_{S_u}(u_i-\bar{u}_i)*\sigma_{ij}n_j\mathrm{d}S\right\}+\iiint_V u_i*\delta f_i\mathrm{d}V+\iint_{S_\sigma}u_i*\delta T_i\mathrm{d}S=0 \tag{4.77}$$

上式简记为

$$\delta\Pi_{21}+\delta Q=0 \tag{4.78}$$

式中

$$\Pi_{21}=\iiint_V\Big[-\frac{1}{2\rho}p_i*p_i+\frac{\mathrm{d}u_i}{\mathrm{d}t}*p_i-p_i(0)u_i+\sigma_{ij}*\left(\frac{1}{2}u_{i,j}+\frac{1}{2}u_{j,i}\right)-\frac{1}{2}b_{ijkl}\sigma_{ij}*\sigma_{kl}-$$

$$f_i*u_i\Big]\mathrm{d}V-\iint_{S_\sigma}T_i*u_i\mathrm{d}S-\iint_{S_u}(u_i-\bar{u}_i)*\sigma_{ij}n_j\mathrm{d}S$$

$$\delta Q=\iiint_V u_i*\delta f_i\mathrm{d}V+\iint_{S_\sigma}u_i*\delta T_i\mathrm{d}S$$

式(4.78)即为第一类两类变量非保守弹性动力学初值问题在原空间中的广义拟势能变分原理。当体积力 f_i 和面积力 T_i 为非伴生力,即 $\delta Q=0$ 时,则退化为通常的第一类两类变量弹性动力学初值问题广义势能变分原理。

2. 相空间中的广义拟势能变分原理

应用 Laplace 变换将式(4.77)变换到相空间,并考虑到式(4.14),可得

$$\delta\Big\{\iiint_V\Big[-\frac{1}{2\rho}\tilde{p}_i\tilde{p}_i+p\tilde{u}_i\tilde{p}_i-u_i(0)\tilde{p}_i-p_i(0)\tilde{u}_i+\tilde{\sigma}_{ij}\left(\frac{1}{2}\tilde{u}_{i,j}+\frac{1}{2}\tilde{u}_{j,i}\right)-$$

$$\frac{1}{2}b_{ijkl}\tilde{\sigma}_{ij}\tilde{\sigma}_{kl}-\tilde{f}_i\tilde{u}_i\Big]\mathrm{d}V-\iint_{S_\sigma}\tilde{T}_i\tilde{u}_i\mathrm{d}S-\iint_{S_u}(\tilde{u}_i-\tilde{\bar{u}}_i)\tilde{\sigma}_{ij}n_j\mathrm{d}S\Big\}+$$

$$\iiint_V\tilde{u}_i\delta\tilde{f}_i\mathrm{d}V+\iint_{S_\sigma}\tilde{u}_i\delta\tilde{T}_i\mathrm{d}S=0 \tag{4.79}$$

上式简记为

$$\delta\tilde{\Pi}_{21}+\delta\tilde{Q}=0 \tag{4.80}$$

式中

$$\tilde{\Pi}_{21}=\iiint_V\Big[-\frac{1}{2\rho}\tilde{p}_i\tilde{p}_i+p\tilde{u}_i\tilde{p}_i-u_i(0)\tilde{p}_i-p_i(0)\tilde{u}_i+\tilde{\sigma}_{ij}\left(\frac{1}{2}\tilde{u}_{i,j}+\frac{1}{2}\tilde{u}_{j,i}\right)-$$

$$\frac{1}{2}b_{ijkl}\tilde{\sigma}_{ij}\tilde{\sigma}_{kl}-\tilde{f}_i\tilde{u}_i\Big]\mathrm{d}V-\iint_{S_\sigma}\tilde{T}_i\tilde{u}_i\mathrm{d}S-\iint_{S_u}(\tilde{u}_i-\tilde{\bar{u}}_i)\tilde{\sigma}_{ij}n_j\mathrm{d}S$$

$$\delta\tilde{Q}=\iiint_V\tilde{u}_i\delta\tilde{f}_i\mathrm{d}V+\iint_{S_\sigma}\tilde{u}_i\delta\tilde{T}_i\mathrm{d}S$$

其中,各张量符号的 Laplace 变换式分别为:$p_i\doteq\tilde{p}_i$、$u_i\doteq\tilde{u}_i$、$\sigma_{ij}\doteq\tilde{\sigma}_{ij}$、$f_i\doteq\tilde{f}_i$、$T_i\doteq\tilde{T}_i$、$\bar{u}_i\doteq\tilde{\bar{u}}_i$、$\Pi_{21}\doteq\tilde{\Pi}_{21}$、$Q\doteq\tilde{Q}$。

式(4.80)即为第一类两类变量非保守弹性动力学初值问题在相空间中的广义拟势能变分原理。

3. 原空间中的广义拟余能变分原理

将式(4.74)取负,并应用 Green 定理式(4.60)和 Laplace 变换中卷积理论的分部积分公式(4.61),可将式(4.74)变换为

$$\iiint_V\Big[v_i*\delta p_i-u_i*\delta\frac{\mathrm{d}p_i}{\mathrm{d}t}-\frac{\mathrm{d}p_i}{\mathrm{d}t}*\delta u_i+u_i(0)\delta p_i+\sigma_{ij,j}*\delta u_i+u_i*\delta\sigma_{ij,j}+\varepsilon_{ij}*\delta\sigma_{ij}+$$

$$f_i * \delta u_i \Big] \mathrm{d}V - \iint_{S_\sigma} (u_i * \delta\sigma_{ij} n_j + \sigma_{ij} n_j * \delta u_i - T_i * \delta u_i)\,\mathrm{d}S - \iint_{S_u} \bar{u}_i * \delta\sigma_{ij} n_j \mathrm{d}S = 0 \tag{4.81}$$

将材料的本构关系式(4.36)和式(4.41)代入式(4.81),可得

$$\iiint_V \Big[\frac{p_i}{\rho} * \delta p_i - u_i * \delta \frac{\mathrm{d}p_i}{\mathrm{d}t} - \frac{\mathrm{d}p_i}{\mathrm{d}t} * \delta u_i + u_i(0)\delta p_i + \sigma_{ij,j} * \delta u_i + u_i * \delta\sigma_{ij,j} + b_{ijkl}\sigma_{kl} * \delta\sigma_{ij} +$$

$$f_i * \delta u_i \Big] \mathrm{d}V - \iint_{S_\sigma} (u_i * \delta\sigma_{ij} n_j + \sigma_{ij} n_j * \delta u_i - T_i * \delta u_i)\,\mathrm{d}S - \iint_{S_u} \bar{u}_i * \delta\sigma_{ij} n_j \mathrm{d}S = 0 \tag{4.82}$$

进一步变换为

$$\delta\Big\{\iiint_V \Big[\frac{1}{2\rho} p_i * p_i + u_i(0) p_i + \Big(\sigma_{ij,j} + f_i - \frac{\mathrm{d}p_i}{\mathrm{d}t}\Big) * u_i + \frac{1}{2} b_{ijkl}\sigma_{ij} * \sigma_{kl}\Big] \mathrm{d}V -$$

$$\iint_{S_\sigma} (\sigma_{ij} n_j - T_i) * u_i \mathrm{d}S - \iint_{S_u} \bar{u}_i * \sigma_{ij} n_j \mathrm{d}S\Big\} - \iiint_V u_i * \delta f_i \mathrm{d}V - \iint_{S_\sigma} u_i * \delta T_i \mathrm{d}S = 0 \tag{4.83}$$

上式简记为

$$\delta\Gamma_{21} - \delta Q = 0 \tag{4.84}$$

式中

$$\Gamma_{21} = \iiint_V \Big[\frac{1}{2\rho} p_i * p_i + u_i(0) p_i + \Big(\sigma_{ij,j} + f_i - \frac{\mathrm{d}p_i}{\mathrm{d}t}\Big) * u_i + \frac{1}{2} b_{ijkl}\sigma_{ij} * \sigma_{kl}\Big] \mathrm{d}V -$$

$$\iint_{S_\sigma} (\sigma_{ij} n_j - T_i) * u_i \mathrm{d}S - \iint_{S_u} \bar{u}_i * \sigma_{ij} n_j \mathrm{d}S$$

$$\delta Q = \iiint_V u_i * \delta f_i \mathrm{d}V + \iint_{S_\sigma} u_i * \delta T_i \mathrm{d}S$$

式(4.84)即为第一类两类变量非保守弹性动力学初值问题在原空间中的广义拟余能变分原理。当体积力 f_i 和面积力 T_i 为非伴生力,即 $\delta Q = 0$ 时,则退化为通常的第一类两类变量弹性动力学初值问题广义余能变分原理。

4. 相空间中的广义拟余能变分原理

应用 Laplace 变换将式(4.83)变换到相空间,并考虑到式(4.71),可得

$$\delta\Big\{\iiint_V \Big[\frac{1}{2\rho}\tilde{p}_i\tilde{p}_i + u_i(0)\tilde{p}_i + [\tilde{\sigma}_{ij,j} + \tilde{f}_i - p\tilde{p}_i + p_i(0)]\tilde{u}_i + \frac{1}{2} b_{ijkl}\tilde{\sigma}_{ij}\tilde{\sigma}_{kl}\Big] \mathrm{d}V -$$

$$\iint_{S_\sigma} (\tilde{\sigma}_{ij} n_j - \tilde{T}_i)\tilde{u}_i \mathrm{d}S - \iint_{S_u} \tilde{\bar{u}}_i\tilde{\sigma}_{ij} n_j \mathrm{d}S\Big\} - \iiint_V \tilde{u}_i \delta\tilde{f}_i \mathrm{d}V - \iint_{S_\sigma} \tilde{u}_i \delta\tilde{T}_i \mathrm{d}S = 0 \tag{4.85}$$

上式简记为

$$\delta\tilde{\Gamma}_{21} - \delta\tilde{Q} = 0 \tag{4.86}$$

式中

$$\tilde{\Gamma}_{21} = \iiint_V \Big[\frac{1}{2\rho}\tilde{p}_i\tilde{p}_i + u_i(0)\tilde{p}_i + [\tilde{\sigma}_{ij,j} + \tilde{f}_i - p\tilde{p}_i + p_i(0)]\tilde{u}_i + \frac{1}{2} b_{ijkl}\tilde{\sigma}_{ij}\tilde{\sigma}_{kl}\Big] \mathrm{d}V -$$

$$\iint_{S_\sigma} (\tilde{\sigma}_{ij} n_j - \tilde{T}_i)\tilde{u}_i \mathrm{d}S - \iint_{S_u} \tilde{\bar{u}}_i\tilde{\sigma}_{ij} n_j \mathrm{d}S$$

$$\delta\widetilde{Q}=\iiint_V \widetilde{u}_i\delta\widetilde{f}_i\mathrm{d}V+\iint_{S_\sigma}\widetilde{u}_i\delta\widetilde{T}_i\mathrm{d}S$$

其中,各张量符号的 Laplace 变换式分别为:$p_i \doteq \bar{p}_i$、$u_i \doteq \bar{u}_i$、$\sigma_{ij} \doteq \bar{\sigma}_{ij}$、$f_i \doteq \widetilde{f}_i$、$T_i \doteq \widetilde{T}_i$、$\bar{u}_i \doteq \widetilde{\bar{u}}_i$、$\Gamma_{21} \doteq \widetilde{\Gamma}_{21}$、$Q \doteq \widetilde{Q}$。

式(4.86)即为第一类两类变量非保守弹性动力学初值问题在相空间中的广义拟余能变分原理。

需要说明的是:在表达式 Π_{21}、Γ_{21} 及 δQ 中,既有位移类量 u_i,又有应力类量 σ_{ij}、p_i,因此将式(4.78)及式(4.84)称为两类变量初值问题广义拟变分原理,有的学者将其称为 u_i、σ_{ij}、p_i 三类变量初值问题广义拟变分原理也未尝不可。

4.4.2　第二类广义拟变分原理

1. 原空间中的广义拟势能变分原理

将材料的本构关系式(4.37)和式(4.40),以及式(4.47)代入式(4.75),可得

$$\begin{aligned}&\iiint_V\Big[-\rho v_i*\delta v_i+\rho\frac{\mathrm{d}u_i}{\mathrm{d}t}*\delta v_i+\rho v_i*\delta\frac{\mathrm{d}u_i}{\mathrm{d}t}-\rho v_i(0)\delta u_i+(a_{ijkl}\varepsilon_{kl})*\delta\Big(\frac{1}{2}u_{i,j}+\frac{1}{2}u_{j,i}\Big)+\\&\Big(\frac{1}{2}u_{i,j}+\frac{1}{2}u_{j,i}\Big)*\delta(a_{ijkl}\varepsilon_{kl})-\varepsilon_{ij}*\delta(a_{ijkl}\varepsilon_{kl})-f_i*\delta u_i\Big]\mathrm{d}V-\iint_{S_\sigma}T_i*\delta u_i\mathrm{d}S-\\&\iint_{S_u}[(a_{ijkl}\varepsilon_{kl})n_j*\delta u_i+u_i*\delta(a_{ijkl}\varepsilon_{kl})n_j-\bar{u}_i*\delta(a_{ijkl}\varepsilon_{kl})n_j]\mathrm{d}S=0\end{aligned}\tag{4.87}$$

进一步变换为

$$\begin{aligned}&\delta\Big\{\iiint_V\Big[-\frac{1}{2}\rho v_i*v_i+\rho\frac{\mathrm{d}u_i}{\mathrm{d}t}*v_i-\rho v_i(0)u_i+(a_{ijkl}\varepsilon_{kl})*\Big(\frac{1}{2}u_{i,j}+\frac{1}{2}u_{j,i}\Big)-\\&\frac{1}{2}a_{ijkl}\varepsilon_{ij}*\varepsilon_{kl}-f_i*u_i\Big]\mathrm{d}V-\iint_{S_\sigma}T_i*u_i\mathrm{d}S-\iint_{S_u}(u_i-\bar{u}_i)*(a_{ijkl}\varepsilon_{kl})n_j\mathrm{d}S\Big\}+\\&\iiint_V u_i*\delta f_i\mathrm{d}V+\iint_{S_\sigma}u_i*\delta T_i\mathrm{d}S=0\end{aligned}\tag{4.88}$$

上式简记为

$$\delta\Pi_{22}+\delta Q=0\tag{4.89}$$

式中

$$\begin{aligned}\Pi_{22}=&\iiint_V\Big[-\frac{1}{2}\rho v_i*v_i+\rho\frac{\mathrm{d}u_i}{\mathrm{d}t}*v_i-\rho v_i(0)u_i+(a_{ijkl}\varepsilon_{kl})*\Big(\frac{1}{2}u_{i,j}+\frac{1}{2}u_{j,i}\Big)-\\&\frac{1}{2}a_{ijkl}\varepsilon_{ij}*\varepsilon_{kl}-f_i*u_i\Big]\mathrm{d}V-\iint_{S_\sigma}T_i*u_i\mathrm{d}S-\iint_{S_u}(u_i-\bar{u}_i)*(a_{ijkl}\varepsilon_{kl})n_j\mathrm{d}S\end{aligned}$$

$$\delta Q=\iiint_V u_i*\delta f_i\mathrm{d}V+\iint_{S_\sigma}u_i*\delta T_i\mathrm{d}S$$

式(4.89)即为第二类两类变量非保守弹性动力学初值问题在原空间中的广义拟势能变分原理。当体积力 f_i 和面积力 T_i 为非伴生力,即 $\delta Q=0$ 时,则退化为通常的第二类

两类变量弹性动力学初值问题广义势能变分原理。

2. 相空间中的广义拟势能变分原理

应用 Laplace 变换将式(4.88)变换到相空间，并考虑到式(4.14)，可得

$$\delta\Big\{\iiint_V\Big[-\frac{1}{2}\rho\tilde{v}_i\tilde{v}_i+\rho p\tilde{u}_i\tilde{v}_i-\rho u_i(0)\tilde{v}_i-\rho v_i(0)\tilde{u}_i+(a_{ijkl}\tilde{\varepsilon}_{kl})\Big(\frac{1}{2}\tilde{u}_{i,j}+\frac{1}{2}\tilde{u}_{j,i}\Big)-\frac{1}{2}a_{ijkl}\tilde{\varepsilon}_{ij}\tilde{\varepsilon}_{kl}-\tilde{f}_i*\tilde{u}_i\Big]\mathrm{d}V-\iint_{S_\sigma}\tilde{T}_i\tilde{u}_i\mathrm{d}S-\iint_{S_u}(\tilde{u}_i-\tilde{\bar{u}}_i)(a_{ijkl}\tilde{\varepsilon}_{kl})n_j\mathrm{d}S\Big\}+\iiint_V\tilde{u}_i\delta\tilde{f}_i\mathrm{d}V+\iint_{S_\sigma}\tilde{u}_i\delta\tilde{T}_i\mathrm{d}S=0 \tag{4.90}$$

上式简记为

$$\delta\tilde{\Pi}_{22}+\delta\tilde{Q}=0 \tag{4.91}$$

式中

$$\tilde{\Pi}_{22}=\iiint_V\Big[-\frac{1}{2}\rho\tilde{v}_i\tilde{v}_i+\rho p\tilde{u}_i\tilde{v}_i-\rho u_i(0)\tilde{v}_i-\rho v_i(0)\tilde{u}_i+(a_{ijkl}\tilde{\varepsilon}_{kl})\Big(\frac{1}{2}\tilde{u}_{i,j}+\frac{1}{2}\tilde{u}_{j,i}\Big)-\frac{1}{2}a_{ijkl}\tilde{\varepsilon}_{ij}\tilde{\varepsilon}_{kl}-\tilde{f}_i*\tilde{u}_i\Big]\mathrm{d}V-\iint_{S_\sigma}\tilde{T}_i\tilde{u}_i\mathrm{d}S-\iint_{S_u}(\tilde{u}_i-\tilde{\bar{u}}_i)(a_{ijkl}\tilde{\varepsilon}_{kl})n_j\mathrm{d}S$$

$$\delta\tilde{Q}=\iiint_V\tilde{u}_i\delta\tilde{f}_i\mathrm{d}V+\iint_{S_\sigma}\tilde{u}_i\delta\tilde{T}_i\mathrm{d}S$$

其中，各张量符号的 Laplace 变换式分别为：$v_i\doteqdot\tilde{v}_i$、$u_i\doteqdot\tilde{u}_i$、$\varepsilon_{ij}\doteqdot\tilde{\varepsilon}_{ij}$、$f_i\doteqdot\tilde{f}_i$、$T_i\doteqdot\tilde{T}_i$、$\bar{u}_i\doteqdot\tilde{\bar{u}}_i$、$\Pi_{22}\doteqdot\tilde{\Pi}_{22}$、$Q\doteqdot\tilde{Q}$。

式(4.91)即为第二类两类变量非保守弹性动力学初值问题在相空间中的广义拟势能变分原理。

3. 原空间中的广义拟余能变分原理

如果将材料的本构关系式(4.37)和式(4.40)代入式(4.81)，可得

$$\iiint_V\Big[\rho v_i*\delta v_i-\rho u_i*\delta\frac{\mathrm{d}v_i}{\mathrm{d}t}-\rho\frac{\mathrm{d}v_i}{\mathrm{d}t}*\delta u_i+\rho u_i(0)\delta v_i+(a_{ijkl}\varepsilon_{kl})_{,j}*\delta u_i+u_i*\delta(a_{ijkl}\varepsilon_{kl})_{,j}+\varepsilon_{ij}*\delta(a_{ijkl}\varepsilon_{kl})+f_i*\delta u_i\Big]\mathrm{d}V-\iint_{S_\sigma}[u_i*\delta(a_{ijkl}\varepsilon_{kl})n_j+(a_{ijkl}\varepsilon_{kl})n_j*\delta u_i-T_i*\delta u_i]\mathrm{d}S-\iint_{S_u}\bar{u}_i*\delta(a_{ijkl}\varepsilon_{kl})n_j\mathrm{d}S=0 \tag{4.92}$$

进一步变换为

$$\delta\Big\{\iiint_V\Big[\frac{1}{2}\rho v_i*v_i+\rho u_i(0)v_i+\Big((a_{ijkl}\varepsilon_{kl})_{,j}+f_i-\rho\frac{\mathrm{d}v_i}{\mathrm{d}t}\Big)*u_i+\frac{1}{2}a_{ijkl}\varepsilon_{ij}*\varepsilon_{kl}\Big]\mathrm{d}V-\iint_{S_\sigma}(a_{ijkl}\varepsilon_{kl}n_j-T_i)*u_i\mathrm{d}S-\iint_{S_u}\bar{u}_i*(a_{ijkl}\varepsilon_{kl})n_j\mathrm{d}S\Big\}-\iiint_V u_i*\delta f_i\mathrm{d}V-\iint_{S_\sigma}u_i*\delta T_i\mathrm{d}S=0 \tag{4.93}$$

上式简记为

$$\delta\Gamma_{22}-\delta Q=0 \tag{4.94}$$

式中

$$\Gamma_{22}=\iiint_V\left\{\frac{1}{2}\rho v_i * v_i+\rho u_i(0)v_i+\left[(a_{ijkl}\varepsilon_{kl})_{,j}+f_i-\rho\frac{\mathrm{d}v_i}{\mathrm{d}t}\right]*u_i+\frac{1}{2}a_{ijkl}\varepsilon_{ij}*\varepsilon_{kl}\right\}\mathrm{d}V-$$
$$\iint_{S_\sigma}(a_{ijkl}\varepsilon_{kl}n_j-T_i)*u_i\mathrm{d}S-\iint_{S_u}\bar{u}_i*a_{ijkl}\varepsilon_{kl}n_j\mathrm{d}S$$
$$\delta Q=\iiint_V u_i*\delta f_i\mathrm{d}V+\iint_{S_\sigma}u_i*\delta T_i\mathrm{d}S$$

式(4.94)即为第二类两类变量非保守弹性动力学初值问题在原空间中的广义拟余能变分原理。当体积力 f_i 和面积力 T_i 为非伴生力,即 $\delta Q=0$ 时,则退化为通常的第二类两类变量弹性动力学初值问题广义余能变分原理。

4. 相空间中的广义拟余能变分原理

应用 Laplace 变换将式(4.93)变换到相空间,并考虑到

$$\frac{\mathrm{d}v_i}{\mathrm{d}t}=p\tilde{v}_i-v_i(0) \tag{4.95}$$

可得

$$\delta\left\{\iiint_V\left[\frac{1}{2}\rho\tilde{v}_i\tilde{v}_i+\rho u_i(0)\tilde{v}_i+\left[(a_{ijkl}\tilde{\varepsilon}_{kl})_{,j}+\tilde{f}_i-\rho p\tilde{v}_i+\rho v_i(0)\right]\tilde{u}_i+\frac{1}{2}a_{ijkl}\tilde{\varepsilon}_{ij}\tilde{\varepsilon}_{kl}\right]\mathrm{d}V-\right.$$
$$\left.\iint_{S_\sigma}(a_{ijkl}\tilde{\varepsilon}_{kl}n_j-\tilde{T}_i)\tilde{u}_i\mathrm{d}S-\iint_{S_u}\tilde{\bar{u}}_ia_{ijkl}\tilde{\varepsilon}_{kl}n_j\mathrm{d}S\right\}-\iiint_V\tilde{u}_i\delta\tilde{f}_i\mathrm{d}V-\iint_{S_\sigma}\tilde{u}_i\delta\tilde{T}_i\mathrm{d}S=0 \tag{4.96}$$

上式简记为

$$\delta\tilde{\Gamma}_{22}-\delta\tilde{Q}=0 \tag{4.97}$$

式中

$$\tilde{\Gamma}_{22}=\iiint_V\left\{\frac{1}{2}\rho\tilde{v}_i\tilde{v}_i+\rho u_i(0)\tilde{v}_i+\left[(a_{ijkl}\tilde{\varepsilon}_{kl})_{,j}+\tilde{f}_i-\rho p\tilde{v}_i+\rho v_i(0)\right]\tilde{u}_i+\frac{1}{2}a_{ijkl}\tilde{\varepsilon}_{ij}\tilde{\varepsilon}_{kl}\right\}\mathrm{d}V-$$
$$\iint_{S_\sigma}(a_{ijkl}\tilde{\varepsilon}_{kl}n_j-\tilde{T}_i)\tilde{u}_i\mathrm{d}S-\iint_{S_u}\tilde{\bar{u}}_ia_{ijkl}\tilde{\varepsilon}_{kl}n_j\mathrm{d}S$$
$$\delta\tilde{Q}=\iiint_V\tilde{u}_i\delta\tilde{f}_i\mathrm{d}V+\iint_{S_\sigma}\tilde{u}_i\delta\tilde{T}_i\mathrm{d}S$$

其中,各张量符号的 Laplace 变换式分别为:$v_i\doteq\tilde{v}_i$、$u_i\doteq\tilde{u}_i$、$\varepsilon_{ij}\doteq\tilde{\varepsilon}_{ij}$、$f_i\doteq\tilde{f}_i$、$T_i\doteq\tilde{T}_i$、$\bar{u}_i\doteq\tilde{\bar{u}}_i$、$\Gamma_{22}\doteq\tilde{\Gamma}_{22}$、$Q\doteq\tilde{Q}$。

式(4.97)即为第二类两类变量非保守弹性动力学初值问题在相空间中的广义拟余能变分原理。

需要说明的是:在表达式 Π_{22}、Γ_{22} 及 δQ 中,既有位移类量 u_i,又有位移的导数类量 ε_{ij}、v_i,因此这里将式(4.89)及式(4.94)称为两类变量初值问题广义拟变分原理,有的学者将其称为 u_i、ε_{ij}、v_i 三类变量初值问题广义拟变分原理也未尝不可。

4.5 三类变量初值问题广义拟变分原理

4.5.1 广义拟势能变分原理

1. 原空间中的广义拟势能变分原理

按照广义力和广义位移之间的对应关系，将式(4.33)和式(4.34)卷乘虚位移 δu_i，将式(4.35)、式(4.38)卷乘虚应力 $\delta\sigma_{ij}$，将式(4.37)卷乘虚应变 $\delta\varepsilon_i$，将式(4.39)卷乘虚动量 δp_i，将式(4.40)卷乘虚速度 δv_i，然后积分并代数相加，可得

$$\iiint_V\left[\left(\sigma_{ij,j}+f_i-\frac{\mathrm{d}p_i}{\mathrm{d}t}\right)*\delta u_i+\left(\varepsilon_{ij}-\frac{1}{2}u_{i,j}-\frac{1}{2}u_{j,i}\right)*\delta\sigma_{ij}+(\sigma_{ij}-a_{ijkl}\varepsilon_{kl})*\delta\varepsilon_{ij}+\left(v_i-\frac{\mathrm{d}u_i}{\mathrm{d}t}\right)*\delta p_i+(p_i-\rho v_i)*\delta v_i\right]\mathrm{d}V-\iint_{S_\sigma}(\sigma_{ij}n_j-T_i)*\delta u_i\mathrm{d}S+\iint_{S_u}(u_i-\bar{u}_i)*\delta\sigma_{ij}n_j\mathrm{d}S=0 \tag{4.98}$$

应用 Green 定理式(4.44)和 Laplace 变换中卷积理论的分部积分公式(4.45)，可将式(4.98)变换为

$$\iiint_V\left[-\rho v_i*\delta v_i+p_i*\delta v_i+v_i*\delta p_i-\frac{\mathrm{d}u_i}{\mathrm{d}t}*\delta p_i-p_i*\delta\frac{\mathrm{d}u_i}{\mathrm{d}t}+p_i(0)\delta u_i-\sigma_{ij}*\delta\left(\frac{1}{2}u_{i,j}+\frac{1}{2}u_{j,i}\right)-\left(\frac{1}{2}u_{i,j}+\frac{1}{2}u_{j,i}\right)*\delta\sigma_{ij}+\varepsilon_{ij}*\delta\sigma_{ij}+\sigma_{ij}*\delta\varepsilon_{ij}-a_{ijkl}\varepsilon_{kl}*\delta\varepsilon_{ij}+f_i*\delta u_i\right]\mathrm{d}V+\iint_{S_\sigma}T_i*\delta u_i\mathrm{d}S+\iint_{S_u}(\sigma_{ij}n_j*\delta u_i+u_i*\delta\sigma_{ij}n_j-\bar{u}_i*\delta\sigma_{ij}n_j)\mathrm{d}S=0 \tag{4.99}$$

进一步变换为

$$\delta\left\{\iiint_V\left[-\frac{1}{2}\rho v_i*v_i+p_i*v_i-\frac{\mathrm{d}u_i}{\mathrm{d}t}*p_i+p_i(0)u_i+\sigma_{ij}*\left(\varepsilon_{ij}-\frac{1}{2}u_{i,j}-\frac{1}{2}u_{j,i}\right)-\frac{1}{2}a_{ijkl}\varepsilon_{ij}*\varepsilon_{kl}+f_i*u_i\right]\mathrm{d}V+\iint_{S_\sigma}T_i*u_i\mathrm{d}S+\iint_{S_u}(u_i-\bar{u}_i)*\sigma_{ij}n_j\mathrm{d}S\right\}-\iiint_V u_i*\delta f_i\mathrm{d}V-\iint_{S_\sigma}u_i*\delta T_i\mathrm{d}S=0 \tag{4.100}$$

上式简记为

$$\delta\Pi_3-\delta Q=0 \tag{4.101}$$

式中

$$\Pi_3=\iiint_V\left[-\frac{1}{2}\rho v_i*v_i+p_i*v_i-\frac{\mathrm{d}u_i}{\mathrm{d}t}*p_i+p_i(0)u_i+\sigma_{ij}*\left(\varepsilon_{ij}-\frac{1}{2}u_{i,j}-\frac{1}{2}u_{j,i}\right)-\frac{1}{2}a_{ijkl}\varepsilon_{ij}*\varepsilon_{kl}+f_i*u_i\right]\mathrm{d}V+\iint_{S_\sigma}T_i*u_i\mathrm{d}S+\iint_{S_u}(u_i-\bar{u}_i)*\sigma_{ij}n_j\mathrm{d}S$$

$$\delta Q=\iiint_V u_i * \delta f_i \mathrm{d}V+\iint_{S_\sigma} u_i * \delta T_i \mathrm{d}S$$

式(4.101) 即为三类变量非保守弹性动力学初值问题在原空间中的广义拟势能变分原理。当体积力 f_i 和面积力 T_i 为非伴生力，即 $\delta Q=0$ 时，则退化为通常的三类变量弹性动力学初值问题广义势能变分原理。

2. 相空间中的广义拟势能变分原理

应用 Laplace 变换将式(4.100) 变换到相空间，并考虑到式(4.14)，可得

$$\delta\Big\{\iiint_V\Big[-\frac{1}{2}\rho\tilde{v}_i\tilde{v}_i+\tilde{p}_i\tilde{v}_i-p\tilde{u}_i\tilde{p}_i+u_i(0)\tilde{p}_i+p_i(0)\tilde{u}_i+\tilde{\sigma}_{ij}\Big(\tilde{\varepsilon}_{ij}-\frac{1}{2}\tilde{u}_{i,j}-\frac{1}{2}\tilde{u}_{j,i}\Big)-\frac{1}{2}a_{ijkl}\tilde{\varepsilon}_{ij}\tilde{\varepsilon}_{kl}+\tilde{f}_i\tilde{u}_i\Big]\mathrm{d}V+\iint_{S_\sigma}\tilde{T}_i\tilde{u}_i\mathrm{d}S+\iint_{S_u}(\tilde{u}_i-\tilde{\bar{u}}_i)\tilde{\sigma}_{ij}n_j\mathrm{d}S\Big\}-\iiint_V\tilde{u}_i\delta\tilde{f}_i\mathrm{d}V-\iint_{S_\sigma}\tilde{u}_i\delta\tilde{T}_i\mathrm{d}S=0 \tag{4.102}$$

上式简记为

$$\delta\tilde{\Pi}_3-\delta\tilde{Q}=0 \tag{4.103}$$

式中

$$\tilde{\Pi}_3=\iiint_V\Big[-\frac{1}{2}\rho\tilde{v}_i\tilde{v}_i+\tilde{p}_i\tilde{v}_i-p\tilde{u}_i\tilde{p}_i+u_i(0)\tilde{p}_i+p_i(0)\tilde{u}_i+\tilde{\sigma}_{ij}\Big(\tilde{\varepsilon}_{ij}-\frac{1}{2}\tilde{u}_{i,j}-\frac{1}{2}\tilde{u}_{j,i}\Big)-\frac{1}{2}a_{ijkl}\tilde{\varepsilon}_{ij}\tilde{\varepsilon}_{kl}+\tilde{f}_i\tilde{u}_i\Big]\mathrm{d}V+\iint_{S_\sigma}\tilde{T}_i\tilde{u}_i\mathrm{d}S+\iint_{S_u}(\tilde{u}_i-\tilde{\bar{u}}_i)\tilde{\sigma}_{ij}n_j\mathrm{d}S$$

$$\delta\tilde{Q}=\iiint_V\tilde{u}_i\delta\tilde{f}_i\mathrm{d}V+\iint_{S_\sigma}\tilde{u}_i\delta\tilde{T}_i\mathrm{d}S$$

其中，各张量符号的 Laplace 变换式分别为：$v_i \doteq \tilde{v}_i$、$p_i \doteq \tilde{p}_i$、$u_i \doteq \tilde{u}_i$、$\sigma_{ij} \doteq \tilde{\sigma}_{ij}$、$\varepsilon_{ij} \doteq \tilde{\varepsilon}_{ij}$、$f_i \doteq \tilde{f}_i$、$T_i \doteq \tilde{T}_i$、$\bar{u}_i \doteq \tilde{\bar{u}}_i$、$\Pi_3 \doteq \tilde{\Pi}_3$、$Q \doteq \tilde{Q}$。

式(4.103) 即为三类变量非保守弹性动力学初值问题在相空间中的广义拟势能变分原理。

4.5.2　广义拟余能变分原理

1. 原空间中的广义拟余能变分原理

将式(4.98) 取负，并应用 Green 定理式(4.60) 和 Laplace 变换中卷积理论的分部积分公式(4.61)，可将式(4.98) 变换为

$$\iiint_V\Big[\rho v_i * \delta v_i-p_i * \delta v_i-v_i * \delta p_i+u_i * \delta\frac{\mathrm{d}p_i}{\mathrm{d}t}+\frac{\mathrm{d}p_i}{\mathrm{d}t} * \delta u_i-u_i(0)\delta p_i-\sigma_{ij,j} * \delta u_i-u_i * \delta\sigma_{ij,j}-\varepsilon_{ij} * \delta\sigma_{ij}-\sigma_{ij} * \delta\varepsilon_{ij}+a_{ijkl}\varepsilon_{kl} * \delta\varepsilon_{ij}-f_i * \delta u_i\Big]\mathrm{d}V+\iint_{S_\sigma}(u_i * \delta\sigma_{ij}n_j+\sigma_{ij}n_j * \delta u_i-T_i * \delta u_i)\,\mathrm{d}S+\iint_{S_u}\bar{u}_i * \delta\sigma_{ij}n_j\mathrm{d}S=0 \tag{4.104}$$

进一步变换为

$$\delta\left\{\iiint_V\left[\frac{1}{2}\rho v_i * v_i - p_i * v_i - u_i(0)p_i - \left(\sigma_{ij,j} + f_i - \frac{\mathrm{d}p_i}{\mathrm{d}t}\right) * u_i - \varepsilon_{ij} * \sigma_{ij} + \frac{1}{2}a_{ijkl}\varepsilon_{ij} * \varepsilon_{kl}\right]\mathrm{d}V + \iint_{S_\sigma}(\sigma_{ij}n_j - T_i) * u_i\mathrm{d}S + \iint_{S_u}\bar{u}_i * \sigma_{ij}n_j\mathrm{d}S\right\} + \iiint_V u_i * \delta f_i\mathrm{d}V + \iint_{S_\sigma}u_i * \delta T_i\mathrm{d}S = 0 \tag{4.105}$$

上式简记为

$$\delta\Gamma_3 + \delta Q = 0 \tag{4.106}$$

式中

$$\Gamma_3 = \iiint_V\left[\frac{1}{2}\rho v_i * v_i - p_i * v_i - u_i(0)p_i - \left(\sigma_{ij,j} + f_i - \frac{\mathrm{d}p_i}{\mathrm{d}t}\right) * u_i - \varepsilon_{ij} * \sigma_{ij} + \frac{1}{2}a_{ijkl}\varepsilon_{ij} * \varepsilon_{kl}\right]\mathrm{d}V + \iint_{S_\sigma}(\sigma_{ij}n_j - T_i) * u_i\mathrm{d}S + \iint_{S_u}\bar{u}_i * \sigma_{ij}n_j\mathrm{d}S$$

$$\delta Q = \iiint_V u_i * \delta f_i\mathrm{d}V + \iint_{S_\sigma}u_i * \delta T_i\mathrm{d}S$$

式(4.106)即为三类变量非保守弹性动力学初值问题在原空间中的广义拟余能变分原理。当体积力 f_i 和面积力 T_i 为非伴生力，即 $\delta Q=0$ 时，则退化为通常的三类变量弹性动力学初值问题广义余能变分原理。

2. 相空间中的广义拟余能变分原理

应用 Laplace 变换将式(4.105)变换到相空间，并考虑到式(4.71)，可得

$$\delta\left\{\iiint_V\left[\frac{1}{2}\rho\tilde{v}_i\tilde{v}_i - \tilde{p}_i\tilde{v}_i - u_i(0)\tilde{p}_i - [\tilde{\sigma}_{ij,j} + \tilde{f}_i - p\tilde{p}_i + p_i(0)]\tilde{u}_i - \tilde{\varepsilon}_{ij}\tilde{\sigma}_{ij} + \frac{1}{2}a_{ijkl}\tilde{\varepsilon}_{ij}\tilde{\varepsilon}_{kl}\right]\mathrm{d}V + \iint_{S_\sigma}(\tilde{\sigma}_{ij}n_j - \tilde{T}_i)\tilde{u}_i\mathrm{d}S + \iint_{S_u}\tilde{\bar{u}}_i\tilde{\sigma}_{ij}n_j\mathrm{d}S\right\} + \iiint_V\tilde{u}_i\delta\tilde{f}_i\mathrm{d}V + \iint_{S_\sigma}\tilde{u}_i\delta\tilde{T}_i\mathrm{d}S = 0 \tag{4.107}$$

上式简记为

$$\delta\tilde{\Gamma}_3 + \delta\tilde{Q} = 0 \tag{4.108}$$

式中

$$\tilde{\Gamma}_3 = \iiint_V\left[\frac{1}{2}\rho\tilde{v}_i\tilde{v}_i - \tilde{p}_i\tilde{v}_i - u_i(0)\tilde{p}_i - [\tilde{\sigma}_{ij,j} + \tilde{f}_i - p\tilde{p}_i + p_i(0)]\tilde{u}_i - \tilde{\varepsilon}_{ij}\tilde{\sigma}_{ij} + \frac{1}{2}a_{ijkl}\tilde{\varepsilon}_{ij}\tilde{\varepsilon}_{kl}\right]\mathrm{d}V + \iint_{S_\sigma}(\tilde{\sigma}_{ij}n_j - \tilde{T}_i)\tilde{u}_i\mathrm{d}S + \iint_{S_u}\tilde{\bar{u}}_i\tilde{\sigma}_{ij}n_j\mathrm{d}S$$

$$\delta\tilde{Q} = \iiint_V\tilde{u}_i\delta\tilde{f}_i\mathrm{d}V + \iint_{S_\sigma}\tilde{u}_i\delta\tilde{T}_i\mathrm{d}S$$

其中，各张量符号的 Laplace 变换式分别为：$v_i \doteq \tilde{v}_i$、$p_i \doteq \tilde{p}_i$、$u_i \doteq \tilde{u}_i$、$\sigma_{ij} \doteq \tilde{\sigma}_{ij}$、$\varepsilon_{ij} \doteq \tilde{\varepsilon}_{ij}$、

$f_i \doteq \widetilde{f}_i$、$T_i \doteq \widetilde{T}_i$、$\bar{u}_i \doteq \widetilde{\bar{u}}_i$、$\Gamma_3 \doteq \widetilde{\Gamma}_3$、$Q \doteq \widetilde{Q}$。

式(4.108)即为三类变量非保守弹性动力学初值问题在相空间中的广义拟余能变分原理。

4.6　应用举例

研究过非保守系统的学者们发现,虽然非保守系统包含宽广的领域,但如何寻找伴生力却一直是一个难题,需要加以说明。对于保守系统,外力作用在系统上将引起一定的效应,强度、刚度和稳定性问题便是这种效应的体现。对于非保守系统,外力作用在系统上也将引起一定的效应,而这种效应的信息反馈到外力,又使外力发生变化,这种外力便是伴生力。可见,伴生力是一种与其引起的效应相伴而生的力。了解了伴生力的这种特性,便可以较容易地寻求和发现伴生力了。

在飞行器结构设计和研究中,经常将翼面简化为根部固支的闭剖面梁。翼面的外伸段,可以处理为梁的自由弯曲和扭转问题。由于机翼的空气动力引起机翼的转角,反过来转角又引起空气动力的变化,因此这是一个非保守系统的弹性动力学问题,机翼空气动力便是伴生力。值得注意的问题是:由于空气动力的伴生力特性,使得由空气动力导致的作用在机翼上的弯矩和剪力等也是伴生力。

设有如图 4.1 所示双闭室剖面,剖面剪力为 Q_y,气动中心的坐标为 x_a,假设机翼剖面是对称翼剖面,又设其质心与刚心重合,因此弯曲和扭转振动不耦合,这里只考虑受扭情况。假设刚心坐标为 x_r,假想将双闭室切开,其开剖面弯曲剪流为零,双闭剖面的未知剪流为 q_1 和 q_2,如图 4.2 所示。

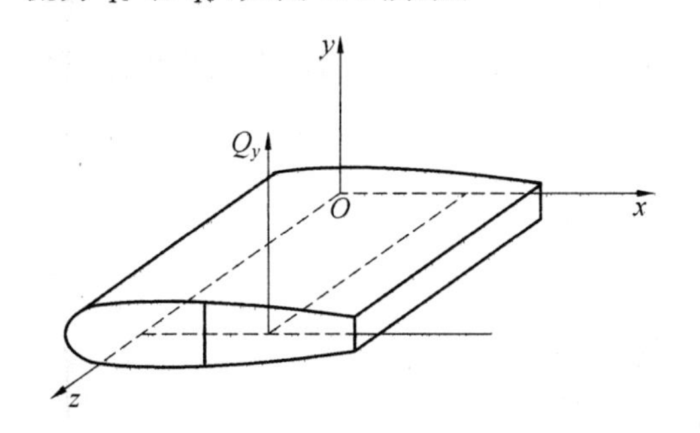

图 4.1　双闭室剖面图

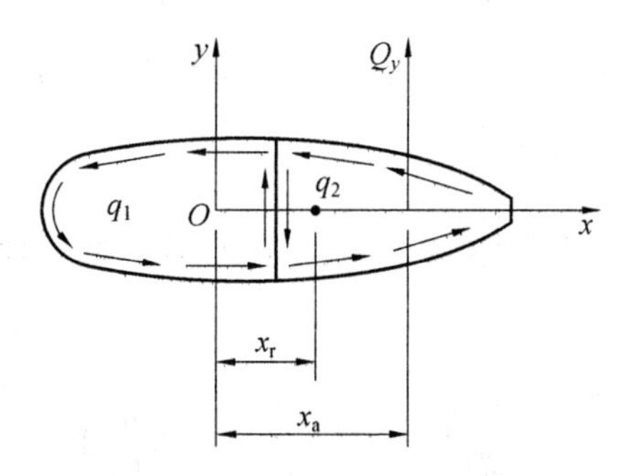

图 4.2　双闭室剖面未知剪切流

应用第一类两类变量非保守弹性动力学初值问题在相空间中的广义拟余能变分原理来解决这一问题。取单位长度的翼段进行研究,不考虑阻尼影响,其 $\widetilde{\Gamma}_{21}$ 可以表示为

$$\widetilde{\Gamma}_{21} = \frac{1}{2I_c}\widetilde{L}^2 + \varphi(0)\widetilde{L} - [p\widetilde{L} - L(0)]\widetilde{\varphi} + \oint_{1-2}\left[\frac{(\widetilde{q}_1 + \widetilde{q}_2)^2}{2Gt} - \widetilde{\varphi}(\widetilde{q}_1 + \widetilde{q}_2)\rho\right]\mathrm{d}S + \widetilde{\varphi}\widetilde{M}_z \tag{4.109}$$

式中　I_c —— 对质心轴的转动惯量;

L —— 对刚心的动量矩;

φ —— 单位长度梁剖面相对转角；

q_1 —— 闭剖面1的剪流；

q_2 —— 闭剖面2的剪流；

G —— 剪切模量；

t —— 壁厚；

ρ —— 微元剪力 $q_i\mathrm{d}S$ 到力矩中心的垂直距离（$i=1,2$）；

M_z —— 外力矩（对刚心的矩）。

其中

$$M_z = Q_y(x_a - x_r) \tag{4.110}$$

需要说明的是，式中 Q_y 的方向有两种取法，一种是取为等效力，另一种是取为平衡力，本问题取为等效力。

对式(4.110)应用Laplace变换，有

$$\widetilde{M}_z = (x_a - x_r)\widetilde{Q}_y \tag{4.111}$$

针对此问题，考虑到式(4.109)、式(4.111)及 $\iiint\limits_V \tilde{u}_i \delta \tilde{f}_i \mathrm{d}V = 0$（没有体积力的作用），则第一类两类变量在相空间中的广义拟余能变分原理可表示为

$$\begin{aligned}\delta\widetilde{\Gamma}_{21} - \delta\widetilde{Q} = &\left[\frac{1}{I_c}\widetilde{L} - p\widetilde{\varphi} + \varphi(0)\right]\delta\widetilde{L} + \left(\oint\limits_1 \frac{\tilde{q}_1}{Gt}\mathrm{d}S - \int\limits_{1-2}\frac{\tilde{q}_2}{Gt}\mathrm{d}S - \tilde{\varphi}\Omega_1\right)\delta\tilde{q}_1 + \\ &\left(-\int\limits_{1-2}\frac{\tilde{q}_1}{Gt}\mathrm{d}S + \oint\limits_2\frac{\tilde{q}_2}{Gt}\mathrm{d}S - \tilde{\varphi}\Omega_2\right)\delta\tilde{q}_2 - [\Omega_1\tilde{q}_1 + \Omega_2\tilde{q}_2 - \\ &(x_a - x_r)\widetilde{Q}_y + p\widetilde{L} - L(0)]\delta\tilde{\varphi} = 0\end{aligned} \tag{4.112}$$

其中，$\Omega_1 = \oint\limits_1 \rho\mathrm{d}s$；$\Omega_2 = \oint\limits_2 \rho\mathrm{d}s$；$\oint\limits_{1-2}$ 表示对两个闭剖面的周边积分；$\int\limits_{1-2}$ 表示两个闭剖面之间的墙的积分。

由于 $\delta\widetilde{L}$、$\delta\tilde{q}_1$、$\delta\tilde{q}_2$、$\delta\tilde{\varphi}$ 的任意性，因此有

$$\frac{1}{I_c}\widetilde{L} - p\tilde{\varphi} + \varphi(0) = 0 \tag{4.113}$$

$$\oint\limits_1 \frac{\tilde{q}_1}{Gt}\mathrm{d}S - \int\limits_{1-2}\frac{\tilde{q}_2}{Gt}\mathrm{d}S - \tilde{\varphi}\Omega_1 = 0 \tag{4.114}$$

$$-\int\limits_{1-2}\frac{\tilde{q}_1}{Gt}\mathrm{d}S + \oint\limits_2\frac{\tilde{q}_2}{Gt}\mathrm{d}S - \tilde{\varphi}\Omega_2 = 0 \tag{4.115}$$

$$\Omega_1\tilde{q}_1 + \Omega_2\tilde{q}_2 - (x_a - x_r)\widetilde{Q}_y + p\widetilde{L} - L(0) = 0 \tag{4.116}$$

解方程(4.113)，可得

$$\widetilde{L} = I_c[p\tilde{\varphi} - \varphi(0)] \tag{4.117}$$

考虑到单位长度梁剖面相对转角对时间的导数的Laplace变换式为

$$\frac{\mathrm{d}\varphi}{\mathrm{d}t} \doteq p\tilde{\varphi} - \varphi(0) \tag{4.118}$$

对式(4.117)应用 Laplace 逆变换,并代入初值,可得

$$L(0)=I_c\frac{\mathrm{d}\varphi(0)}{\mathrm{d}t} \tag{4.119}$$

将式(4.114)、式(4.115)联立,解方程组得

$$\tilde{q}_1=\frac{\begin{vmatrix}\tilde{\varphi}\Omega_1 & -\int_{1-2}\frac{\mathrm{d}S}{Gt}\\ \tilde{\varphi}\Omega_2 & \oint_2\frac{\mathrm{d}S}{Gt}\end{vmatrix}}{\begin{vmatrix}\oint_1\frac{\mathrm{d}S}{Gt} & -\int_{1-2}\frac{\mathrm{d}S}{Gt}\\ -\int_{1-2}\frac{\mathrm{d}S}{Gt} & \oint_2\frac{\mathrm{d}S}{Gt}\end{vmatrix}}=\frac{\tilde{\varphi}\Omega_1\oint_2\frac{\mathrm{d}S}{Gt}+\tilde{\varphi}\Omega_2\int_{1-2}\frac{\mathrm{d}S}{Gt}}{\oint_1\frac{\mathrm{d}S}{Gt}\oint_2\frac{\mathrm{d}S}{Gt}-\left(\int_{1-2}\frac{\mathrm{d}S}{Gt}\right)^2} \tag{4.120}$$

$$\tilde{q}_2=\frac{\begin{vmatrix}\oint_1\frac{\mathrm{d}S}{Gt} & \tilde{\varphi}\Omega_1\\ -\int_{1-2}\frac{\mathrm{d}S}{Gt} & \tilde{\varphi}\Omega_2\end{vmatrix}}{\begin{vmatrix}\oint_1\frac{\mathrm{d}S}{Gt} & -\int_{1-2}\frac{\mathrm{d}S}{Gt}\\ -\int_{1-2}\frac{\mathrm{d}S}{Gt} & \oint_2\frac{\mathrm{d}S}{Gt}\end{vmatrix}}=\frac{\tilde{\varphi}\Omega_2\oint_1\frac{\mathrm{d}S}{Gt}+\tilde{\varphi}\Omega_1\int_{1-2}\frac{\mathrm{d}S}{Gt}}{\oint_1\frac{\mathrm{d}S}{Gt}\oint_2\frac{\mathrm{d}S}{Gt}-\left(\int_{1-2}\frac{\mathrm{d}S}{Gt}\right)^2} \tag{4.121}$$

将 Q_y 处理为与转角有关的形式,设

$$Q_y=qAC_y^{\alpha}(\alpha-\varphi) \tag{4.122}$$

式中　q —— 动压;

A —— 翼面面积(不同的翼面参数,将有不同的表达式);

C_y^{α} —— 升力系数导数;

α —— 翼面攻角;

φ —— 翼面扭转角。

考虑到常数项前有“1”的 Laplace 变换式为$\frac{1}{p}$,对式(4.122)应用 Laplace 变换,可得

$$\tilde{Q}_y=\frac{1}{p}qAC_y^{\alpha}\alpha-qAC_y^{\alpha}\tilde{\varphi} \tag{4.123}$$

将式(4.117)、式(4.119)~(4.121)、式(4.123)代入式(4.116),可得

$$\left[\frac{\Omega_1\oint_2\frac{\mathrm{d}S}{Gt}+\Omega_2\int_{1-2}\frac{\mathrm{d}S}{Gt}}{\oint_1\frac{\mathrm{d}S}{Gt}\oint_2\frac{\mathrm{d}S}{Gt}-\left(\int_{1-2}\frac{\mathrm{d}S}{Gt}\right)^2}\Omega_1+\frac{\Omega_2\oint_1\frac{\mathrm{d}S}{Gt}+\Omega_1\int_{1-2}\frac{\mathrm{d}S}{Gt}}{\oint_1\frac{\mathrm{d}S}{Gt}\oint_2\frac{\mathrm{d}S}{Gt}-\left(\int_{1-2}\frac{\mathrm{d}S}{Gt}\right)^2}\Omega_2+(x_a-x_r)qAC_y^{\alpha}\right]\tilde{\varphi}+$$

$$\left[p^2\tilde{\varphi}-p\varphi(0)-\frac{\mathrm{d}\varphi(0)}{\mathrm{d}t}\right]I_c=\frac{1}{p}(x_a-x_r)qAC_y^{\alpha}\alpha \tag{4.124}$$

设系统的固有频率为

$$\omega_{\mathrm{n}}=\sqrt{\frac{1}{I_{\mathrm{c}}}\left[\frac{\Omega_1\oint_2\frac{\mathrm{d}S}{Gt}+\Omega_2\int_{1-2}\frac{\mathrm{d}S}{Gt}}{\oint_1\frac{\mathrm{d}S}{Gt}\oint_2\frac{\mathrm{d}S}{Gt}-\left(\int_{1-2}\frac{\mathrm{d}S}{Gt}\right)^2}\Omega_1+\frac{\Omega_2\oint_1\frac{\mathrm{d}S}{Gt}+\Omega_1\int_{1-2}\frac{\mathrm{d}S}{Gt}}{\oint_1\frac{\mathrm{d}S}{Gt}\oint_2\frac{\mathrm{d}S}{Gt}-\left(\int_{1-2}\frac{\mathrm{d}S}{Gt}\right)^2}\Omega_2+(x_{\mathrm{a}}-x_{\mathrm{r}})qAC_y^{\alpha}\right]} \tag{4.125}$$

并且记

$$F_0=\frac{(x_{\mathrm{a}}-x_{\mathrm{r}})qAC_{\alpha}^{y}\alpha}{I_{\mathrm{c}}} \tag{4.126}$$

将式(4.125)、式(4.126)代入式(4.124)，有

$$\omega_{\mathrm{n}}^2\tilde{\varphi}+\left[p^2\tilde{\varphi}-p\varphi(0)-\frac{\mathrm{d}\varphi(0)}{\mathrm{d}t}\right]=\frac{F_0}{p} \tag{4.127}$$

由方程(4.127)解得

$$\begin{aligned}\tilde{\varphi}&=\frac{1}{p(P^2+\omega_{\mathrm{n}}^2)}\left[p^2\varphi(0)+p\frac{\mathrm{d}\varphi(0)}{\mathrm{d}t}+F_0\right]\\&=\frac{p\varphi(0)}{P^2+\omega_{\mathrm{n}}^2}+\frac{1}{P^2+\omega_{\mathrm{n}}^2}\frac{\mathrm{d}\varphi(0)}{\mathrm{d}t}+\frac{F_0}{\omega_{\mathrm{n}}^2}\left(\frac{1}{p}-\frac{p}{P^2+\omega_{\mathrm{n}}^2}\right)\end{aligned} \tag{4.128}$$

应用 Laplace 逆变换，可得 φ 的解为

$$\varphi=\left[\varphi(0)-\frac{F_0}{\omega_{\mathrm{n}}^2}\right]\cos\omega_{\mathrm{n}}t+\frac{1}{\omega_{\mathrm{n}}}\frac{\mathrm{d}\varphi(0)}{\mathrm{d}t}\sin\omega_{\mathrm{n}}t+\frac{F_0}{\omega_{\mathrm{n}}^2} \tag{4.129}$$

对式(4.120)、式(4.121)应用 Laplace 逆变换，并将式(4.129)代入，可得

$$q_1=\frac{\Omega_1\oint_2\frac{\mathrm{d}S}{Gt}+\Omega_2\int_{1-2}\frac{\mathrm{d}S}{Gt}}{\oint_1\frac{\mathrm{d}S}{Gt}\oint_2\frac{\mathrm{d}S}{Gt}-\left(\int_{1-2}\frac{\mathrm{d}S}{Gt}\right)^2}\left\{\left[\varphi(0)-\frac{F_0}{\omega_{\mathrm{n}}^2}\right]\cos\omega_{\mathrm{n}}t+\frac{1}{\omega_{\mathrm{n}}}\frac{\mathrm{d}\varphi(0)}{\mathrm{d}t}\sin\omega_{\mathrm{n}}t+\frac{F_0}{\omega_{\mathrm{n}}^2}\right\} \tag{4.130}$$

$$q_2=\frac{\Omega_2\oint_1\frac{\mathrm{d}S}{Gt}+\Omega_1\int_{1-2}\frac{\mathrm{d}S}{Gt}}{\oint_1\frac{\mathrm{d}S}{Gt}\oint_2\frac{\mathrm{d}S}{Gt}-\left(\int_{1-2}\frac{\mathrm{d}S}{Gt}\right)^2}\left\{\left[\varphi(0)-\frac{F_0}{\omega_{\mathrm{n}}^2}\right]\cos\omega_{\mathrm{n}}t+\frac{1}{\omega_{\mathrm{n}}}\frac{\mathrm{d}\varphi(0)}{\mathrm{d}t}\sin\omega_{\mathrm{n}}t+\frac{F_0}{\omega_{\mathrm{n}}^2}\right\} \tag{4.131}$$

其中

$$\omega_{\mathrm{n}}=\sqrt{\frac{1}{I_{\mathrm{c}}}\left[\frac{\Omega_1\oint_2\frac{\mathrm{d}S}{Gt}+\Omega_2\int_{1-2}\frac{\mathrm{d}S}{Gt}}{\oint_1\frac{\mathrm{d}S}{Gt}\oint_2\frac{\mathrm{d}S}{Gt}-\left(\int_{1-2}\frac{\mathrm{d}S}{Gt}\right)^2}\Omega_1+\frac{\Omega_2\oint_1\frac{\mathrm{d}S}{Gt}+\Omega_1\int_{1-2}\frac{\mathrm{d}S}{Gt}}{\oint_1\frac{\mathrm{d}S}{Gt}\oint_2\frac{\mathrm{d}S}{Gt}-\left(\int_{1-2}\frac{\mathrm{d}S}{Gt}\right)^2}\Omega_2+(x_{\mathrm{a}}-x_{\mathrm{r}})qAC_y^{\alpha}\right]}$$

$$F_0=\frac{(x_{\mathrm{a}}-x_{\mathrm{r}})qAC_{\alpha}^{y}\alpha}{I_{\mathrm{c}}}$$

借助实例，给出应用非保守弹性动力学初值问题广义拟变分原理求解问题解析解的具体思路。在实例中，应用相空间中的第一类两类变量广义拟余能变分原理，研究一个典型的非保守弹性动力学系统初值问题的动态特性，并给出同时求解该系统的内力和变形

两类变量的计算方法。对于如何求解问题的近似解,可应用原空间中的两类变量广义拟余能变分原理,利用卷积样条函数或有限元素法进行近似计算。

第5章　单柔体动力学初值问题拟变分原理及其应用

5.1　引　　言

刚弹耦合系统动力学是研究物体变形与其整体刚性运动的相互作用或耦合，以及耦合产生的独特的动力学效应。在航天工程中，很多领域的问题都需要用刚弹耦合系统动力学方法来解决，如大型柔性附件的伸展或展开问题、航天器的对接问题等；同时，刚弹耦合系统动力学在机器人（又称机械臂）方面也有重要的应用，例如机器人动力学问题、多个系统协调工作中的协调动力学与控制的问题，这是近年来研究较深入的两个方面。另外，刚弹耦合系统动力学还广泛应用于航空、航海、交通运输、机械工程等领域。由此可见，刚弹耦合系统动力学在国民经济和国防建设中有广阔的应用前景。

刚弹耦合系统有单体和多体两类，通常称为单柔体和多柔体。与之相对应，刚弹耦合系统动力学有两大分支，即单柔体动力学和多柔体动力学。其中，单柔体动力学是多柔体动力学的基础，把单柔体动力学的理论研究好了，多柔体动力学的理论研究也就水到渠成了。另外，单柔体动力学还有其独特的重要应用，以航空宇航科学技术为例，如果说多柔体系统动力学在复杂飞行器（例如：人造卫星、宇宙飞船、空间站和航天飞机）的研制中有重要应用，那么可以说单柔体动力学在单体飞行器（例如：飞机、导弹、卫星或洲际导弹的拦截器）的研制中有重要应用，更何况复杂飞行器在发射阶段要通过大气层，有的还要返回大气层或再入大气层，这时多数也简化为单柔体。因此，本章以前述章节理论为基础，研究“单柔体动力学初值问题拟变分原理及其应用”，分别建立一类变量和两类变量单柔体动力学初值问题拟变分原理；推导一类变量和两类变量单柔体动力学初值问题拟变分原理的拟驻值条件；以拦截器为研究对象，应用拟驻值条件分别得到拦截器发射段、机动段及忽略变形速度三种情况下的动力学方程。

5.2　运动学关系

如图5.1所示，坐标系 $e=(e_1,e_2,e_3)$ 为定坐标系，建立在单柔体质心上的坐标系 $o=(o_1,o_2,o_3)$ 为动坐标系。对于单柔体，有如下关系式：

$$R_i = X_i^c + x_i + u_i \tag{5.1}$$

式中　R_i —— 微元质量 $\mathrm{d}m$ 相对定坐标系矢径；

X_i^c —— 质心到定坐标系原点的矢径；

x_i —— 把单柔体视为单刚体时由微元质量 $\mathrm{d}m$ 到质心的矢径；

u_i —— 微元质量 $\mathrm{d}m$ 的弹性位移。

令

$$X_i = X_i^c + x_i \tag{5.2}$$

式中　X_i —— 把单柔体视为单刚体时由微元质量 dm 到定坐标系原点的矢径。

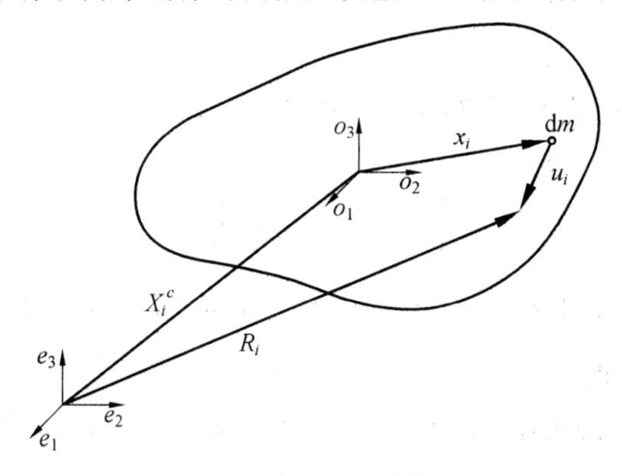

图 5.1　单柔体向量关系

将式(5.1) 对时间求导，有

$$\frac{\mathrm{d}R_i}{\mathrm{d}t} = \frac{\mathrm{d}X_i^c}{\mathrm{d}t} + \frac{\mathrm{d}x_i}{\mathrm{d}t} + \frac{\mathrm{d}u_i}{\mathrm{d}t} \tag{5.3}$$

式中　$\frac{\mathrm{d}R_i}{\mathrm{d}t}$ —— 微元质量 dm 的矢径在定坐标系内的时间导数；

$\frac{\mathrm{d}X_i^c}{\mathrm{d}t}$ —— 质心到定坐标系原点的矢径在定坐标系内的时间导数；

$\frac{\mathrm{d}x_i}{\mathrm{d}t}$ —— 把单柔体视为单刚体时由微元质量 dm 到质心的矢径在定坐标系内的时间导数；

$\frac{\mathrm{d}u_i}{\mathrm{d}t}$ —— 微元质量 dm 的弹性位移在定坐标系内的时间导数。

将式(5.2) 对时间求导，有

$$\frac{\mathrm{d}X_i}{\mathrm{d}t} = \frac{\mathrm{d}X_i^c}{\mathrm{d}t} + \frac{\mathrm{d}x_i}{\mathrm{d}t} \tag{5.4}$$

式中　$\frac{\mathrm{d}X_i}{\mathrm{d}t}$ —— 把单柔体视为单刚体时由微元质量 dm 到定坐标系原点的矢径在定坐标系内的时间导数。

将式(5.4) 代入式(5.3)，可得

$$\frac{\mathrm{d}R_i}{\mathrm{d}t} = \frac{\mathrm{d}X_i}{\mathrm{d}t} + \frac{\mathrm{d}u_i}{\mathrm{d}t} \tag{5.5}$$

由于单柔体运动是物体变形与其刚性运动的相互作用或耦合。因此式(5.5) 中，$\frac{\mathrm{d}X_i}{\mathrm{d}t}$ 代表刚体速度，$\frac{\mathrm{d}u_i}{\mathrm{d}t}$ 代表变形体速度。注意到，只有刚体转角 θ_i 很小时才能处理为矢量，称之为小角定理。这里 θ_i 可以认为满足小角定理，或者认为是伪坐标。将变形体速度进一步表示为

$$\frac{\mathrm{d}u_i}{\mathrm{d}t}=\frac{\partial u_i}{\partial t}+e_{ijk}\frac{\mathrm{d}\theta_j}{\mathrm{d}t}u_k \tag{5.6}$$

式中 $\frac{\partial u_i}{\partial t}$ —— 微元质量 dm 的弹性位移在动坐标系内的时间导数；

e_{ijk} —— 置换符号；

θ_i —— 把单柔体视为单刚体时的转角。

应用 Coriolis 转动定理，有

$$\frac{\mathrm{d}x_i}{\mathrm{d}t}=\frac{\partial x_i}{\partial t}+e_{ijk}\frac{\mathrm{d}\theta_j}{\mathrm{d}t}x_k \tag{5.7}$$

式中 $\frac{\partial x_i}{\partial t}$ —— 把单柔体视为单刚体时由微元质量 dm 到质心的矢径在动坐标系内的时间导数。

在力学模型中，x_i 是刚体上微元质量 dm 到质心的距离，而刚体中任意两点间的距离都是常量，因此得

$$\frac{\partial x_i}{\partial t}=0 \tag{5.8}$$

故有

$$\frac{\mathrm{d}x_i}{\mathrm{d}t}=e_{ijk}\frac{\mathrm{d}\theta_j}{\mathrm{d}t}x_k \tag{5.9}$$

将式(5.9)代入式(5.4)，可将刚体速度进一步表示为

$$\frac{\mathrm{d}X_i}{\mathrm{d}t}=\frac{\mathrm{d}X_i^c}{\mathrm{d}t}+e_{ijk}\frac{\mathrm{d}\theta_j}{\mathrm{d}t}x_k \tag{5.10}$$

将式(5.6)、式(5.9)代入式(5.3)，可得单柔体上微元质量 dm 相对定坐标系速度为

$$\frac{\mathrm{d}R_i}{\mathrm{d}t}=\frac{\mathrm{d}X_i^c}{\mathrm{d}t}+e_{ijk}\frac{\mathrm{d}\theta_j}{\mathrm{d}t}x_k+\frac{\partial u_i}{\partial t}+e_{ijk}\frac{\mathrm{d}\theta_j}{\mathrm{d}t}u_k \tag{5.11}$$

5.3 拟变分原理表示形式之一

5.3.1 一类变量初值问题拟变分原理

1. 拟变分原理

对于单柔体，这里认为作用在变形体上的外力(包括体积力和面积力)为非保守力，导致刚体运动的力(即作用于质心的主矢和主矩)也为非保守力。以下，通过比较分析本书前述几章中得到的一类变量非保守分析力学、刚体动力学、非保守弹性动力学初值问题拟变分原理，进而建立一类变量单柔体动力学初值问题拟变分原理。

一类变量非保守分析力学初值问题拟变分原理表示为

$$\delta\Pi_1+\delta Q=0 \tag{5.12}$$

式中

$$\Pi_1=\frac{1}{2}m_{ij}\frac{\mathrm{d}q_j}{\mathrm{d}t}*\frac{\mathrm{d}q_i}{\mathrm{d}t}-m_{ij}\frac{\mathrm{d}\bar{q}_j(0)}{\mathrm{d}t}q_i+U-F_i*q_i$$

$$\delta U=-P_i * \delta q_i$$

$$\delta Q=q_i * \delta F_i$$

式中　m_{ij} —— 广义质量；

q_i —— 广义坐标；

P_i —— 保守力；

F_i —— 非保守广义力；

U —— 卷积势能函数。

一类变量刚体动力学初值问题拟变分原理表示为

$$\delta \Pi_1+\delta Q=0 \tag{5.13}$$

式中

$$\Pi_1=\frac{1}{2}m\frac{\mathrm{d}X_i^c}{\mathrm{d}t} * \frac{\mathrm{d}X_i^c}{\mathrm{d}t}-m\frac{\mathrm{d}X_i^c(0)}{\mathrm{d}t}X_i^c+\frac{1}{2}J_{ij}\frac{\mathrm{d}\theta_j}{\mathrm{d}t} * \frac{\mathrm{d}\theta_i}{\mathrm{d}t}-J_{ij}\frac{\mathrm{d}\theta_j(0)}{\mathrm{d}t}\theta_i-F_i * X_i^c-M_i * \theta_i$$

$$\delta Q=X_i^c * \delta F_i+\theta_i * \delta M_i$$

式中　m —— 刚体的质量；

X_i^c —— 刚体质心到定坐标系原点的矢径；

θ_i —— 刚体的转角；

J_{ij} —— 刚体转动惯量；

F_i —— 外力主矢；

M_i —— 外力主矩。

一类变量非保守弹性动力学初值问题拟变分原理表示为

$$\delta \Pi_1+\delta Q=0 \tag{5.14}$$

式中

$$\Pi_1=\iiint_V\left[\frac{1}{2}\rho\frac{\mathrm{d}u_i}{\mathrm{d}t} * \frac{\mathrm{d}u_i}{\mathrm{d}t}-\rho\frac{\mathrm{d}u_i(0)}{\mathrm{d}t}u_i+\frac{1}{2}a_{ijkl}\left(\frac{1}{2}u_{i,j}+\frac{1}{2}u_{j,i}\right) * \left(\frac{1}{2}u_{k,l}+\frac{1}{2}u_{l,k}\right)-f_i * u_i\right]\mathrm{d}V-\iint_{S_\sigma}T_i * u_i\mathrm{d}S$$

$$\delta Q=\iiint_V u_i * \delta f_i\mathrm{d}V+\iint_{S_\sigma}u_i * \delta T_i\mathrm{d}S$$

式中　ρ —— 质量密度；

u_i —— 弹性位移；

f_i —— 体积力；

T_i —— 表面力。

比较上述三种力学分支中一类变量初值问题拟变分原理，将其中各项列于表 5.1 中。

表 5.1　三种初值问题拟变分原理项目表达式

项目		三种力学分支		
		非保守分析力学	刚体动力学	非保守弹性动力学
Π_1	动能项	$\frac{1}{2}m_{ij}\frac{dq_j}{dt}*\frac{dq_i}{dt}$	$\frac{1}{2}m\frac{dX_i^c}{dt}*\frac{dX_i^c}{dt}$ $\frac{1}{2}J_{ij}\frac{d\theta_j}{dt}*\frac{d\theta_i}{dt}$	$\iiint\limits_V\frac{1}{2}\rho\frac{du_i}{dt}*\frac{du_i}{dt}dV$
	初值项	$-m_{ij}\frac{d\bar{q}_j(0)}{dt}q_i$	$-m\frac{dX_i^c(0)}{dt}X_i^c$ $-J_{ij}\frac{d\theta_j(0)}{dt}\theta_i$	$-\iiint\limits_V\rho\frac{du_i(0)}{dt}u_i dV$
	非保守力的拟势能项	$-F_i*q_i$	$-F_i*X_i^c$ $-M_i*\theta_i$	$-\iiint\limits_V f_i*u_i dV$ $-\iint\limits_{S_\sigma}T_i*u_i dS$
	保守力项	$-P_i*\delta q_i$	无	$\iiint\limits_V\frac{1}{2}a_{ijkl}\left(\frac{1}{2}u_{i,j}+\frac{1}{2}u_{j,i}\right)*\left(\frac{1}{2}u_{k,l}+\frac{1}{2}u_{l,k}\right)dV$
非保守力 δQ 项		$q_i*\delta F_i$	$X_i^c*\delta F_i$ $\theta_i*\delta M_i$	$\iiint\limits_V u_i*\delta f_i dV$ $\iint\limits_{S_\sigma}u_i*\delta T_i dS$

通过三种力学分支中一类变量初值问题拟变分原理表达式各项分析比较，确定一类变量单柔体动力学初值问题拟变分原理的各项表达式如下：

(1) 动能项。根据 5.2 节运动学关系分析，由式(5.5) 可得动能项为

$$\int\limits_m\frac{1}{2}\frac{dR_i}{dt}*\frac{dR_i}{dt}dm=\int\limits_m\left(\frac{1}{2}\frac{dX_i}{dt}*\frac{dX_i}{dt}+\frac{dX_i}{dt}*\frac{du_i}{dt}+\frac{1}{2}\frac{du_i}{dt}*\frac{du_i}{dt}\right)dm \tag{5.15}$$

式中　m —— 质量。

或者

$$\iiint\limits_V\frac{1}{2}\rho\frac{dR_i}{dt}*\frac{dR_i}{dt}dV=\iiint\limits_V\left(\frac{1}{2}\rho\frac{dX_i}{dt}*\frac{dX_i}{dt}+\rho\frac{dX_i}{dt}*\frac{du_i}{dt}+\frac{1}{2}\rho\frac{du_i}{dt}*\frac{du_i}{dt}\right)dV \tag{5.16}$$

式中　ρ —— 质量密度；

V —— 体积。

考虑到式(5.10)，又因为

$$\iiint\limits_V\frac{1}{2}\rho\frac{dX_i}{dt}*\frac{dX_i}{dt}dV=\iiint\limits_V\frac{1}{2}\rho\frac{dX_i^c}{dt}*\frac{dX_i^c}{dt}dV+\iiint\limits_V\rho\frac{dX_i^c}{dt}*\left(e_{ijk}\frac{d\theta_j}{dt}x_k\right)dV+$$

$$\iiint_V \frac{1}{2}\rho\left(e_{ijk}\frac{\mathrm{d}\theta_j}{\mathrm{d}t}x_k\right) * \left(e_{imn}\frac{\mathrm{d}\theta_m}{\mathrm{d}t}x_n\right)\mathrm{d}V$$
$$=\iiint_V \frac{1}{2}\rho\frac{\mathrm{d}X_i^c}{\mathrm{d}t} * \frac{\mathrm{d}X_i^c}{\mathrm{d}t}\mathrm{d}V+\frac{1}{2}H_i^c * \frac{\mathrm{d}\theta_i}{\mathrm{d}t} \tag{5.17}$$

动能项又可以表示为

$$\iiint_V \frac{1}{2}\rho\frac{\mathrm{d}R_i}{\mathrm{d}t} * \frac{\mathrm{d}R_i}{\mathrm{d}t}\mathrm{d}V=\iiint_V\left[\frac{1}{2}\rho\frac{\mathrm{d}X_i^c}{\mathrm{d}t} * \frac{\mathrm{d}X_i^c}{\mathrm{d}t}+\rho\left(\frac{\mathrm{d}X_i^c}{\mathrm{d}t}+e_{ijk}\frac{\mathrm{d}\theta_j}{\mathrm{d}t}x_k\right) * \frac{\mathrm{d}u_i}{\mathrm{d}t}+\right.$$
$$\left.\frac{1}{2}\rho\frac{\mathrm{d}u_i}{\mathrm{d}t} * \frac{\mathrm{d}u_i}{\mathrm{d}t}\right]\mathrm{d}V+\frac{1}{2}H_i^c * \frac{\mathrm{d}\theta_i}{\mathrm{d}t} \tag{5.18}$$

其中

$$H_i^c=J_{ij}\frac{\mathrm{d}\theta_j}{\mathrm{d}t} \tag{5.19}$$

式中　H_i^c —— 对质心的动量矩；

J_{ij} —— 单柔体转动惯量。

将式(5.19)代入式(5.18)，则有

$$\iiint_V \frac{1}{2}\rho\frac{\mathrm{d}R_i}{\mathrm{d}t} * \frac{\mathrm{d}R_i}{\mathrm{d}t}\mathrm{d}V=\iiint_V\left[\frac{1}{2}\rho\frac{\mathrm{d}X_i^c}{\mathrm{d}t} * \frac{\mathrm{d}X_i^c}{\mathrm{d}t}+\rho\left(\frac{\mathrm{d}X_i^c}{\mathrm{d}t}+e_{ijk}\frac{\mathrm{d}\theta_j}{\mathrm{d}t}x_k\right) * \frac{\mathrm{d}u_i}{\mathrm{d}t}+\right.$$
$$\left.\frac{1}{2}\rho\frac{\mathrm{d}u_i}{\mathrm{d}t} * \frac{\mathrm{d}u_i}{\mathrm{d}t}\right]\mathrm{d}V+\frac{1}{2}J_{ij}\frac{\mathrm{d}\theta_j}{\mathrm{d}t} * \frac{\mathrm{d}\theta_i}{\mathrm{d}t} \tag{5.20}$$

如前所述，单柔体运动是物体变形与其刚性运动的相互作用或耦合，因此式(5.20)中 $\iiint_V \frac{1}{2}\rho\frac{\mathrm{d}X_i^c}{\mathrm{d}t} * \frac{\mathrm{d}X_i^c}{\mathrm{d}t}\mathrm{d}V+\frac{1}{2}J_{ij}\frac{\mathrm{d}\theta_j}{\mathrm{d}t} * \frac{\mathrm{d}\theta_i}{\mathrm{d}t}$ 代表把单柔体视为单刚体时的动能项，$\iiint_V \frac{1}{2}\rho\frac{\mathrm{d}u_i}{\mathrm{d}t} * \frac{\mathrm{d}u_i}{\mathrm{d}t}\mathrm{d}V$ 代表把单柔体视为弹性变形体时的动能项，$\iiint_V\rho\left(\frac{\mathrm{d}X_i^c}{\mathrm{d}t}+e_{ijk}\frac{\mathrm{d}\theta_j}{\mathrm{d}t}x_k\right) * \frac{\mathrm{d}u_i}{\mathrm{d}t}\mathrm{d}V$ 代表动能耦合项。

(2) 初值项。表示为

$$\iiint_V\left\{-\rho\left[\frac{\mathrm{d}X_i^c(0)}{\mathrm{d}t}+\frac{\mathrm{d}u_i(0)}{\mathrm{d}t}\right]X_i^c+\rho e_{ijk}\frac{\mathrm{d}u_j(0)}{\mathrm{d}t}x_k\theta_i-\right.$$
$$\left.\rho\left[\frac{\mathrm{d}X_i^c(0)}{\mathrm{d}t}+e_{ijk}\frac{\mathrm{d}\theta_j(0)}{\mathrm{d}t}x_k+\frac{\mathrm{d}u_i(0)}{\mathrm{d}t}\right]u_i\right\}\mathrm{d}V-J_{ij}\frac{\mathrm{d}\theta_j(0)}{\mathrm{d}t}\theta_i \tag{5.21}$$

其中，$-\iiint_V\rho\frac{\mathrm{d}X_i^c(0)}{\mathrm{d}t}X_i^c\mathrm{d}V-J_{ij}\frac{\mathrm{d}\theta_j(0)}{\mathrm{d}t}\theta_i$ 代表把单柔体视为单刚体时的初值项，$-\iiint_V\rho\frac{\mathrm{d}u_i(0)}{\mathrm{d}t}u_i\mathrm{d}V$ 代表把单柔体视为弹性变形体时的初值项，$\iiint_V\left\{-\rho\left[\frac{\mathrm{d}X_i^c(0)}{\mathrm{d}t}+e_{ijk}\frac{\mathrm{d}\theta_j(0)}{\mathrm{d}t}x_k\right]u_i-\rho\frac{\mathrm{d}u_i(0)}{\mathrm{d}t}X_i^c+\rho e_{ijk}\frac{\mathrm{d}u_j(0)}{\mathrm{d}t}x_k\theta_i\right\}\mathrm{d}V$ 代表初值耦合项。

(3) 非保守力的拟势能项。表示为

$$-\iiint_V f_i * u_i\mathrm{d}V-\iint_{S_\sigma}T_i * u_i\mathrm{d}S-F_i * X_i^c-M_i * \theta_i \tag{5.22}$$

式中 f_i—— 体积力；

T_i —— 面积力；

F_i —— 外力主矢；

M_i —— 外力主矩。

(4) 保守力项。表示为

$$\iiint\limits_V \frac{1}{2}a_{ijkl}\left(\frac{1}{2}u_{i,j}+\frac{1}{2}u_{j,i}\right) * \left(\frac{1}{2}u_{k,l}+\frac{1}{2}u_{l,k}\right)\mathrm{d}V \tag{5.23}$$

式中 a_{ijkl} —— 刚度系数。

(5) 非保守力 δQ 项。表示为

$$X_i^c * \delta F_i+\theta_i * \delta M_i+\iiint\limits_V u_i * \delta f_i \mathrm{d}V+\iint\limits_{S_\sigma} u_i * \delta T_i \mathrm{d}S \tag{5.24}$$

由以上分析可知，一类变量单柔体动力学初值问题拟变分原理表示为

$$\delta \Pi_{11}+\delta Q=0 \tag{5.25}$$

其中

$$\begin{aligned}
\Pi_{11}=&\iiint\limits_V\left\{\frac{1}{2}\rho \frac{\mathrm{d}X_i^c}{\mathrm{d}t} * \frac{\mathrm{d}X_i^c}{\mathrm{d}t}+\rho\left(\frac{\mathrm{d}X_i^c}{\mathrm{d}t}+e_{ijk}\frac{\mathrm{d}\theta_j}{\mathrm{d}t}x_k\right) * \frac{\mathrm{d}u_i}{\mathrm{d}t}+\frac{1}{2}\rho\frac{\mathrm{d}u_i}{\mathrm{d}t} * \frac{\mathrm{d}u_i}{\mathrm{d}t}-\right.\\
&\rho\left[\frac{\mathrm{d}X_i^c(0)}{\mathrm{d}t}+\frac{\mathrm{d}u_i(0)}{\mathrm{d}t}\right]X_i^c+\rho e_{ijk}\frac{\mathrm{d}u_j(0)}{\mathrm{d}t}x_k\theta_i-\\
&\left.\rho\left[\frac{\mathrm{d}X_i^c(0)}{\mathrm{d}t}+e_{ijk}\frac{\mathrm{d}\theta_j(0)}{\mathrm{d}t}x_k+\frac{\mathrm{d}u_i(0)}{\mathrm{d}t}\right]u_i\right\}\mathrm{d}V+\\
&\frac{1}{2}J_{ij}\frac{\mathrm{d}\theta_j}{\mathrm{d}t} * \frac{\mathrm{d}\theta_i}{\mathrm{d}t}-J_{ij}\frac{\mathrm{d}\theta_j(0)}{\mathrm{d}t}\theta_i-F_i * X_i^c-M_i * \theta_i+U_1
\end{aligned}$$

$$U_1=\iiint\limits_V\left[\frac{1}{2}a_{ijkl}\left(\frac{1}{2}u_{i,j}+\frac{1}{2}u_{j,i}\right) * \left(\frac{1}{2}u_{k,l}+\frac{1}{2}u_{l,k}\right)-f_i * u_i\right]\mathrm{d}V-\iint\limits_{S_\sigma}T_i * u_i\mathrm{d}S$$

$$\delta Q=X_i^c * \delta F_i+\theta_i * \delta M_i+\iiint\limits_V u_i * \delta f_i\mathrm{d}V+\iint\limits_{S_\sigma}u_i * \delta T_i\mathrm{d}S$$

式中 U_1 —— 弹性势能和外力拟势能。

一类变量单柔体动力学初值问题拟变分原理式(5.25) 是一种最实用的表达形式，对进行有限元计算较为方便。其先决条件为

$$u_i-\bar{u}_i=0 \tag{5.26}$$

式中 $\bar{u}_i$ —— 边界位移。

一类变量单柔体动力学初值问题拟变分原理式(5.25) 的初值条件为

$$X_i^c\big|_{t=0}=X_i^c(0), \quad \left.\frac{\mathrm{d}X_i^c}{\mathrm{d}t}\right|_{t=0}=\frac{\mathrm{d}X_i^c(0)}{\mathrm{d}t} \tag{5.27}$$

$$\theta_i\big|_{t=0}=\theta_i(0), \quad \left.\frac{\mathrm{d}\theta_i}{\mathrm{d}t}\right|_{t=0}=\frac{\mathrm{d}\theta_i(0)}{\mathrm{d}t} \tag{5.28}$$

$$u_i\big|_{t=0}=u_i(0), \quad \left.\frac{\mathrm{d}u_i}{\mathrm{d}t}\right|_{t=0}=\frac{\mathrm{d}u_i(0)}{\mathrm{d}t} \tag{5.29}$$

2. 拟驻值条件

本节将具体研究如何推导一类变量单柔体动力学初值问题拟变分原理的拟驻值条

件。并以此为例，给出推导方法。

将式(5.25)写成展开形式，可得

$$\begin{aligned}\delta \Pi_{11}+\delta Q=&\iiint_V\left\{\rho\left(\frac{\mathrm{d}X_i^c}{\mathrm{d}t}+\frac{\mathrm{d}u_i}{\mathrm{d}t}\right)*\delta\frac{\mathrm{d}X_i^c}{\mathrm{d}t}-\rho\left[\frac{\mathrm{d}X_i^c(0)}{\mathrm{d}t}+\frac{\mathrm{d}u_i(0)}{\mathrm{d}t}\right]\delta X_i^c\right\}\mathrm{d}V-\\&F_i*\delta X_i^c-\iiint_V\left[\rho\left(e_{ijk}\frac{\mathrm{d}u_j}{\mathrm{d}t}x_k\right)*\delta\frac{\mathrm{d}\theta_i}{\mathrm{d}t}-\rho e_{ijk}\frac{\mathrm{d}u_j(0)}{\mathrm{d}t}x_k\delta\theta_i\right]\mathrm{d}V+\\&J_{ij}\frac{\mathrm{d}\theta_j}{\mathrm{d}t}*\delta\frac{\mathrm{d}\theta_i}{\mathrm{d}t}-J_{ij}\frac{\mathrm{d}\theta_j(0)}{\mathrm{d}t}\delta\theta_i-M_i*\delta\theta_i+\\&\iiint_V\left\{\rho\left(\frac{\mathrm{d}X_i^c}{\mathrm{d}t}+e_{ijk}\frac{\mathrm{d}\theta_j}{\mathrm{d}t}x_k+\frac{\mathrm{d}u_i}{\mathrm{d}t}\right)*\delta\frac{\mathrm{d}u_i}{\mathrm{d}t}-\right.\\&\left.\rho\left[\frac{\mathrm{d}X_i^c(0)}{\mathrm{d}t}+e_{ijk}\frac{\mathrm{d}\theta_j(0)}{\mathrm{d}t}x_k+\frac{\mathrm{d}u_i(0)}{\mathrm{d}t}\right]\delta u_i\right\}\mathrm{d}V+\\&\iiint_V\left[a_{ijkl}\left(\frac{1}{2}u_{k,l}+\frac{1}{2}u_{l,k}\right)*\delta u_{i,j}-f_i*\delta u_i\right]\mathrm{d}V-\iint_{S_\sigma}T_i*\delta u_i\mathrm{d}S=0\end{aligned} \tag{5.30}$$

应用 Laplace 变换中的卷积理论的分部积分公式，有

$$\begin{aligned}&\iiint_V\rho\left(\frac{\mathrm{d}X_i^c}{\mathrm{d}t}+\frac{\mathrm{d}u_i}{\mathrm{d}t}\right)*\delta\frac{\mathrm{d}X_i^c}{\mathrm{d}t}\mathrm{d}V=\iiint_V\rho\frac{\mathrm{d}}{\mathrm{d}t}\left(\frac{\mathrm{d}X_i^c}{\mathrm{d}t}+\frac{\mathrm{d}u_i}{\mathrm{d}t}\right)*\delta X_i^c\mathrm{d}V+\\&\iiint_V\rho\left[\frac{\mathrm{d}X_i^c(0)}{\mathrm{d}t}+\frac{\mathrm{d}u_i(0)}{\mathrm{d}t}\right]\delta X_i^c\mathrm{d}V\end{aligned} \tag{5.31}$$

$$\begin{aligned}&\iiint_V\rho\left(e_{ijk}\frac{\mathrm{d}u_j}{\mathrm{d}t}x_k\right)*\delta\frac{\mathrm{d}\theta_i}{\mathrm{d}t}\mathrm{d}V=\iiint_V\rho\frac{\mathrm{d}}{\mathrm{d}t}\left(e_{ijk}\frac{\mathrm{d}u_j}{\mathrm{d}t}x_k\right)*\delta\theta_i\mathrm{d}V+\\&\iiint_V\rho e_{ijk}\frac{\mathrm{d}u_j(0)}{\mathrm{d}t}x_k\delta\theta_i\mathrm{d}V\end{aligned} \tag{5.32}$$

$$J_{ij}\frac{\mathrm{d}\theta_j}{\mathrm{d}t}*\delta\frac{\mathrm{d}\theta_i}{\mathrm{d}t}=\frac{\mathrm{d}}{\mathrm{d}t}\left(J_{ij}\frac{\mathrm{d}\theta_j}{\mathrm{d}t}\right)*\delta\theta_i+J_{ij}\frac{\mathrm{d}\theta_j(0)}{\mathrm{d}t}\delta\theta_i \tag{5.33}$$

这里对 $\delta\dfrac{\mathrm{d}u_i}{\mathrm{d}t}$ 不应用 Coriolis 转动坐标定理，有

$$\begin{aligned}&\iiint_V\rho\left(\frac{\mathrm{d}X_i^c}{\mathrm{d}t}+e_{ijk}\frac{\mathrm{d}\theta_j}{\mathrm{d}t}x_k+\frac{\mathrm{d}u_i}{\mathrm{d}t}\right)*\delta\frac{\mathrm{d}u_i}{\mathrm{d}t}\mathrm{d}V=\iiint_V\rho\frac{\mathrm{d}}{\mathrm{d}t}\left(\frac{\mathrm{d}X_i^c}{\mathrm{d}t}+e_{ijk}\frac{\mathrm{d}\theta_j}{\mathrm{d}t}x_k+\frac{\mathrm{d}u_i}{\mathrm{d}t}\right)*\delta u_i\mathrm{d}V+\\&\iiint_V\rho\left[\frac{\mathrm{d}X_i^c(0)}{\mathrm{d}t}+e_{ijk}\frac{\mathrm{d}\theta_j(0)}{\mathrm{d}t}x_k+\frac{\mathrm{d}u_i(0)}{\mathrm{d}t}\right]\delta u_i\mathrm{d}V\end{aligned} \tag{5.34}$$

应用 Green 定理，有

$$\begin{aligned}&\iiint_V a_{ijkl}\left(\frac{1}{2}u_{k,l}+\frac{1}{2}u_{l,k}\right)*\delta u_{i,j}\mathrm{d}V=\iint_{S_\sigma+S_u}a_{ijkl}\left(\frac{1}{2}u_{k,l}+\frac{1}{2}u_{l,k}\right)n_j*\delta u_i\mathrm{d}S-\\&\iiint_V\left[a_{ijkl}\left(\frac{1}{2}u_{k,l}+\frac{1}{2}u_{l,k}\right)\right]_{,j}*\delta u_i\mathrm{d}V\end{aligned} \tag{5.35}$$

式中 S_σ —— 应力边界面；

S_u —— 位移边界面；

n_i —— 表面法线方向数。

将式(5.31)～(5.35)代入式(5.30),并考虑到先决条件式(5.26),可得

$$-\left[-\iiint\limits_V \rho\,\frac{\mathrm{d}}{\mathrm{d}t}\left(\frac{\mathrm{d}X_i^c}{\mathrm{d}t}+\frac{\mathrm{d}u_i}{\mathrm{d}t}\right)\mathrm{d}V+F_i\right]*\delta X_i^c-\left[\iiint\limits_V \rho\,\frac{\mathrm{d}}{\mathrm{d}t}\left(e_{ijk}\,\frac{\mathrm{d}u_j}{\mathrm{d}t}x_k\right)\mathrm{d}V-\right.$$
$$\left.\frac{\mathrm{d}}{\mathrm{d}t}\left(J_{ij}\,\frac{\mathrm{d}\theta_j}{\mathrm{d}t}\right)+M_i\right]*\delta\theta_i-\iiint\limits_V\left\{-\rho\,\frac{\mathrm{d}}{\mathrm{d}t}\left(\frac{\mathrm{d}X_i^c}{\mathrm{d}t}+e_{ijk}\,\frac{\mathrm{d}\theta_j}{\mathrm{d}t}x_k+\frac{\mathrm{d}u_i}{\mathrm{d}t}\right)+\right.$$
$$\left.\left[a_{ijkl}\left(\frac{1}{2}u_{k,l}+\frac{1}{2}u_{l,k}\right)\right]_{,j}+f_i\right\}*\delta u_i\mathrm{d}V+$$
$$\iint\limits_{S_\sigma}\left[a_{ijkl}\left(\frac{1}{2}u_{k,l}+\frac{1}{2}u_{l,k}\right)n_j-T_i\right]*\delta u_i\mathrm{d}S=0 \tag{5.36}$$

由于 δX_i^c、$\delta\theta_i$、δu_i 的任意性,有

$$-\iiint\limits_V \rho\,\frac{\mathrm{d}}{\mathrm{d}t}\left(\frac{\mathrm{d}X_i^c}{\mathrm{d}t}+\frac{\mathrm{d}u_i}{\mathrm{d}t}\right)\mathrm{d}V+F_i=0 \tag{5.37}$$

$$\iiint\limits_V \rho\,\frac{\mathrm{d}}{\mathrm{d}t}\left(e_{ijk}\,\frac{\mathrm{d}u_j}{\mathrm{d}t}x_k\right)\mathrm{d}V-\frac{\mathrm{d}}{\mathrm{d}t}\left(J_{ij}\,\frac{\mathrm{d}\theta_j}{\mathrm{d}t}\right)+M_i=0 \tag{5.38}$$

$$-\rho\,\frac{\mathrm{d}}{\mathrm{d}t}\left(\frac{\mathrm{d}X_i^c}{\mathrm{d}t}+e_{ijk}\,\frac{\mathrm{d}\theta_j}{\mathrm{d}t}x_k+\frac{\mathrm{d}u_i}{\mathrm{d}t}\right)+\left[a_{ijkl}\left(\frac{1}{2}u_{k,l}+\frac{1}{2}u_{l,k}\right)\right]_{,j}+f_i=0\quad(\text{在 }V\text{ 中}) \tag{5.39}$$

$$a_{ijkl}\left(\frac{1}{2}u_{k,l}+\frac{1}{2}u_{l,k}\right)n_j-T_i=0\quad(\text{在 }S_\sigma\text{ 上}) \tag{5.40}$$

式(5.37)～(5.40)即为一类变量单柔体动力学初值问题拟变分原理的拟驻值条件。

5.3.2 两类变量初值问题拟变分原理

1. 拟变分原理

应用对合变换,可将一类变量单柔体动力学初值问题拟变分原理式(5.25)变换为

$$\delta\Pi_{21}+\delta Q=0 \tag{5.41}$$

式中

$$\Pi_{21}=\iiint\limits_V\left\{\frac{1}{2}\rho v_i^c*v_i^c+\rho(v_i^c+e_{ijk}\omega_j x_k)*v_i^d+\frac{1}{2}\rho v_i^d*v_i^d-\rho\left[v_i^c(0)+v_i^d(0)\right]X_i^c+\right.$$
$$\left.\rho e_{ijk}v_j^d(0)x_k\theta_i-\rho\left[v_i^c(0)+e_{ijk}\omega_j(0)x_k+v_i^d(0)\right]u_i\right\}\mathrm{d}V+$$
$$\frac{1}{2}J_{ij}\omega_j*\omega_i-J_{ij}\omega_j(0)\theta_i-F_i*X_i^c-M_i*\theta_i+U_2$$

$$U_2=\iiint\limits_V\left(\frac{1}{2}a_{ijkl}\varepsilon_{ij}*\varepsilon_{kl}-f_i*u_i\right)\mathrm{d}V-\iint\limits_{S_\sigma}T_i*u_i\mathrm{d}S$$

$$\delta Q=X_i^c*\delta F_i+\theta_i*\delta M_i+\iiint\limits_V u_i*\delta f_i\mathrm{d}V+\iint\limits_{S_\sigma}u_i*\delta T_i\mathrm{d}S$$

式中 v_i^c —— 把单柔体视为单刚体时质心速度矢量;

ω_i —— 把单柔体视为单刚体时转动角速度矢量;

v_i^d —— 单柔体变形时的速度；

J_{ij} —— 单柔体转动惯量；

ε_{ij} —— 应变；

U_2 —— U_1 的对合变换式。

式(5.41) 即为两类变量单柔体动力学初值问题拟变分原理，其先决条件为

$$v_i^c - \frac{\mathrm{d}X_i^c}{\mathrm{d}t} = 0 \tag{5.42}$$

$$\omega_i - \frac{\mathrm{d}\theta_i}{\mathrm{d}t} = 0 \tag{5.43}$$

$$v_i^d - \frac{\mathrm{d}u_i}{\mathrm{d}t} = v_i^d - \left(\frac{\partial u_i}{\partial t} + e_{ijk}\frac{\mathrm{d}\theta_j}{\mathrm{d}t}u_k\right) = 0 \tag{5.44}$$

$$\varepsilon_{ij} - \frac{1}{2}u_{i,j} - \frac{1}{2}u_{j,i} = 0 \tag{5.45}$$

$$u_i - \bar{u}_i = 0 \tag{5.46}$$

式(5.42) ～ (5.44) 为运动学条件，式(5.45) 为几何(或连续性) 条件，式(5.46) 为位移边界条件。

两类变量单柔体动力学初值问题拟变分原理式(5.41) 的初值条件为

$$X_i^c\big|_{t=0} = X_i^c(0), \quad v_i^c\big|_{t=0} = v_i^c(0) \tag{5.47}$$

$$\theta_i\big|_{t=0} = \theta_i(0), \quad \omega_i\big|_{t=0} = \omega_i(0) \tag{5.48}$$

$$u_i\big|_{t=0} = u_i(0), \quad v_i^d\big|_{t=0} = v_i^d(0) \tag{5.49}$$

2. 拟驻值条件

两类变量单柔体动力学初值问题拟变分原理的拟驻值条件推导方法有两种：一是应用对合变换，将一类变量初值问题拟变分原理的拟驻值条件直接变换为两类变量初值问题拟变分原理的拟驻值条件；二是应用变分方法，借助于 Laplace 变换中的卷积理论的分部积分公式及 Green 定理，推导出拟驻值条件。为保证研究的系统性和整体性，本节采用第二种方法。

将式(5.41) 写成展开形式，可得

$$\begin{aligned}
\delta\Pi_{21} + \delta Q = & \iiint_V \left\{\rho(v_i^c + v_i^d) * \delta v_i^c - \rho[v_i^c(0) + v_i^d(0)]\delta X_i^c\right\}\mathrm{d}V - F_i * \delta X_i^c - \\
& \iiint_V [\rho(e_{ijk}v_j^d x_k) * \delta\omega_i - \rho e_{ijk}v_j^d(0)x_k\delta\theta_i]\mathrm{d}V + J_{ij}\omega_j * \delta\omega_i - \\
& J_{ij}\omega_j(0)\delta\theta_i - M_i * \delta\theta_i + \iiint_V \left\{\rho(v_i^c + e_{ijk}\omega_j x_k + v_i^d) * \delta v_i^d - \right. \\
& \left.\rho[v_i^c(0) + e_{ijk}\omega_j(0)x_k + v_i^d(0)]\delta u_i\right\}\mathrm{d}V + \\
& \iiint_V (a_{ijkl}\varepsilon_{kl} * \varepsilon_{ij} - f_i * \delta u_i)\mathrm{d}V - \iint_{S_\sigma} T_i * \delta u_i \mathrm{d}S = 0
\end{aligned} \tag{5.50}$$

将先决条件式(5.42) ～ (5.45) 代入式(5.50)，可得

$$\iiint_V \left\{\rho(v_i^c + v_i^d) * \delta\frac{\mathrm{d}X_i^c}{\mathrm{d}t} - \rho[v_i^c(0) + v_i^d(0)]\delta X_i^c\right\}\mathrm{d}V - F_i * \delta X_i^c -$$

$$\iiint_V \left[\rho(e_{ijk}v_j^d x_k) * \delta\frac{\mathrm{d}\theta_i}{\mathrm{d}t} - \rho e_{ijk}v_j^d(0)x_k\delta\theta_i\right]\mathrm{d}V + J_{ij}\omega_j * \delta\frac{\mathrm{d}\theta_i}{\mathrm{d}t} -$$

$$J_{ij}\omega_j(0)\delta\theta_i - M_i * \delta\theta_i + \iiint_V \left\{\rho(v_i^c + e_{ijk}\omega_j x_k + v_i^d) * \delta\frac{\mathrm{d}u_i}{\mathrm{d}t} -\right.$$

$$\left.\rho[v_i^c(0) + e_{ijk}\omega_j(0)x_k + v_i^d(0)]\delta u_i\right\}\mathrm{d}V +$$

$$\iiint_V (a_{ijkl}\varepsilon_{kl} * \delta u_{i,j} - f_i * \delta u_i)\mathrm{d}V - \iint_{S_\sigma} T_i * \delta u_i \mathrm{d}S = 0 \tag{5.51}$$

应用 Laplace 变换中的卷积理论的分部积分公式,有

$$\iiint_V \rho(v_i^c + v_i^d) * \delta\frac{\mathrm{d}X_i^c}{\mathrm{d}t}\mathrm{d}V = \iiint_V \rho\frac{\mathrm{d}}{\mathrm{d}t}(v_i^c + v_i^d) * \delta X_i^c \mathrm{d}V +$$

$$\iiint_V \rho[v_i^c(0) + v_i^d(0)]\delta X_i^c \mathrm{d}V \tag{5.52}$$

$$\iiint_V \rho(e_{ijk}v_j^d x_k) * \delta\frac{\mathrm{d}\theta_i}{\mathrm{d}t}\mathrm{d}V = \iiint_V \rho\frac{\mathrm{d}}{\mathrm{d}t}(e_{ijk}v_j^d x_k) * \delta\theta_i\mathrm{d}V + \iiint_V \rho e_{ijk}v_j^d(0)x_k\delta\theta_i\mathrm{d}V \tag{5.53}$$

$$J_{ij}\omega_j * \delta\frac{\mathrm{d}\theta_i}{\mathrm{d}t} = \frac{\mathrm{d}}{\mathrm{d}t}(J_{ij}\omega_j) * \delta\theta_i + J_{ij}\omega_j(0)\delta\theta_i \tag{5.54}$$

这里对 $\delta\frac{\mathrm{d}u_i}{\mathrm{d}t}$ 不应用 Coriolis 转动坐标定理,有

$$\iiint_V \rho(v_i^c + e_{ijk}\omega_j x_k + v_i^d) * \delta\frac{\mathrm{d}u_i}{\mathrm{d}t}\mathrm{d}V = \iiint_V \rho\frac{\mathrm{d}}{\mathrm{d}t}(v_i^c + e_{ijk}\omega_j x_k + v_i^d) * \delta u_i\mathrm{d}V +$$

$$\iiint_V \rho[v_i^c(0) + e_{ijk}\omega_j(0)x_k + v_i^d(0)]\delta u_i\mathrm{d}V \tag{5.55}$$

应用 Green 定理,有

$$\iiint_V a_{ijkl}\varepsilon_{kl} * \delta u_{i,j}\mathrm{d}V = \iint_{S_\sigma + S_u} a_{ijkl}\varepsilon_{kl}n_j * \delta u_i\mathrm{d}S - \iiint_V (a_{ijkl}\varepsilon_{kl})_{,j} * \delta u_i\mathrm{d}V \tag{5.56}$$

将式(5.52) ~ (5.56) 代入式(5.49),并考虑到先决条件式(5.46),可得

$$-\left[-\iiint_V \rho\frac{\mathrm{d}}{\mathrm{d}t}(v_i^c + v_i^d)\mathrm{d}V + F_i\right] * \delta X_i^c - \left\{\iiint_V \rho\frac{\mathrm{d}}{\mathrm{d}t}(e_{ijk}v_j^d x_k)\mathrm{d}V -\right.$$

$$\left.\frac{\mathrm{d}}{\mathrm{d}t}(J_{ij}\omega_j) + M_i\right\} * \delta\theta_i - \iiint_V \left[-\rho\frac{\mathrm{d}}{\mathrm{d}t}(v_i^c + e_{ijk}\omega_j x_k + v_i^d) +\right.$$

$$\left.(a_{ijkl}\varepsilon_{kl})_{,j} + f_i\right] * \delta u_i\mathrm{d}V + \iint_{S_\sigma}(a_{ijkl}\varepsilon_{kl}n_j - T_i) * \delta u_i\mathrm{d}S = 0 \tag{5.57}$$

由于 δX_i^c、$\delta\theta_i$、δu_i 的任意性,有

$$-\iiint_V \rho\frac{\mathrm{d}}{\mathrm{d}t}(v_i^c + v_i^d)\mathrm{d}V + F_i = 0 \tag{5.58}$$

$$\iiint_V \rho\frac{\mathrm{d}}{\mathrm{d}t}(e_{ijk}v_j^d x_k)\mathrm{d}V - \frac{\mathrm{d}}{\mathrm{d}t}(J_{ij}\omega_j) + M_i = 0 \tag{5.59}$$

$$-\rho\frac{\mathrm{d}}{\mathrm{d}t}(v_i^c + e_{ijk}\omega_j x_k + v_i^d) + (a_{ijkl}\varepsilon_{kl})_{,j} + f_i = 0 \quad (\text{在 } V \text{ 中}) \tag{5.60}$$

$$a_{ijkl}\varepsilon_{kl}n_j - T_i = 0 \quad (\text{在 } S_\sigma \text{ 上}) \tag{5.61}$$

式(5.58)～(5.61)即为两类变量单柔体动力学初值问题拟变分原理的拟驻值条件，与其先决条件式(5.42)～(5.46)一起构成封闭的微分方程组。

5.4　拟变分原理表示形式之二

5.4.1　一类变量初值问题拟变分原理

1. 拟变分原理

经过深入研究，一类变量单柔体动力学初值问题拟变分原理的初值耦合项还可表示为

$$\iiint\limits_V \left\{ -\rho \frac{\mathrm{d}u_i(0)}{\mathrm{d}t} X_i^c + \rho e_{ijk} \frac{\mathrm{d}u_j(0)}{\mathrm{d}t} x_k \theta_i + \rho e_{ijk} \left[\frac{\mathrm{d}X_j^c(0)}{\mathrm{d}t} + e_{jlm} \frac{\mathrm{d}\theta_l(0)}{\mathrm{d}t} x_m + \frac{\mathrm{d}u_j(0)}{\mathrm{d}t} \right] u_k(0)\theta_i - \rho \left[\frac{\mathrm{d}X_i^c(0)}{\mathrm{d}t} + e_{ijk} \frac{\mathrm{d}\theta_j(0)}{\mathrm{d}t} x_k \right] u_i \right\} \mathrm{d}V \tag{5.62}$$

由此，得到一类变量单柔体动力学初值问题拟变分原理的另一种形式为

$$\delta\Pi_{12} + \delta Q = 0 \tag{5.63}$$

式中

$$\begin{aligned}
\Pi_{12} = & \iiint\limits_V \left\{ \frac{1}{2}\rho \frac{\mathrm{d}X_i^c}{\mathrm{d}t} * \frac{\mathrm{d}X_i^c}{\mathrm{d}t} + \rho \left(\frac{\mathrm{d}X_i^c}{\mathrm{d}t} + e_{ijk} \frac{\mathrm{d}\theta_j}{\mathrm{d}t} x_k \right) * \frac{\mathrm{d}u_i}{\mathrm{d}t} + \frac{1}{2}\rho \frac{\mathrm{d}u_i}{\mathrm{d}t} * \frac{\mathrm{d}u_i}{\mathrm{d}t} - \right. \\
& \rho \left[\frac{\mathrm{d}X_i^c(0)}{\mathrm{d}t} + \frac{\mathrm{d}u_i(0)}{\mathrm{d}t} \right] X_i^c + \rho e_{ijk} \frac{\mathrm{d}u_j(0)}{\mathrm{d}t} x_k \theta_i + \\
& \rho e_{ijk} \left[\frac{\mathrm{d}X_j^c(0)}{\mathrm{d}t} + e_{jlm} \frac{\mathrm{d}\theta_l(0)}{\mathrm{d}t} x_m + \frac{\mathrm{d}u_j(0)}{\mathrm{d}t} \right] u_k(0)\theta_i - \\
& \left. \rho \left[\frac{\mathrm{d}X_i^c(0)}{\mathrm{d}t} + e_{ijk} \frac{\mathrm{d}\theta_j(0)}{\mathrm{d}t} x_k + \frac{\mathrm{d}u_i(0)}{\mathrm{d}t} \right] u_i \right\} \mathrm{d}V + \\
& \frac{1}{2} J_{ij} \frac{\mathrm{d}\theta_j}{\mathrm{d}t} * \frac{\mathrm{d}\theta_i}{\mathrm{d}t} - J_{ij} \frac{\mathrm{d}\theta_j(0)}{\mathrm{d}t} \theta_i - F_i * X_i^c - M_i * \theta_i + U_1
\end{aligned}$$

$$U_1 = \iiint\limits_V \left[\frac{1}{2} a_{ijkl} \left(\frac{1}{2} u_{i,j} + \frac{1}{2} u_{j,i} \right) * \left(\frac{1}{2} u_{k,l} + \frac{1}{2} u_{l,k} \right) - f_i * u_i \right] \mathrm{d}V - \iint\limits_{S_\sigma} T_i * u_i \mathrm{d}S$$

$$\delta Q = X_i^c * \delta F_i + \theta_i * \delta M_i + \iiint\limits_V u_i * \delta f_i \mathrm{d}V + \iint\limits_{S_\sigma} u_i * \delta T_i \mathrm{d}S$$

先决条件为

$$u_i - \bar{u}_i = 0 \tag{5.64}$$

初值条件为

$$X_i^c \big|_{t=0} = X_i^c(0), \quad \left. \frac{\mathrm{d}X_i^c}{\mathrm{d}t} \right|_{t=0} = \frac{\mathrm{d}X_i^c(0)}{\mathrm{d}t} \tag{5.65}$$

$$\theta_i \big|_{t=0} = \theta_i(0), \quad \left. \frac{\mathrm{d}\theta_i}{\mathrm{d}t} \right|_{t=0} = \frac{\mathrm{d}\theta_i(0)}{\mathrm{d}t} \tag{5.66}$$

$$u_i\big|_{t=0}=u_i(0),\quad \frac{\mathrm{d}u_i}{\mathrm{d}t}\bigg|_{t=0}=\frac{\mathrm{d}u_i(0)}{\mathrm{d}t} \tag{5.67}$$

2. 拟驻值条件

将式(5.63)写成展开形式,可得

$$\begin{aligned}\delta\Pi_{12}+\delta Q=&\iiint_V\left\{\rho\left(\frac{\mathrm{d}X_i^c}{\mathrm{d}t}+\frac{\mathrm{d}u_i}{\mathrm{d}t}\right)*\delta\frac{\mathrm{d}X_i^c}{\mathrm{d}t}-\rho\left[\frac{\mathrm{d}X_i^c(0)}{\mathrm{d}t}+\frac{\mathrm{d}u_i(0)}{\mathrm{d}t}\right]\delta X_i^c\right\}\mathrm{d}V-\\&F_i*\delta X_i^c-\iiint_V\left\{\rho\left(e_{ijk}\frac{\mathrm{d}u_j}{\mathrm{d}t}x_k\right)*\delta\frac{\mathrm{d}\theta_i}{\mathrm{d}t}-\rho e_{ijk}\frac{\mathrm{d}u_j(0)}{\mathrm{d}t}x_k\delta\theta_i-\right.\\&\left.\rho e_{ijk}\left[\frac{\mathrm{d}X_j^c(0)}{\mathrm{d}t}+e_{jlm}\frac{\mathrm{d}\theta_l(0)}{\mathrm{d}t}x_m+\frac{\mathrm{d}u_j(0)}{\mathrm{d}t}\right]u_k(0)\delta\theta_i\right\}\mathrm{d}V+\\&J_{ij}\frac{\mathrm{d}\theta_j}{\mathrm{d}t}*\delta\frac{\mathrm{d}\theta_i}{\mathrm{d}t}-J_{ij}\frac{\mathrm{d}\theta_j(0)}{\mathrm{d}t}\delta\theta_i-M_i*\delta\theta_i+\\&\iiint_V\left\{\rho\left(\frac{\mathrm{d}X_i^c}{\mathrm{d}t}+e_{ijk}\frac{\mathrm{d}\theta_j}{\mathrm{d}t}x_k+\frac{\mathrm{d}u_i}{\mathrm{d}t}\right)*\delta\frac{\mathrm{d}u_i}{\mathrm{d}t}-\right.\\&\left.\rho\left[\frac{\mathrm{d}X_i^c(0)}{\mathrm{d}t}+e_{ijk}\frac{\mathrm{d}\theta_j(0)}{\mathrm{d}t}x_k+\frac{\mathrm{d}u_i(0)}{\mathrm{d}t}\right]\delta u_i\right\}\mathrm{d}V+\\&\iiint_V\left[a_{ijkl}\left(\frac{1}{2}u_{k,l}+\frac{1}{2}u_{l,k}\right)*\delta u_{i,j}-f_i*\delta u_i\right]\mathrm{d}V-\iint_{S_\sigma}T_i*\delta u_i\mathrm{d}S=0\end{aligned} \tag{5.68}$$

对 $\delta\frac{\mathrm{d}u_i}{\mathrm{d}t}$ 应用 Coriolis 转动坐标定理,有

$$\begin{aligned}\delta\frac{\mathrm{d}u_i}{\mathrm{d}t}&=\delta\left(\frac{\partial u_i}{\partial t}+e_{ijk}\frac{\mathrm{d}\theta_j}{\mathrm{d}t}u_k\right)\\&=\frac{\partial}{\partial t}(\delta u_i)+e_{ijk}\frac{\mathrm{d}\theta_j}{\mathrm{d}t}\delta u_k+e_{ijk}\delta\frac{\mathrm{d}\theta_j}{\mathrm{d}t}u_k\\&=\frac{\mathrm{d}}{\mathrm{d}t}(\delta u_i)+e_{ijk}\delta\frac{\mathrm{d}\theta_j}{\mathrm{d}t}u_k\end{aligned} \tag{5.69}$$

将式(5.69)代入式(5.68),可得

$$\begin{aligned}&\iiint_V\left\{\rho\left(\frac{\mathrm{d}X_i^c}{\mathrm{d}t}+\frac{\mathrm{d}u_i}{\mathrm{d}t}\right)*\delta\frac{\mathrm{d}X_i^c}{\mathrm{d}t}-\rho\left[\frac{\mathrm{d}X_i^c(0)}{\mathrm{d}t}+\frac{\mathrm{d}u_i(0)}{\mathrm{d}t}\right]\delta X_i^c\right\}\mathrm{d}V-\\&F_i*\delta X_i^c-\iiint_V\left\{\rho\left(e_{ijk}\frac{\mathrm{d}u_j}{\mathrm{d}t}x_k\right)*\delta\frac{\mathrm{d}\theta_i}{\mathrm{d}t}-\rho e_{ijk}\frac{\mathrm{d}u_j(0)}{\mathrm{d}t}x_k\delta\theta_i-\right.\\&\rho e_{ijk}\left[\frac{\mathrm{d}X_j^c(0)}{\mathrm{d}t}+e_{jlm}\frac{\mathrm{d}\theta_l(0)}{\mathrm{d}t}x_m+\frac{\mathrm{d}u_j(0)}{\mathrm{d}t}\right]u_k(0)\delta\theta_i+\\&\left.\rho e_{ijk}\left(\frac{\mathrm{d}X_j^c}{\mathrm{d}t}+e_{jlm}\frac{\mathrm{d}\theta_l}{\mathrm{d}t}x_m+\frac{\mathrm{d}u_j}{\mathrm{d}t}\right)u_k*\delta\frac{\mathrm{d}\theta_i}{\mathrm{d}t}\right\}\mathrm{d}V+\\&J_{ij}\frac{\mathrm{d}\theta_j}{\mathrm{d}t}*\delta\frac{\mathrm{d}\theta_i}{\mathrm{d}t}-J_{ij}\frac{\mathrm{d}\theta_j(0)}{\mathrm{d}t}\delta\theta_i-M_i*\delta\theta_i+\\&\iiint_V\left\{\rho\left(\frac{\mathrm{d}X_i^c}{\mathrm{d}t}+e_{ijk}\frac{\mathrm{d}\theta_j}{\mathrm{d}t}x_k+\frac{\mathrm{d}u_i}{\mathrm{d}t}\right)*\frac{\mathrm{d}}{\mathrm{d}t}(\delta u_i)-\right.\end{aligned}$$

$$\rho\left[\frac{\mathrm{d}X_i^c(0)}{\mathrm{d}t}+e_{ijk}\frac{\mathrm{d}\theta_j(0)}{\mathrm{d}t}x_k+\frac{\mathrm{d}u_i(0)}{\mathrm{d}t}\right]\delta u_i\bigg\}\mathrm{d}V+$$

$$\iiint_V\left[a_{ijkl}\left(\frac{1}{2}u_{k,l}+\frac{1}{2}u_{l,k}\right)*\delta u_{i,j}-f_i*\delta u_i\right]\mathrm{d}V-\iint_{S_\sigma}T_i*\delta u_i\mathrm{d}S=0 \tag{5.70}$$

应用 Laplace 变换中的卷积理论的分部积分公式，有

$$\iiint_V\rho\left(\frac{\mathrm{d}X_i^c}{\mathrm{d}t}+\frac{\mathrm{d}u_i}{\mathrm{d}t}\right)*\delta\frac{\mathrm{d}X_i^c}{\mathrm{d}t}\mathrm{d}V=\iiint_V\rho\frac{\mathrm{d}}{\mathrm{d}t}\left(\frac{\mathrm{d}X_i^c}{\mathrm{d}t}+\frac{\mathrm{d}u_i}{\mathrm{d}t}\right)*\delta X_i^c\mathrm{d}V+$$

$$\iiint_V\rho\left[\frac{\mathrm{d}X_i^c(0)}{\mathrm{d}t}+\frac{\mathrm{d}u_i(0)}{\mathrm{d}t}\right]\delta X_i^c\mathrm{d}V \tag{5.71}$$

$$\iiint_V\rho\left(e_{ijk}\frac{\mathrm{d}u_j}{\mathrm{d}t}x_k\right)*\delta\frac{\mathrm{d}\theta_i}{\mathrm{d}t}\mathrm{d}V=\iiint_V\rho\frac{\mathrm{d}}{\mathrm{d}t}\left(e_{ijk}\frac{\mathrm{d}u_j}{\mathrm{d}t}x_k\right)*\delta\theta_i\mathrm{d}V+$$

$$\iiint_V\rho e_{ijk}\frac{\mathrm{d}u_j(0)}{\mathrm{d}t}x_k\delta\theta_i\mathrm{d}V \tag{5.72}$$

$$\iiint_V\rho e_{ijk}\left(\frac{\mathrm{d}X_j^c}{\mathrm{d}t}+e_{jlm}\frac{\mathrm{d}\theta_l}{\mathrm{d}t}x_m+\frac{\mathrm{d}u_j}{\mathrm{d}t}\right)u_k*\delta\frac{\mathrm{d}\theta_i}{\mathrm{d}t}\mathrm{d}V=$$

$$\iiint_V\rho\frac{\mathrm{d}}{\mathrm{d}t}\left[e_{ijk}\left(\frac{\mathrm{d}X_j^c}{\mathrm{d}t}+e_{jlm}\frac{\mathrm{d}\theta_l}{\mathrm{d}t}x_m+\frac{\mathrm{d}u_j}{\mathrm{d}t}\right)u_k\right]*\delta\theta_i\mathrm{d}V+$$

$$\iiint_V\rho e_{ijk}\left[\frac{\mathrm{d}X_j^c(0)}{\mathrm{d}t}+e_{jlm}\frac{\mathrm{d}\theta_l(0)}{\mathrm{d}t}x_m+\frac{\mathrm{d}u_j(0)}{\mathrm{d}t}\right]u_k(0)*\delta\theta_i\mathrm{d}V \tag{5.73}$$

$$J_{ij}\frac{\mathrm{d}\theta_j}{\mathrm{d}t}*\delta\frac{\mathrm{d}\theta_i}{\mathrm{d}t}=\frac{\mathrm{d}}{\mathrm{d}t}\left(J_{ij}\frac{\mathrm{d}\theta_j}{\mathrm{d}t}\right)*\delta\theta_i+J_{ij}\frac{\mathrm{d}\theta_j(0)}{\mathrm{d}t}\delta\theta_i \tag{5.74}$$

因对 $\delta\dfrac{\mathrm{d}u_i}{\mathrm{d}t}$ 应用 Coriolis 转动坐标定理，故有

$$\iiint_V\rho\left(\frac{\mathrm{d}X_i^c}{\mathrm{d}t}+e_{ijk}\frac{\mathrm{d}\theta_j}{\mathrm{d}t}x_k+\frac{\mathrm{d}u_i}{\mathrm{d}t}\right)*\frac{\mathrm{d}}{\mathrm{d}t}(\delta u_i)\mathrm{d}V=$$

$$\iiint_V\rho\frac{\mathrm{d}}{\mathrm{d}t}\left(\frac{\mathrm{d}X_i^c}{\mathrm{d}t}+e_{ijk}\frac{\mathrm{d}\theta_j}{\mathrm{d}t}x_k+\frac{\mathrm{d}u_i}{\mathrm{d}t}\right)*\delta u_i\mathrm{d}V+$$

$$\iiint_V\rho\left[\frac{\mathrm{d}X_i^c(0)}{\mathrm{d}t}+e_{ijk}\frac{\mathrm{d}\theta_j(0)}{\mathrm{d}t}x_k+\frac{\mathrm{d}u_i(0)}{\mathrm{d}t}\right]\delta u_i\mathrm{d}V \tag{5.75}$$

应用 Green 定理，有

$$\iiint_V a_{ijkl}\left(\frac{1}{2}u_{k,l}+\frac{1}{2}u_{l,k}\right)*\delta u_{i,j}\mathrm{d}V=\iint_{S_\sigma+S_u}a_{ijkl}\left(\frac{1}{2}u_{k,l}+\frac{1}{2}u_{l,k}\right)n_j*\delta u_i\mathrm{d}S-$$

$$\iiint_V\left[a_{ijkl}\left(\frac{1}{2}u_{k,l}+\frac{1}{2}u_{l,k}\right)\right]_{,j}*\delta u_i\mathrm{d}V \tag{5.76}$$

将式(5.71) ～ (5.76) 代入式(5.70)，并考虑到先决条件式(5.64)，可得

$$-\left[-\iiint_V\rho\frac{\mathrm{d}}{\mathrm{d}t}\left(\frac{\mathrm{d}X_i^c}{\mathrm{d}t}+\frac{\mathrm{d}u_i}{\mathrm{d}t}\right)\mathrm{d}V+F_i\right]*\delta X_i^c-\left\{\iiint_V\rho\frac{\mathrm{d}}{\mathrm{d}t}\left(e_{ijk}\frac{\mathrm{d}u_j}{\mathrm{d}t}x_k\right)\mathrm{d}V+\right.$$

$$\left.\iiint_V\rho\frac{\mathrm{d}}{\mathrm{d}t}\left[e_{ijk}\left(\frac{\mathrm{d}X_j^c}{\mathrm{d}t}+e_{jlm}\frac{\mathrm{d}\theta_l}{\mathrm{d}t}x_m+\frac{\mathrm{d}u_j}{\mathrm{d}t}\right)u_k\right]\mathrm{d}V-\frac{\mathrm{d}}{\mathrm{d}t}\left(J_{ij}\frac{\mathrm{d}\theta_j}{\mathrm{d}t}\right)+M_i\right\}*\delta\theta_i-$$

$$\iiint_V \left\{-\rho \frac{\mathrm{d}}{\mathrm{d}t}\left(\frac{\mathrm{d}X_i^c}{\mathrm{d}t}+e_{ijk}\frac{\mathrm{d}\theta_j}{\mathrm{d}t}x_k+\frac{\mathrm{d}u_i}{\mathrm{d}t}\right)+\left[a_{ijkl}\left(\frac{1}{2}u_{k,l}+\frac{1}{2}u_{l,k}\right)\right]_{,j}+f_i\right\} *$$

$$\delta u_i \mathrm{d}V+\iint_{S_\sigma}\left[a_{ijkl}\left(\frac{1}{2}u_{k,l}+\frac{1}{2}u_{l,k}\right)n_j-T_i\right] * \delta u_i \mathrm{d}S=0 \tag{5.77}$$

由于 δX_i^c、$\delta\theta_i$、δu_i 的任意性，有

$$-\iiint_V \rho \frac{\mathrm{d}}{\mathrm{d}t}\left(\frac{\mathrm{d}X_i^c}{\mathrm{d}t}+\frac{\mathrm{d}u_i}{\mathrm{d}t}\right)\mathrm{d}V+F_i=0 \tag{5.78}$$

$$\iiint_V \rho \frac{\mathrm{d}}{\mathrm{d}t}\left(e_{ijk}\frac{\mathrm{d}u_j}{\mathrm{d}t}x_k\right)\mathrm{d}V+\iiint_V \rho \frac{\mathrm{d}}{\mathrm{d}t}\left[e_{ijk}\left(\frac{\mathrm{d}X_j^c}{\mathrm{d}t}+e_{jlm}\frac{\mathrm{d}\theta_l}{\mathrm{d}t}x_m+\frac{\mathrm{d}u_j}{\mathrm{d}t}\right)u_k\right]\mathrm{d}V-$$

$$\frac{\mathrm{d}}{\mathrm{d}t}\left(J_{ij}\frac{\mathrm{d}\theta_j}{\mathrm{d}t}\right)+M_i=0 \tag{5.79}$$

$$-\rho \frac{\mathrm{d}}{\mathrm{d}t}\left(\frac{\mathrm{d}X_i^c}{\mathrm{d}t}+e_{ijk}\frac{\mathrm{d}\theta_j}{\mathrm{d}t}x_k+\frac{\mathrm{d}u_i}{\mathrm{d}t}\right)+\left[a_{ijkl}\left(\frac{1}{2}u_{k,l}+\frac{1}{2}u_{l,k}\right)\right]_{,j}+f_i=0 \quad (\text{在 } V \text{ 中}) \tag{5.80}$$

$$a_{ijkl}\left(\frac{1}{2}u_{k,l}+\frac{1}{2}u_{l,k}\right)n_j-T_i=0 \quad (\text{在 } S_\sigma \text{ 上}) \tag{5.81}$$

式(5.78)～(5.81)即为一类变量单柔体动力学初值问题拟变分原理的拟驻值条件。

5.4.2 两类变量初值问题拟变分原理

1. 拟变分原理

应用对合变换，可将一类变量单柔体动力学初值问题拟变分原理式(5.63)变换为

$$\delta\Pi_{22}+\delta Q=0 \tag{5.82}$$

式中

$$\Pi_{22}=\iiint_V \left\{\frac{1}{2}\rho v_i^c * v_i^c+\rho(v_i^c+e_{ijk}\omega_j x_k) * v_i^d+\frac{1}{2}\rho v_i^d * v_i^d-\rho[v_i^c(0)+v_i^d(0)]X_i^c+\right.$$

$$\rho e_{ijk}v_j^d(0)x_k\theta_i+\rho e_{ijk}[v_j^c(0)+e_{jlm}\omega_l(0)x_m+v_j^d(0)]u_k(0)\theta_i-$$

$$\left.\rho[v_i^c(0)+e_{ijk}\omega_j(0)x_k+v_i^d(0)]u_i\right\}\mathrm{d}V+\frac{1}{2}J_{ij}\omega_j * \omega_i-$$

$$J_{ij}\omega_j(0)\theta_i-F_i * X_i^c-M_i * \theta_i+U_2$$

$$U_2=\iiint_V\left(\frac{1}{2}a_{ijkl}\varepsilon_{ij} * \varepsilon_{kl}-f_i * u_i\right)\mathrm{d}V-\iint_{S_\sigma}T_i * u_i \mathrm{d}S$$

$$\delta Q=X_i^c * \delta F_i+\theta_i * \delta M_i+\iiint_V u_i * \delta f_i \mathrm{d}V+\iint_{S_\sigma}u_i * \delta T_i \mathrm{d}S$$

式(5.82)即为两类变量单柔体动力学初值问题拟变分原理，其先决条件为

$$v_i^c-\frac{\mathrm{d}X_i^c}{\mathrm{d}t}=0 \tag{5.83}$$

$$\omega_i-\frac{\mathrm{d}\theta_i}{\mathrm{d}t}=0 \tag{5.84}$$

$$v_i^d - \frac{\mathrm{d}u_i}{\mathrm{d}t} = v_i^d - \left(\frac{\partial u_i}{\partial t} + e_{ijk}\frac{\mathrm{d}\theta_j}{\mathrm{d}t}u_k\right) = 0 \tag{5.85}$$

$$\varepsilon_{ij} - \frac{1}{2}u_{i,j} - \frac{1}{2}u_{j,i} = 0 \tag{5.86}$$

$$u_i - \bar{u}_i = 0 \tag{5.87}$$

先决条件式(5.83)～(5.85)为运动学条件，式(5.86)为几何(或连续性)条件，式(5.87)为位移边界条件。

两类变量单柔体动力学初值问题拟变分原理式(5.82)的初值条件为

$$X_i^c\big|_{t=0} = X_i^c(0), \quad v_i^c\big|_{t=0} = v_i^c(0) \tag{5.88}$$

$$\theta_i\big|_{t=0} = \theta_i(0), \quad \omega_i\big|_{t=0} = \omega_i(0) \tag{5.89}$$

$$u_i\big|_{t=0} = u_i(0), \quad v_i^d\big|_{t=0} = v_i^d(0) \tag{5.90}$$

2. 拟驻值条件

将式(5.82)写成展开形式，可得

$$\begin{aligned}
\delta\Pi_{22} + \delta Q = &\iiint_V \left\{\rho(v_i^c + v_i^d) * \delta v_i^c - \rho[v_i^c(0) + v_i^d(0)]\delta X_i^c\right\}\mathrm{d}V - F_i * \delta X_i^c - \\
&\iiint_V \left\{\rho(e_{ijk}v_j^d x_k) * \delta\omega_i - \rho e_{ijk}v_j^d(0)x_k\delta\theta_i - \rho e_{ijk}[v_j^c(0) + \right. \\
&\left. e_{jlm}\omega_l(0)x_m + v_j^d(0)]u_k(0)\delta\theta_i\right\}\mathrm{d}V + J_{ij}\omega_j * \delta\omega_i - \\
&J_{ij}\omega_j(0)\delta\theta_i - M_i * \delta\theta_i + \iiint_V \left\{\rho(v_i^c + e_{ijk}\omega_j x_k + v_i^d) * \delta v_i^d - \right. \\
&\left. \rho[v_i^c(0) + e_{ijk}\omega_j(0)x_k + v_i^d(0)]\delta u_i\right\}\mathrm{d}V + \\
&\iiint_V (a_{ijkl}\varepsilon_{kl} * \varepsilon_{ij} - f_i * \delta u_i)\mathrm{d}V - \iint_{S_\sigma} T_i * \delta u_i \mathrm{d}S = 0
\end{aligned} \tag{5.91}$$

将先决条件式(5.83)～(5.86)代入式(5.91)，并考虑到式(5.69)，可得

$$\begin{aligned}
&\iiint_V \left\{\rho(v_i^c + v_i^d) * \delta\frac{\mathrm{d}X_i^c}{\mathrm{d}t} - \rho[v_i^c(0) + v_i^d(0)]\delta X_i^c\right\}\mathrm{d}V - F_i * \delta X_i^c - \\
&\iiint_V \left\{\rho(e_{ijk}v_j^d x_k) * \delta\frac{\mathrm{d}\theta_i}{\mathrm{d}t} + \rho e_{ijk}(v_j^c + e_{jlm}\omega_l x_m + v_j^d)u_k * \delta\frac{\mathrm{d}\theta_i}{\mathrm{d}t} - \right. \\
&\left. \rho e_{ijk}v_j^d(0)x_k\delta\theta_i - \rho e_{ijk}[v_j^c(0) + e_{jlm}\omega_l(0)x_m + v_j^d(0)]u_k(0)\delta\theta_i\right\}\mathrm{d}V + \\
&J_{ij}\omega_j * \delta\frac{\mathrm{d}\theta_i}{\mathrm{d}t} - J_{ij}\omega_j(0)\delta\theta_i - M_i * \delta\theta_i + \iiint_V \left\{\rho(v_i^c + e_{ijk}\omega_j x_k + v_i^d) * \right. \\
&\left. \frac{\mathrm{d}}{\mathrm{d}t}(\delta u_i) - \rho[v_i^c(0) + e_{ijk}\omega_j(0)x_k + v_i^d(0)]\delta u_i\right\}\mathrm{d}V + \\
&\iiint_V (a_{ijkl}\varepsilon_{kl} * \delta u_{i,j} - f_i * \delta u_i)\mathrm{d}V - \iint_{S_\sigma} T_i * \delta u_i \mathrm{d}S = 0
\end{aligned} \tag{5.92}$$

应用 Laplace 变换中的卷积理论的分部积分公式，有

$$\iiint_V \rho(v_i^c + v_i^d) * \delta\frac{\mathrm{d}X_i^c}{\mathrm{d}t}\mathrm{d}V = \iiint_V \rho\frac{\mathrm{d}}{\mathrm{d}t}(v_i^c + v_i^d) * \delta X_i^c\mathrm{d}V +$$

$$\iiint_V \rho\left[v_i^c(0)+v_i^d(0)\right]\delta X_i^c \mathrm{d}V \tag{5.93}$$

$$\iiint_V \rho\left(e_{ijk}v_j^d x_k\right) * \delta \frac{\mathrm{d}\theta_i}{\mathrm{d}t}\mathrm{d}V=\iiint_V \rho \frac{\mathrm{d}}{\mathrm{d}t}\left(e_{ijk}v_j^d x_k\right) * \delta\theta_i \mathrm{d}V+\iiint_V \rho e_{ijk}v_j^d(0)x_k\delta\theta_i \mathrm{d}V \tag{5.94}$$

$$\iiint_V \rho e_{ijk}\left(v_j^c+e_{jlm}\omega_l x_m+v_j^d\right)u_k * \delta\frac{\mathrm{d}\theta_i}{\mathrm{d}t}=\iiint_V \rho\frac{\mathrm{d}}{\mathrm{d}t}\left[e_{ijk}\left(v_j^c+e_{jlm}\omega_l x_m+v_j^d\right)u_k\right] * \delta\theta_i \mathrm{d}V+$$
$$\iiint_V \rho e_{ijk}\left[v_j^c(0)+e_{jlm}\omega_l(0)x_m+v_j^d(0)\right]u_k(0)\delta\theta_i \mathrm{d}V \tag{5.95}$$

$$J_{ij}\omega_j * \delta\frac{\mathrm{d}\theta_i}{\mathrm{d}t}=\frac{\mathrm{d}}{\mathrm{d}t}\left(J_{ij}\omega_j\right) * \delta\theta_i+J_{ij}\omega_j(0)\delta\theta_i \tag{5.96}$$

因对 $\delta\frac{\mathrm{d}u_i}{\mathrm{d}t}$ 应用 Coriolis 转动坐标定理，故有

$$\iiint_V \rho\left(v_i^c+e_{ijk}\omega_j x_k+v_i^d\right) * \delta\frac{\mathrm{d}u_i}{\mathrm{d}t}\mathrm{d}V=\iiint_V \rho\frac{\mathrm{d}}{\mathrm{d}t}\left(v_i^c+e_{ijk}\omega_j x_k+v_i^d\right) * \delta u_i \mathrm{d}V+$$
$$\iiint_V \rho\left[v_i^c(0)+e_{ijk}\omega_j(0)x_k+v_i^d(0)\right]\delta u_i \mathrm{d}V \tag{5.97}$$

应用 Green 定理，有

$$\iiint_V a_{ijkl}\varepsilon_{kl} * \delta u_{i,j}\mathrm{d}V=\iint_{S_\sigma+S_u} a_{ijkl}\varepsilon_{kl}n_j * \delta u_i \mathrm{d}S-\iiint_V \left(a_{ijkl}\varepsilon_{kl}\right)_{,j} * \delta u_i \mathrm{d}V \tag{5.98}$$

将式(5.93)～(5.98)代入式(5.92)，并考虑到先决条件式(5.87)，可得

$$-\left[-\iiint_V \rho\frac{\mathrm{d}}{\mathrm{d}t}\left(v_i^c+v_i^d\right)\mathrm{d}V+F_i\right] * \delta X_i^c-\left\{\iiint_V \rho\frac{\mathrm{d}}{\mathrm{d}t}\left(e_{ijk}v_j^d x_k\right)\mathrm{d}V+\right.$$
$$\left.\iiint_V \rho\frac{\mathrm{d}}{\mathrm{d}t}\left[e_{ijk}\left(v_j^c+e_{jlm}\omega_l x_m+v_j^d\right)u_k\right]\mathrm{d}V-\frac{\mathrm{d}}{\mathrm{d}t}\left(J_{ij}\omega_j\right)+M_i\right\} * \delta\theta_i-$$
$$\iiint_V \left[-\rho\frac{\mathrm{d}}{\mathrm{d}t}\left(v_i^c+e_{ijk}\omega_j x_k+v_i^d\right)+\left(a_{ijkl}\varepsilon_{kl}\right)_{,j}+f_i\right] * \delta u_i \mathrm{d}V+$$
$$\iint_{S_\sigma}\left(a_{ijkl}\varepsilon_{kl}n_j-T_i\right) * \delta u_i \mathrm{d}S=0 \tag{5.99}$$

由于 δX_i^c、$\delta\theta_i$、δu_i 的任意性，有

$$-\iiint_V \rho\frac{\mathrm{d}}{\mathrm{d}t}\left(v_i^c+v_i^d\right)\mathrm{d}V+F_i=0 \tag{5.100}$$

$$\iiint_V \rho\frac{\mathrm{d}}{\mathrm{d}t}\left(e_{ijk}v_j^d x_k\right)\mathrm{d}V+\iiint_V \rho\frac{\mathrm{d}}{\mathrm{d}t}\left[e_{ijk}\left(v_j^c+e_{jlm}\omega_l x_m+v_j^d\right)u_k\right]\mathrm{d}V-$$
$$\frac{\mathrm{d}}{\mathrm{d}t}\left(J_{ij}\omega_j\right)+M_i=0 \tag{5.101}$$

$$-\rho\frac{\mathrm{d}}{\mathrm{d}t}\left(v_i^c+e_{ijk}\omega_j x_k+v_i^d\right)+\left(a_{ijkl}\varepsilon_{kl}\right)_{,j}+f_i=0 \quad (\text{在 } V \text{ 中}) \tag{5.102}$$

$$a_{ijkl}\varepsilon_{kl}n_j-T_i=0 \quad (\text{在 } S_\sigma \text{ 上}) \tag{5.103}$$

式(5.100)～(5.103)即为两类变量单柔体动力学初值问题拟变分原理的拟驻值条件，与其先决条件式(5.83)～(5.87)一起构成封闭的微分方程组。

以下具体说明拟驻值条件各方程的物理意义。

其中,式(5.100)为质心动力学方程(又称运动轨迹方程),即把单柔体视为一个质点,可用该方程来研究其运动情况。其积分形式可进一步变换为

$$-m\frac{\mathrm{d}v_i^c}{\mathrm{d}t}-\iiint_V\rho\frac{\mathrm{d}v_i^d}{\mathrm{d}t}\mathrm{d}V+F_i=0 \tag{5.104}$$

与刚体的质心动力学方程相比,多出反映单柔体变形速度对质心运动影响的一项:$-\iiint_V\rho\frac{\mathrm{d}v_i^d}{\mathrm{d}t}\mathrm{d}V$。

式(5.101)为姿态动力学方程,可用该方程来研究单柔体随质心坐标系转动的情况。与刚体随质心坐标系转动动力学方程相比,多出反映单柔体变形速度对转动动力学方程影响的两项:$\iiint_V\rho\frac{\mathrm{d}}{\mathrm{d}t}(e_{ijk}v_j^d x_k)\mathrm{d}V$、$\iiint_V\rho\frac{\mathrm{d}}{\mathrm{d}t}[e_{ijk}(v_j^c+e_{jlm}\omega_l x_m+v_j^d)u_k]\mathrm{d}V$。

式(5.102)为把单柔体视为变形体时的弹性动力学方程,它是以位移类量(位移、应变、速度和加速度)为基本变量的力的动态平衡方程;而式(5.103)是以位移类量为基本变量的力学边界条件。方程(5.102)与一般的弹性动力学方程相比,多出牵连惯性力项,即

$$-\rho\frac{\mathrm{d}}{\mathrm{d}t}v_i^c-\rho\frac{\mathrm{d}}{\mathrm{d}t}(e_{ijk}\omega_j x_k)=-\rho\frac{\mathrm{d}}{\mathrm{d}t}v_i^c-\rho e_{ijk}\frac{\mathrm{d}\omega_j}{\mathrm{d}t}x_k-\rho e_{ijk}\omega_j(e_{klm}\omega_l x_m) \tag{5.105}$$

式中　$-\rho\frac{\mathrm{d}}{\mathrm{d}t}v_i^c$ —— 平动牵连惯性力;

$-\rho e_{ijk}\frac{\mathrm{d}\omega_j}{\mathrm{d}t}x_k$ —— 切向牵连惯性力;

$-\rho e_{ijk}\omega_j(e_{klm}\omega_l x_m)$ —— 法向牵连惯性力,即离心惯性力。

该牵连惯性力项反映出单柔体轨迹运动和姿态运动对弹性变形的影响。

如果弹性变形速度 $v_i^d=0$,则方程(5.102)退化为弹性静力学的以位移类量为基本变量的力的平衡方程,即

$$-\rho\frac{\mathrm{d}}{\mathrm{d}t}v_i^c-\rho\frac{\mathrm{d}}{\mathrm{d}t}(e_{ijk}\omega_j x_k)+(a_{ijkl}\varepsilon_{kl})_{,j}+f_i=0 \tag{5.106}$$

或者

$$(a_{ijkl}\varepsilon_{kl})_{,j}+f_i+f_i^I=0 \tag{5.107}$$

其中,f_i^I为牵连惯性力项,$f_i^I=-\rho\frac{\mathrm{d}}{\mathrm{d}t}v_i^c-\rho\frac{\mathrm{d}}{\mathrm{d}t}(e_{ijk}\omega_j x_k)$。

5.5　应用举例

如图5.2所示,以拦截器为研究对象,应用第二种形式单柔体动力学初值问题拟变分原理的拟驻值条件推导其动力学方程。

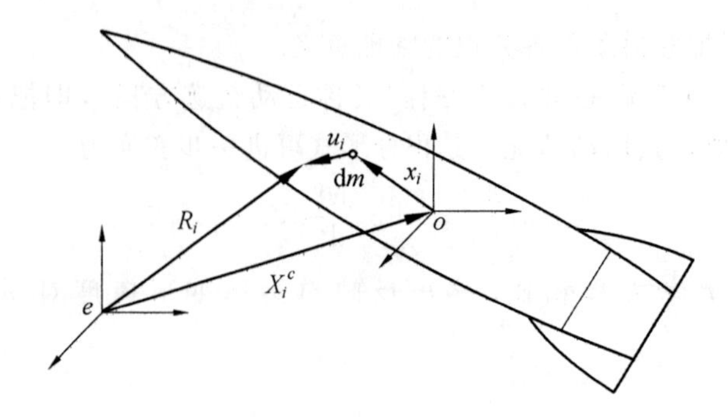

图 5.2 拦截器简图

1. 拦截器发射段

将拦截器简化为单柔体,设为垂直发射,因为没有转动,拟变分原理的拟驻值条件中,无姿态方程。

其运动轨迹方程为

$$-m\frac{\mathrm{d}v_i^c}{\mathrm{d}t}-\iiint_V\rho\frac{\mathrm{d}v_i^d}{\mathrm{d}t}\mathrm{d}V+F_i=0 \tag{5.108}$$

式中 F_i —— 作用在拦截器质心的外力,是推力、重力和气动阻力的合力。

在外力 F_i 的作用下,拦截器做加速运动。如果引入惯性力 $F^I=-ma$,则可以认为拦截器在推力、重力、气动阻力和惯性力的作用下平衡。

将拦截器视为变形体时,由于没有转动,忽略拟驻值条件式(5.102)中姿态运动对弹性变形影响的一项:$-\rho\frac{\mathrm{d}}{\mathrm{d}t}(e_{ijk}\omega_j x_k)$,并将单位体积中的质量 ρ 变换为单位长度的质量 $\bar{m}$,可得其弹性动力学方程为

$$-\bar{m}\frac{\mathrm{d}v_i^c}{\mathrm{d}t}-\bar{m}\frac{\mathrm{d}v_i^d}{\mathrm{d}t}+EA\frac{\mathrm{d}\varepsilon}{\mathrm{d}x}=\bar{m}g+r \tag{5.109}$$

式中 E —— 拦截器的材料弹性模量;

A —— 拦截器横截面积;

$\bar{m}$ —— 单位长度拦截器的质量;

r —— 单位长度拦截器表面的阻力。

考虑到其变形速度为

$$v_i^d=\frac{\partial u}{\partial t} \tag{5.110}$$

式中 u —— 轴向变形

忽略 Poisson 效应,应变可表示为

$$\varepsilon=\frac{\partial u}{\partial x} \tag{5.111}$$

将式(5.110)、式(5.111)代入式(5.109),可得

$$EA\frac{\partial^2 u}{\partial x^2}-\bar{m}\frac{\partial^2 u}{\partial t^2}=\bar{m}g+r+\bar{m}\frac{\mathrm{d}v_i^c}{\mathrm{d}t} \tag{5.112}$$

该方程表示拦截器在推力、重力、气动阻力和牵连惯性力作用下产生的弹性动力学效应,

将其进一步表示为

$$EA\frac{\partial^2 u}{\partial x^2}-\bar{m}\frac{\partial^2 u}{\partial t^2}=q(x,t) \tag{5.113}$$

式中

$$q(x,t)=\bar{m}g+r+\bar{m}\frac{\mathrm{d}v_i^c}{\mathrm{d}t}$$

式(5.113)是强迫振动方程，可以看作是由两个振动运动相互叠加，其中一个是自由振动，即只考虑初始振动状态、外力为零的情况；另一个是纯强迫振动，即只考虑外力因素、初始位移及初始速度为零的情况。

(1) 自由振动。

令 $q(x,t)=0$，则自由振动方程可表示为

$$EA\frac{\partial^2 u}{\partial x^2}-\bar{m}\frac{\partial^2 u}{\partial t^2}=0 \tag{5.114}$$

这是一个关于轴向坐标 x 和时间坐标 t 的二阶偏微分方程。应用分离变量法，设其解为

$$u(x,t)=U(x)\cdot Y(t) \tag{5.115}$$

式中　$U(x)$ —— 本征函数(振型函数)，表示拦截器发射段的振动位型；

　　$Y(t)$ —— 广义坐标，表示拦截器发射段的振动规律。

将式(5.115)代入式(5.114)，用“′”表示对 x 的导数，用“·”表示对 t 的导数，可得

$$\frac{U''(x)}{U(x)}=\frac{\bar{m}}{EA}\frac{\ddot{Y}(t)}{Y(t)}=-c^2 \tag{5.116}$$

令

$$\omega^2=c^2\frac{EA}{\bar{m}} \tag{5.117}$$

可以看出，式(5.116)等价于下面两个常微分方程

$$\ddot{Y}(t)+\omega^2 Y(t)=0 \tag{5.118}$$

$$U''(x)+c^2U(x)=0 \tag{5.119}$$

方程(5.118)有简谐形式的自由振动的解为

$$Y(t)=A_1\cos\omega t+A_2\sin\omega t \tag{5.120}$$

考虑到初值条件

$$Y|_{t=0}=Y(0),\quad \dot{Y}|_{t=0}=\dot{Y}(0) \tag{5.121}$$

于是，有

$$A_1=Y(0),\quad A_2=\frac{\dot{Y}(0)}{\omega} \tag{5.122}$$

由此可知，拦截器发射段的广义坐标为

$$Y(t)=Y(0)\cos\omega t+\frac{\ddot{Y}(0)}{\omega}\sin\omega t \tag{5.123}$$

方程(5.119)的解为

$$U(x)=B_1\cos cx+B_2\sin cx \tag{5.124}$$

为了简化计算，并且不影响拦截器在垂直发射过程中的纵向振动，可把拦截器发射段看成杆沿纵向振动，其长度设为 l，考虑到边界条件为

$$U|_{x=0}=U(0)=0,\quad U'|_{x=l}=U'(l)=0 \tag{5.125}$$

于是，有

$$B_1=0,\quad \cos cl=0 \tag{5.126}$$

由(5.126)的第二式及式(5.117)，可知拦截器发射段纵向振动固有频率为

$$\omega_n=\frac{\pi}{2l}(2n-1)\sqrt{\frac{EA}{\bar{m}}}\quad (n=1,2,3,\cdots) \tag{5.127}$$

对应的振型函数为

$$U_n(x)=B_2\sin\left[\frac{\pi x}{2l}(2n-1)\right]\quad (n=1,2,3,\cdots) \tag{5.128}$$

其中，B_2 为任意的幅值，这里令 $B_2=1$，显然不失普遍性。

(2) 强迫振动。

利用系统的振型矩阵进行坐标变换，可以将系统相互耦合的物理坐标运动方程变换为解耦的固有坐标运动方程。因此，应用振型坐标变换求解强迫振动方程(5.113)，设其解为

$$u(x,t)=\sum_{n=1}^{\infty}U_n(x)Y_n(t) \tag{5.129}$$

式中　$U_n(x)$ —— 第 n 阶本征函数(振型函数)，表示拦截器发射段的振动位型；

$Y_n(t)$ —— 第 n 阶广义坐标，表示拦截器发射段的振动规律。

将式(5.129)代入式(5.113)，得

$$M_n\ddot{Y}_n(t)+\omega_n^2M_nY_n(t)=P_n(t) \tag{5.130}$$

式中　M_n —— 广义质量，$M_n=\int_0^l\bar{m}U_n^2(x)\mathrm{d}x$；

ω_n —— 频率；

$P_n(t)$ —— 广义载荷，$P_n(t)=\int_0^l q(x,t)U_n(x)\mathrm{d}x$。

应用式(5.128)，得到广义质量

$$M_n=\int_0^l\bar{m}U_n^2(x)\mathrm{d}x=\bar{m}\int_0^l\sin^2\left[\frac{\pi x}{2l}(2n-1)\right]\mathrm{d}x=\frac{\bar{m}l}{2} \tag{5.131}$$

及广义载荷

$$P_n=\int_0^l q(x,t)U_n(x)\mathrm{d}x=\int_0^l(\bar{m}g+r+\bar{m}a_c)\sin\left[\frac{\pi x}{2l}(2n-1)\right]\mathrm{d}x=\frac{2l(\bar{m}g+r+\bar{m}a_c)}{\pi(2n-1)} \tag{5.132}$$

将式(5.131)、(5.132)代入式(5.130)，其 Duhamel 积分解为

$$Y_n(t)=\frac{1}{M_n\omega_n}\int_0^t P_n(\tau)\sin\omega_n(t-\tau)d\tau=\frac{4(\bar{m}g+r+\bar{m}a_c)}{(2n-1)\pi\bar{m}\omega_n^2}(1-\cos\omega_nt) \tag{5.133}$$

将式(5.128)、式(5.133)代入式(5.129)，得拦截器发射段纵向强迫振动的解为

$$u(x,t)=\sum_{n=1}^{\infty}U_n(x)Y_n(t)=\sum_{n=1}^{\infty}\sin\left[\frac{\pi x}{2l}(2n-1)\right]\frac{4(\bar{m}g+r+\bar{m}a_c)}{(2n-1)\pi\bar{m}\omega_n^2}(1-\cos\omega_n t)$$
$$=\frac{16l^2(\bar{m}g+r+\bar{m}a_c)}{\pi^3 EA}\sum_{n=1}^{\infty}\frac{1}{(2n-1)^3}\sin\left[\frac{\pi x}{2l}(2n-1)\right](1-\cos\omega_n t)$$
(5.134)

2. 拦截器机动段

将拦截器简化为单柔体，在机动段，既有随质心的平动，又有绕质心的转动。拟变分原理的拟驻值条件中，既有姿态方程，又有运动轨迹方程。对运动轨迹方程的分析类似发射段，不赘述。

由拟变分原理的拟驻值条件可知，拦截器的姿态动力学方程为

$$\iiint_V \rho\frac{\mathrm{d}}{\mathrm{d}t}(e_{ijk}v_j^d x_k)\mathrm{d}V+\iiint_V \rho\frac{\mathrm{d}}{\mathrm{d}t}[e_{ijk}(v_j^c+e_{jlm}\omega_l x_m+v_j^d)u_k]\mathrm{d}V-$$
$$\frac{\mathrm{d}}{\mathrm{d}t}(J_{ij}\omega_j)+M_i=0 \tag{5.135}$$

除拦截器自身机动外，还可能存在外界的侧向激励。经过对拟驻值条件式(5.102)的深入分析和简化，将弹性动力学方程处理为梁的振动，一般来说，其动力学方程可以表示为

$$\frac{\partial^2}{\partial x^2}\left[EI(x)\frac{\partial^2}{\partial x^2}w(x,t)\right]+\bar{m}\frac{\partial^2}{\partial t^2}w(x,t)=p(x,t) \tag{5.136}$$

式中　x —— 拦截器轴向坐标；

$\bar{m}$ —— 单位长度梁段质量；

$EI(x)$ —— 拦截器弯曲刚度；

$w(x,t)$ —— 拦截器弯曲挠度；

$p(x,t)$ —— 拦截器侧向激励函数。

这里强调指出，式(5.136)实际上是将拦截器的动力学方程处理为空间自由梁的动力学方程。解决约束梁的弹性动力学问题的方法，在一般的动力学文献中有较多的论述，而如何处理自由梁的振动问题是飞行器结构动力学中特有的问题之一。为了使问题得到简化，假设拦截器为均匀质量分布 $\bar{m}$ 和等刚度 EI 的自由梁。这个强迫振动的一般形式可以看作是由两个振动运动相互叠加，其中一个是自由振动，即只考虑初始振动状态，外力为零的情况；另一个是纯强迫振动，即只考虑外力因素，初始位移及初始速度为零的情况。

(1) 自由振动。

对于这类无约束梁的自由振动在多部专著中都有指出，当振动频率为零时，在振型函数中存在刚体位移

$$\varphi(x)=Cx+D \tag{5.137}$$

式中　$\varphi(x)$ —— 无约束梁对应零频率时的刚体位移；

C —— 刚体转动角；

D —— 刚体平动位移。

这些位移可与横向弯曲振动相叠加，使振动时的平衡位置相对于原来有某个偏移。值得注意的是，C 和 D 均为待定参数，为了确定这类待定参数，并且确定耦合振型，需要应用单柔体动力学和非惯性系力学问题的理论。以下尝试处理这类问题。

无约束梁自由振动的一阶振型是对称弯曲振型，如图 5.3 所示。

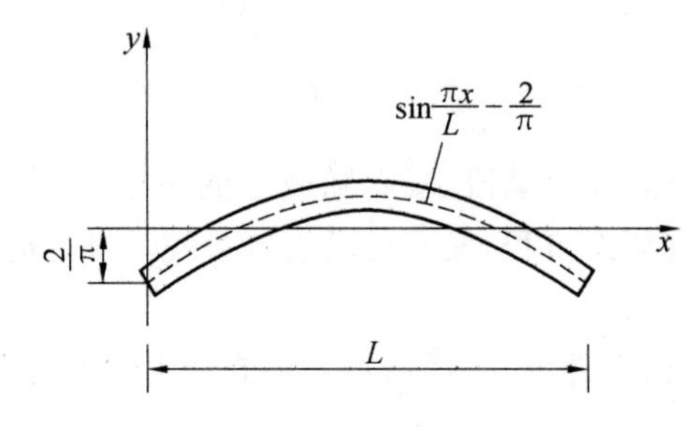

图 5.3　无约束梁自由振动的一阶振型

假设振动的广义位移为

$$w_1 = q_1\left[\sin\frac{\pi x}{L} + (Cx + D)\right] \tag{5.138}$$

其中

$$q_1 = A_1 \sin \omega_1 t$$

式中　w_1 —— 一阶振型广义位移；

L —— 梁的长度；

A_1 —— 一阶振型振幅；

ω_1 —— 一阶振型角频率；

t —— 时间。

因为研究的是无约束梁自由振动，该梁被激振后，便无外力继续作用，只有由于梁的振动加速度导致的惯性力，而且惯性力是自相平衡的。对于这类无约束梁一阶振型，即对称弯曲振型，这里研究小位移理论的情况，将拟驻值条件(5.101) 变换为

$$\iiint_V \rho\,\frac{\mathrm{d}}{\mathrm{d}t}\left(e_{ijk}\,\frac{\mathrm{d}w_j}{\mathrm{d}t}x_k\right)\mathrm{d}V = \int_0^L \bar{m}\ddot{w}_1 x\,\mathrm{d}x = 0 \tag{5.139}$$

将式(5.138) 代入式(5.139)，可得

$$\bar{m}\ddot{q}_1\int_0^L\left[\sin\frac{\pi x}{L} + (Cx + D)\right]x\,\mathrm{d}x = 0 \tag{5.140}$$

经过积分，有

$$\frac{1}{\pi} + \frac{CL}{3} + \frac{D}{2} = 0 \tag{5.141}$$

将拟驻值条件(5.100) 变换为

$$\iiint_V -\rho\,\frac{\partial^2 w_i}{\partial t^2}\mathrm{d}V = -\int_0^L \bar{m}\ddot{w}_1\,\mathrm{d}x = 0 \tag{5.142}$$

将式(5.138) 代入式(5.142)，可得

$$-\bar{m}\ddot{q}_1\int_0^L\left[\sin\frac{\pi x}{L} + (Cx + D)\right]\mathrm{d}x = 0 \tag{5.143}$$

经过积分，有

$$\frac{2}{\pi}+\frac{CL}{2}+D=0 \tag{5.144}$$

解方程(5.141)和方程(5.144)，得

$$C=0, D=-\frac{2}{\pi} \tag{5.145}$$

将解(5.145)代入式(5.138)，有

$$w_1=A_1\sin\omega_1 t\left(\sin\frac{\pi x}{L}-\frac{2}{\pi}\right) \tag{5.146}$$

将拟驻值条件(5.102)变换为积分形式，即为一个 Lagrange 算子

$$\int_0^L\left[\frac{\mathrm{d}}{\mathrm{d}t}\frac{\partial}{\partial\dot{q}_1}\left(\frac{1}{2}\bar{m}\frac{\mathrm{d}w_1}{\mathrm{d}t}\frac{\mathrm{d}w_1}{\mathrm{d}t}\right)+\frac{\partial}{\partial q_1}\left(\frac{1}{2}EI\frac{\mathrm{d}^2w_1}{\mathrm{d}x^2}\frac{\mathrm{d}^2w_1}{\mathrm{d}x^2}\right)\right]\mathrm{d}x=0 \tag{5.147}$$

为了确定一阶振型的频率，将式(5.146)代入式(5.147)，整理可得

$$\frac{\bar{m}L(\pi^2-8)}{2\pi^2}\frac{\partial^2 q_1}{\partial t^2}+\frac{EI\pi^4}{2L^3}q_1=0 \tag{5.148}$$

故得一阶振型的固有频率

$$\omega_1=\frac{\pi^3}{L^2}\sqrt{\frac{EI}{\bar{m}(\pi^2-8)}} \tag{5.149}$$

由以上分析可知，自由梁的一阶振型不是绕梁的中性轴做往复振动，而是绕振动中心轴做往复振动。这便说明，如果自由梁被激振前为水平等速直线运动，则自由振动的一阶振型的作用，可以使自由梁的运动轨迹产生扰动。

无约束梁自由振动的二阶振型是反对称弯曲振型，如图 5.4 所示。

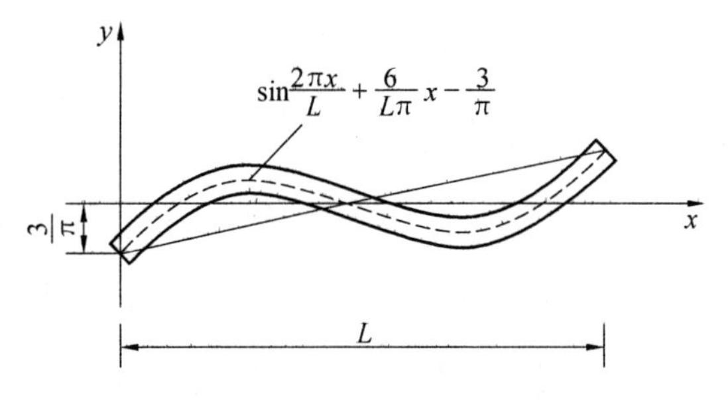

图 5.4　无约束梁自由振动的二阶振型

假设振动的广义位移为

$$w_2=q_2\left[\sin\frac{2\pi x}{L}+(Cx+D)\right] \tag{5.150}$$

其中

$$q_2=A_2\sin\omega_2 t$$

式中　w_2 —— 二阶振型广义位移；

A_2 —— 二阶振型振幅；

ω_2 —— 二阶振型角频率。

对于这类无约束梁二阶振型，即反对称弯曲振型，这里研究小位移理论的情况，将拟

驻值条件(5.101) 变换为

$$\iiint_V \rho \frac{\mathrm{d}}{\mathrm{d}t}\left(e_{ijk} \frac{\mathrm{d}w_j}{\mathrm{d}t} x_k\right) \mathrm{d}V = \int_0^L \bar{m}\ddot{w}_2 x \mathrm{d}x = 0 \tag{5.151}$$

将式(5.150) 代入式(5.151),可得

$$\bar{m}\ddot{q}_2 \int_0^L \left[\sin\frac{2\pi x}{L} + (Cx + D)\right] x \mathrm{d}x = 0 \tag{5.152}$$

经过积分,有

$$-\frac{1}{2\pi} + \frac{CL}{3} + \frac{D}{2} = 0 \tag{5.153}$$

将拟驻值条件(5.100) 变换为

$$\iiint_V -\rho \frac{\partial^2 w_2}{\partial t^2} \mathrm{d}V = -\int_0^L \bar{m}\ddot{w}_2 \mathrm{d}x = 0 \tag{5.154}$$

将式(5.150) 代入式(5.154),可得

$$-\bar{m}\ddot{q}_2 \int_0^L \left[\sin\frac{2\pi x}{L} + (Cx + D)\right] \mathrm{d}x = 0 \tag{5.155}$$

经过积分,有

$$\frac{CL}{2} + D = 0 \tag{5.156}$$

解方程(5.153) 和方程(5.156),得

$$C = \frac{6}{L\pi}, D = -\frac{3}{\pi} \tag{5.157}$$

将解(5.157) 代入式(5.150),有

$$w_2 = A_2 \sin \omega_2 t \left[\sin\frac{2\pi x}{L} + \left(\frac{6}{L\pi}x - \frac{3}{\pi}\right)\right] \tag{5.158}$$

将拟驻值条件(5.102) 变换为积分形式,即为一个 Lagrange 算子

$$\int_0^L \left[\frac{\mathrm{d}}{\mathrm{d}t}\frac{\partial}{\partial \dot{q}_2}\left(\frac{1}{2}\bar{m}\frac{\mathrm{d}w_2}{\mathrm{d}t}\frac{\mathrm{d}w_2}{\mathrm{d}t}\right) + \frac{\partial}{\partial q_2}\left(\frac{1}{2}EI\frac{\mathrm{d}^2 w_2}{\mathrm{d}x^2}\frac{\mathrm{d}^2 w_2}{\mathrm{d}x^2}\right)\right] \mathrm{d}x = 0 \tag{5.159}$$

为了确定二阶振型的频率,将式(5.158) 代入式(5.159),整理可得

$$\frac{\bar{m}L(\pi^2 - 6)}{2\pi^2}\frac{\partial^2 q_2}{\partial t^2} + \frac{8EI\pi^4}{L^3} q_2 = 0 \tag{5.160}$$

故得二阶振型的固有频率

$$\omega_2 = \frac{4\pi^3}{L^2}\sqrt{\frac{EI}{\bar{m}(\pi^2 - 6)}} \tag{5.161}$$

由以上分析可知,自由梁的二阶振型不是绕梁的中性轴做往复振动,而是绕振动中心轴做往复振动,振动中心轴与梁的中性轴之间有一个角度。这便说明,如果自由梁被激振前为水平等速直线运动,则自由振动的二阶振型的作用,可以使自由梁的运动姿态产生扰动。

(2) 强迫振动。

若为非自由振动,则一阶振型方程变换为

$$\frac{\bar{m}L(\pi^2-8)}{2\pi^2}\frac{\partial^2 q_1}{\partial t^2}+\frac{EI\pi^4}{2L^3}q_1+f_1=0 \tag{5.162}$$

如果 f_1 为阶跃输入，则有

$$q_1=\frac{f_1}{\omega_1^2 M_1}(1-\cos\omega_1 t) \tag{5.163}$$

式中　f_1 —— 广义冲击力，$f_1=-p$；

M_1 —— 广义质量，$M_1=\frac{\bar{m}L(\pi^2-8)}{2\pi^2}$。

若为非自由振动，则二阶振型方程变换为

$$\frac{\bar{m}L(\pi^2-6)}{2\pi^2}\frac{\partial^2 q_2}{\partial t^2}+\frac{8EI\pi^4}{L^3}q_2+f_2=0 \tag{5.164}$$

如果 f_2 为正弦输入，有

$$q_2=\frac{f_2}{\omega_2^2 M_2}\left(\frac{\Omega\sin\omega_2 t-\omega_2\sin\Omega\tau}{\Omega^2-\omega_2^2}\right) \tag{5.165}$$

当 $t=\frac{\pi}{2\omega_2}$ 时，有

$$q_2=\frac{f_2}{\omega_2^2 M_2}\left(\frac{\Omega-\omega_2\sin\Omega\tau}{\Omega^2-\omega_2^2}\right) \tag{5.166}$$

式中　f_2 —— 广义冲击力，$f_2=-p$；

M_2 —— 广义质量，$M_2=\frac{\bar{m}L(\pi^2-6)}{2\pi^2}$；

Ω —— 正弦冲击角频率；

τ —— 时间，变化范围 $0\rightarrow t$。

3. 忽略变形速度影响的情况

如果弹性变形速度 $v_i^d=0$，则弹性动力学方程退化为弹性静力学方程

$$(a_{ijkl}\varepsilon_{kl})_{,j}+f_i+f_i^I=0 \tag{5.167}$$

这时作用在拦截器结构上的主动力和惯性力(真实的质量力)组成平衡力系，在随体坐标系中这是一个弹性静力学问题，这类问题可以参阅文献[213]和文献[214]来求解。

第6章　多柔体系统动力学初值问题拟变分原理初探

6.1 引　　言

多柔体系统动力学是刚弹耦合系统动力学的一个重要分支，是研究变形物体及刚体所组成的系统在空间或平面运动时的动力学行为，广泛应用于航天器、机器人和高速精密机构等重要的工程领域。近些年来，许多学者在多柔体系统动力学模型的构建、耦合特性的分析、控制方程的建立及仿真分析等方面都做了大量的研究，取得了许多成果，但得到的大多是数值解或模态分析。文献[175]曾指出，由于多柔体构形的复杂性，目前解决多柔体动力学问题主要是依赖于数值的、定量的分析方法，几乎没有人进行解析的分析讨论，这对于深刻把握系统的非线性力学实质、预测系统的全局动力学现象是十分不利的。因此，有必要开展多柔体系统的理论分析。当然，这是一个十分复杂的问题，解决它可能需要很长的时间，本章的研究正是为了适应这种需要而展开的。

本章在研究"单柔体动力学拟变分原理及其应用"的基础上，尝试性地研究"多柔体系统动力学拟变分原理及其应用"。根据结构形态，多柔体系统可分为多柔体簇系统、多柔体链系统和多柔体树系统。系统中各单元体以铰接、滑动、弹簧、阻尼器、细绳等各种方式相连接。现对研究对象做如下说明。

(1) 研究对象为多柔体簇系统(下文提及的多柔体系统均指多柔体簇系统)。

(2) 根体和附件之间用铰链连接，铰链光滑且不变形；

(3) 根体和附件均为小变形；

(4) 根体做平动和转动复合运动；

(5) 柔性附件在运动过程中不会引起多柔体系统质心位置的变化；

(6) 针对附件做三种运动的情形：可伸展平动、转动、既有可伸展平动又有转动。

6.2 带有可伸展平动附件多柔体系统动力学初值问题拟变分原理

6.2.1 运动学关系

如图6.1所示，坐标系 $e=(e_1,e_2,e_3)$ 为定坐标系；建立在带有可伸展平动附件多柔体系统质心 C 上的坐标系 $b=(b_1,b_2,b_3)$ 为动坐标系，质心 C 的运动可以代表多柔体系统的整体运动；$a=(a_1,a_2,a_3)$ 是附件 A_i 的连体坐标系，原点建立在根体 B 与附件 A_i 的铰链 h_i 处，也是动坐标系。对于带有可伸展平动附件多柔体系统，有如下关系式：

$$r_{Bi}=X_i^c+x_{Bi}+u_{Bi} \tag{6.1}$$

$$R_i=X_i^c+x_i^0+\Delta_i+L_i+u_i \tag{6.2}$$

式中　r_{Bi} —— 根体 B 上微元质量 dm 的矢径；

X_i^c —— 带有可伸展平动附件多柔体系统质心 C 到定坐标系原点的矢径；

x_{Bi} —— 把柔性根体 B 视为刚体时由根体 B 微元质量 dm 到带有可伸展平动附件多柔体系统质心 C 的矢径；

u_{Bi} —— 根体 B 微元质量 dm 的弹性位移；

R_i —— 第 i 附件 A_i 上微元质量 dm 相对定坐标系的矢径；

x_i^0 —— 把柔性根体 B 视为刚体时由铰链 h_i 到带有可伸展平动附件多柔体系统质心 C 的矢径；

Δ_i —— 柔性根体 B 外铰 h_i 相对质心 C 的弹性位移；

L_i —— 把柔性附件 A_i 视为刚体时由附件 A_i 中微元质量 dm 到铰链 h_i 的矢径，即可伸展平动附件 A_i 的变化长度；

u_i —— 附件 A_i 微元质量 dm 的弹性位移。

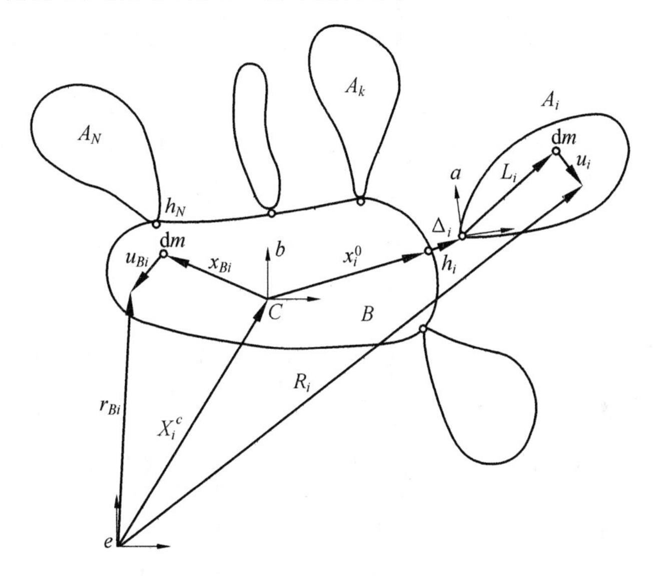

图 6.1　带有可伸展平动附件多柔体系统向量关系

将式(6.1)对时间求导，有

$$\frac{\mathrm{d}r_{Bi}}{\mathrm{d}t}=\frac{\mathrm{d}X_i^c}{\mathrm{d}t}+\frac{\mathrm{d}x_{Bi}}{\mathrm{d}t}+\frac{\mathrm{d}u_{Bi}}{\mathrm{d}t} \tag{6.3}$$

式中　$\frac{\mathrm{d}r_{Bi}}{\mathrm{d}t}$ —— 根体 B 上微元质量 dm 的矢径在定坐标系内的时间导数；

$\frac{\mathrm{d}X_i^c}{\mathrm{d}t}$ —— 带有可伸展平动附件多柔体系统质心 C 到定坐标系原点的矢径在定坐标系内的时间导数；

$\frac{\mathrm{d}x_{Bi}}{\mathrm{d}t}$ —— 把柔性根体 B 视为刚体时由根体 B 微元质量 dm 到带有可伸展平动附

件多柔体系统质心 C 的矢径在定坐标系内的时间导数；

$\dfrac{\mathrm{d}u_{Bi}}{\mathrm{d}t}$ —— 根体 B 微元质量 $\mathrm{d}m$ 的弹性位移在定坐标系内的时间导数。

注意到，只有刚体转角 θ_i 很小时才能处理为矢量，这一定理称为小角定理。这里 θ_i 可以认为满足小角定理，或者认为是伪坐标。并且考虑到变形体速度与刚体转动的交联，故有

$$\frac{\mathrm{d}u_{Bi}}{\mathrm{d}t}=\frac{\partial u_{Bi}}{\partial t}+e_{ijk}\frac{\mathrm{d}\theta_j}{\mathrm{d}t}u_{Bk} \tag{6.4}$$

式中 $\dfrac{\partial u_{Bi}}{\partial t}$ —— 根体 B 微元质量 $\mathrm{d}m$ 的弹性位移在动坐标系内的时间导数；

e_{ijk} —— 置换符号；

θ_i —— 带有可伸展平动附件多柔体系统视为多刚体系统时根体 B 的转角。

应用 Coriolis 转动定理，有

$$\frac{\mathrm{d}x_{Bi}}{\mathrm{d}t}=\frac{\partial x_{Bi}}{\partial t}+e_{ijk}\frac{\mathrm{d}\theta_j}{\mathrm{d}t}x_{Bk} \tag{6.5}$$

式中 $\dfrac{\partial x_{Bi}}{\partial t}$ —— 把柔性根体 B 视为刚体时由根体 B 微元质量 $\mathrm{d}m$ 到带有可伸展平动附件多柔体系统质心 C 的矢径在动坐标系内的时间导数。

在力学模型中，x_{Bi} 是根体 B 上微元质量 $\mathrm{d}m$ 到质心 C 的距离，而刚体中任意两点间的距离都是常量，因此得

$$\frac{\partial x_{Bi}}{\partial t}=0 \tag{6.6}$$

故有

$$\frac{\mathrm{d}x_{Bi}}{\mathrm{d}t}=e_{ijk}\frac{\mathrm{d}\theta_j}{\mathrm{d}t}x_{Bk} \tag{6.7}$$

将式(6.4)、式(6.7)代入式(6.3)，可得根体 B 上微元质量 $\mathrm{d}m$ 的速度为

$$\frac{\mathrm{d}r_{Bi}}{\mathrm{d}t}=\frac{\mathrm{d}X_i^c}{\mathrm{d}t}+e_{ijk}\frac{\mathrm{d}\theta_j}{\mathrm{d}t}x_{Bk}+\frac{\partial u_{Bi}}{\partial t}+e_{ijk}\frac{\mathrm{d}\theta_j}{\mathrm{d}t}u_{Bk} \tag{6.8}$$

将式(6.2)对时间求导，有

$$\frac{\mathrm{d}R_i}{\mathrm{d}t}=\frac{\mathrm{d}X_i^c}{\mathrm{d}t}+\frac{\mathrm{d}x_i^0}{\mathrm{d}t}+\frac{\mathrm{d}\Delta_i}{\mathrm{d}t}+\frac{\mathrm{d}L_i}{\mathrm{d}t}+\frac{\mathrm{d}u_i}{\mathrm{d}t} \tag{6.9}$$

式中 $\dfrac{\mathrm{d}R_i}{\mathrm{d}t}$ —— 第 i 附件 A_i 上微元质量 $\mathrm{d}m$ 相对定坐标系的矢径在定坐标系内的时间导数；

$\dfrac{\mathrm{d}x_i^0}{\mathrm{d}t}$ —— 把柔性根体 B 视为刚体时由铰链 h_i 到带有可伸展平动附件多柔体系统质心 C 的矢径在定坐标系内的时间导数；

$\dfrac{\mathrm{d}\Delta_i}{\mathrm{d}t}$ —— 柔性根体 B 在铰链 h_i 处弹性位移在定坐标系内的时间导数；

$\dfrac{\mathrm{d}L_i}{\mathrm{d}t}$ —— 把柔性附件 A_i 视为刚体时由附件 A_i 中微元质量 $\mathrm{d}m$ 到铰链 h_i 的矢径在

定坐标系内的时间导数；

$\frac{\mathrm{d}u_i}{\mathrm{d}t}$ —— 附件 A_i 微元质量 $\mathrm{d}m$ 的弹性位移在定坐标系内的时间导数。

这里，认为 θ_i 满足小角定理，并且考虑到变形体速度与刚体转动的交联，故有

$$\frac{\mathrm{d}u_i}{\mathrm{d}t}=\frac{\partial u_i}{\partial t}+e_{ijk}\frac{\mathrm{d}(\theta_j+\beta_j)}{\mathrm{d}t}u_k \tag{6.10}$$

$$\frac{\mathrm{d}\Delta_i}{\mathrm{d}t}=\frac{\partial \Delta_i}{\partial t}+e_{ijk}\frac{\mathrm{d}\theta_j}{\mathrm{d}t}\Delta_k \tag{6.11}$$

式中 $\frac{\partial u_i}{\partial t}$ —— 附件 A_i 微元质量 $\mathrm{d}m$ 的弹性位移在动坐标系内的时间导数；

$\frac{\partial \Delta_i}{\partial t}$ —— 柔性根体 B 在铰链 h_i 处弹性位移在动坐标系内的时间导数；

β_i —— 根体 B 在铰链 h_i 处的弹性角位移。

应用 Coriolis 转动定理，有

$$\frac{\mathrm{d}L_i}{\mathrm{d}t}=\frac{\partial L_i}{\partial t}+e_{ijk}\frac{\mathrm{d}(\theta_j+\beta_j)}{\mathrm{d}t}L_k \tag{6.12}$$

$$\frac{\mathrm{d}x_i^0}{\mathrm{d}t}=\frac{\partial x_i^0}{\partial t}+e_{ijk}\frac{\mathrm{d}\theta_j}{\mathrm{d}t}x_k^0 \tag{6.13}$$

式中 $\frac{\partial L_i}{\partial t}$ —— 把柔性附件 A_i 视为刚体时由附件 A_i 中微元质量 $\mathrm{d}m$ 到铰链 h_i 的矢径在动坐标系内的时间导数；

$\frac{\partial x_i^0}{\partial t}$ —— 把柔性根体 B 视为刚体时由铰链 h_i 到带有可伸展平动附件多柔体系统质心 C 的矢径在动坐标系内的时间导数。

在力学模型中，x_i^0 是铰链 h_i 到质心 C 的距离，而刚体中任意两点间的距离都是常量，因此得

$$\frac{\partial x_i^0}{\partial t}=0 \tag{6.14}$$

故有

$$\frac{\mathrm{d}x_i^0}{\mathrm{d}t}=e_{ijk}\frac{\mathrm{d}\theta_j}{\mathrm{d}t}x_k^0 \tag{6.15}$$

将式(6.10) ～ 式(6.12)、式(6.15) 代入式(6.9)，可得附件 A_i 上微元质量 $\mathrm{d}m$ 的速度为

$$\frac{\mathrm{d}R_i}{\mathrm{d}t}=\frac{\mathrm{d}X_i^c}{\mathrm{d}t}+e_{ijk}\frac{\mathrm{d}\theta_j}{\mathrm{d}t}x_k^0+\frac{\partial \Delta_i}{\partial t}+e_{ijk}\frac{\mathrm{d}\theta_j}{\mathrm{d}t}\Delta_k+\frac{\partial L_i}{\partial t}+e_{ijk}\frac{\mathrm{d}(\theta_j+\beta_j)}{\mathrm{d}t}L_k+\frac{\partial u_i}{\partial t}+e_{ijk}\frac{\mathrm{d}(\theta_j+\beta_j)}{\mathrm{d}t}u_k \tag{6.16}$$

6.2.2 基本方程

对于带有可伸展平动附件多柔体系统，这里认为作用在变形体上的外力(包括体积力和面积力) 为非保守力，导致刚体运动的力(即作用于质心的主矢和主矩) 也为非保守

力。根据上述运动学关系分析，以及文献[228]和文献[229]对带有可伸展平动附件多柔体系统动力学拟变分原理的拟驻值条件的研究，可知带有可伸展平动附件多柔体系统动力学的基本方程为

$$-\iiint_{V_B}\rho_B\,\frac{\mathrm{d}}{\mathrm{d}t}(v_i^c+v_{Bi}^d)\,\mathrm{d}V+F_{Bi}-\sum_{i=1}^{N}\left[\iiint_{V}\rho\,\frac{\mathrm{d}}{\mathrm{d}t}(v_i^c+e_{ijk}\omega_j x_k^0+v_i^h+v_i^L+v_i^d)\,\mathrm{d}V-F_i\right]=0 \tag{6.17}$$

$$\iiint_{V_B}\rho_B\left[\frac{\mathrm{d}}{\mathrm{d}t}\left[e_{ijk}(v_j^c+e_{jlm}\omega_l x_{Bm}+v_{Bj}^d)u_{Bk}\right]+\frac{\mathrm{d}}{\mathrm{d}t}(e_{ijk}v_{Bj}^d x_{Bk})\right]\mathrm{d}V+M_{Bi}-$$
$$\frac{\mathrm{d}}{\mathrm{d}t}(J_{Bij}\omega_j)+\sum_{i=1}^{N}\iiint_{V}\rho\left[\frac{\mathrm{d}}{\mathrm{d}t}\left[e_{ijk}(v_j^c+e_{jlm}\omega_l x_m^0+v_j^h+v_j^L+v_j^d)\Delta_k\right]+\right.$$
$$\left.\frac{\mathrm{d}}{\mathrm{d}t}\left[e_{ijk}(v_j^c+e_{jlm}\omega_l x_m^0+v_j^h+v_j^L+v_j^d)x_k^0\right]\right]\mathrm{d}V=0 \tag{6.18}$$

$$-\rho_B\,\frac{\mathrm{d}}{\mathrm{d}t}(v_i^c+e_{ijk}\omega_j x_{Bk}+v_{Bi}^d)+(a_{ijkl}\varepsilon_{Bkl})_{,j}+f_i=0\quad(\text{在 } V_B \text{ 中}) \tag{6.19}$$

$$\sum_{i=1}^{N}-\rho\,\frac{\mathrm{d}}{\mathrm{d}t}(v_i^c+e_{ijk}\omega_j x_k^0+v_i^h+v_i^L+v_i^d)=0\,(\text{在 } V \text{ 中}) \tag{6.20}$$

$$\sum_{i=1}^{N}\left\{\iiint_{V}\rho\left[\frac{\mathrm{d}}{\mathrm{d}t}\left[e_{ijk}(v_j^c+e_{jlm}\omega_l x_m^0+v_j^h+v_j^L+v_j^d)L_k\right]+\right.\right.$$
$$\left.\left.\frac{\mathrm{d}}{\mathrm{d}t}\left[e_{ijk}(v_j^c+e_{jlm}\omega_l x_m^0+v_j^h+v_j^L+v_j^d)u_k\right]\right]\mathrm{d}V+M_i\right\}=0 \tag{6.21}$$

$$\sum_{i=1}^{N}\left[-\rho\,\frac{\mathrm{d}}{\mathrm{d}t}(v_i^c+e_{ijk}\omega_j x_k^0+v_i^h+v_i^L+v_i^d)+(a_{ijkl}\varepsilon_{kl})_{,j}+f_i\right]=0\quad(\text{在 } V \text{ 中}) \tag{6.22}$$

$$a_{ijkl}\varepsilon_{Bkl}n_j-T_i=0\quad(\text{在 } S_{B\sigma} \text{ 上}) \tag{6.23}$$

$$\sum_{i=1}^{N}(a_{ijkl}\varepsilon_{kl}n_j-T_i)=0\quad(\text{在 } S_\sigma \text{ 上}) \tag{6.24}$$

$$v_i^c-\frac{\mathrm{d}X_i^c}{\mathrm{d}t}=0 \tag{6.25}$$

$$\omega_i-\frac{\mathrm{d}\theta_i}{\mathrm{d}t}=0 \tag{6.26}$$

$$v_{Bi}^d-\frac{\mathrm{d}u_{Bi}}{\mathrm{d}t}=v_{Bi}^d-\left(\frac{\partial u_{Bi}}{\partial t}+e_{ijk}\,\frac{\mathrm{d}\theta_j}{\mathrm{d}t}u_{Bk}\right)=0 \tag{6.27}$$

$$\varepsilon_{Bij}-\frac{1}{2}u_{Bi,j}-\frac{1}{2}u_{Bj,i}=0 \tag{6.28}$$

$$v_i^h-\frac{\mathrm{d}\Delta_i}{\mathrm{d}t}=v_i^h-\left(\frac{\partial\Delta_i}{\partial t}+e_{ijk}\,\frac{\mathrm{d}\theta_j}{\mathrm{d}t}\Delta_k\right)=0 \tag{6.29}$$

$$v_i^L-\frac{\mathrm{d}L_i}{\mathrm{d}t}=v_i^L-\left(\frac{\partial L_i}{\partial t}+e_{ijk}\,\frac{\mathrm{d}(\theta_j+\beta_j)}{\mathrm{d}t}L_k\right)=0 \tag{6.30}$$

$$v_i^d-\frac{\mathrm{d}u_i}{\mathrm{d}t}=v_i^d-\left(\frac{\partial u_i}{\partial t}+e_{ijk}\,\frac{\mathrm{d}(\theta_j+\beta_j)}{\mathrm{d}t}u_k\right)=0 \tag{6.31}$$

$$\varepsilon_{ij}-\frac{1}{2}u_{i,j}-\frac{1}{2}u_{j,i}=0 \tag{6.32}$$

$$u_{Bi}-\bar{u}_{Bi}=0 \tag{6.33}$$

$$u_i-\bar{u}_i=0 \tag{6.34}$$

初值条件为

$$X_i^c\big|_{t=0}=X_i^c(0),\quad \frac{\mathrm{d}X_i^c}{\mathrm{d}t}\bigg|_{t=0}=\dot{X}_i^c(0) \tag{6.35}$$

$$\theta_i\big|_{t=0}=\theta_i(0),\quad \frac{\mathrm{d}\theta_i}{\mathrm{d}t}\bigg|_{t=0}=\dot{\theta}_i(0) \tag{6.36}$$

$$u_{Bi}\big|_{t=0}=u_{Bi}(0),\quad \frac{\mathrm{d}u_{Bi}}{\mathrm{d}t}\bigg|_{t=0}=\dot{u}_{Bi}(0) \tag{6.37}$$

$$\Delta_i\big|_{t=0}=\Delta_i(0),\quad \frac{\mathrm{d}\Delta_i}{\mathrm{d}t}\bigg|_{t=0}=\dot{\Delta}_i(0) \tag{6.38}$$

$$L_i\big|_{t=0}=L_i(0),\quad \frac{\mathrm{d}L_i}{\mathrm{d}t}\bigg|_{t=0}=\dot{L}_i(0) \tag{6.39}$$

$$u_i\big|_{t=0}=u_i(0),\quad \frac{\mathrm{d}u_i}{\mathrm{d}t}\bigg|_{t=0}=\dot{u}_i(0) \tag{6.40}$$

式中　ρ_B —— 根体 B 的质量密度；

ρ —— 附件 A_i 的质量密度；

V_B —— 根体 B 的体积；

V —— 附件 A_i 的体积；

$S_{B\sigma}$ —— 根体 B 的应力边界面；

S_σ —— 附件 A_i 的应力边界面；

F_{Bi} —— 作用于根体 B 的质心 C 点的外力主矢，包括附件对根体 B 在铰接点的约束力；

F_i —— 作用于附件 A_i 的外力主矢，简化中心为 C 点，包括根体 B 对附件在铰接点的反约束力；

M_{Bi} —— 作用于根体 B 的质心 C 点的外力主矩，包括附件对根体 B 在铰接点的约束力矩；

M_i —— 作用于附件 A_i 的外力主矩，简化中心为 C 点，包括根体 B 对附件在铰接点的反约束力矩；

f_i —— 作用于带有可伸展平动附件多柔体系统的体积力；

T_i —— 作用于带有可伸展平动附件多柔体系统的面积力；

ε_{Bij} —— 柔性根体 B 的应变；

ε_{ij} —— 附件 A_i 的应变；

a_{ijkl} —— 刚度系数；

n_j —— 表面法线方向数；

J_{Bij} —— 根体 B 对带有可伸展平动附件多柔体系统质心 C 的转动惯量；

v_i^c —— 把带有可伸展平动附件多柔体系统视为多刚体系统时质心 C 的速度

矢量；

v_{Bi}^d —— 柔性根体 B 变形时的速度；

v_i^h —— 柔性根体 B 在铰链 h_i 处的弹性速度；

v_i^L —— 可伸展平动附件 A_i 伸展绝对速度；

v_i^d —— 附件 A_i 变形时的速度；

ω_i —— 把带有可伸展平动附件多柔体系统视为多刚体系统时根体 B 转动角速度矢量；

$\bar{u}_{Bi}$ —— 根体 B 微元质量 dm 的边界位移；

$\bar{u}_i$ —— 附件 A_i 微元质量 dm 的边界位移；

“·” —— 空间坐标变量对时间 t 的导数。

6.2.3 拟变分原理

应用卷变积方法，按照广义力和广义位移的对应关系，将式(6.17) 卷乘 δX_i^c，将式(6.18) 卷乘 $\delta\theta_i$，将式(6.19) 卷乘 δu_{Bi}，将式(6.20) 分别卷乘 $\delta\Delta_i$、δL_i，将式(6.21) 卷乘 $\delta(\theta_i+\beta_i)$，将式(6.22) 卷乘 δu_i，将式(6.23) 卷乘 δu_{Bi}，将式(6.24) 卷乘 δu_i，并代数相加，可得

$$
\begin{aligned}
&\left\{-\iiint_{V_B}\rho_B\frac{\mathrm{d}}{\mathrm{d}t}(v_i^c+v_{Bi}^d)\,\mathrm{d}V+F_{Bi}-\sum_{i=1}^{N}\left[\iiint_{V}\rho\frac{\mathrm{d}}{\mathrm{d}t}(v_i^c+e_{ijk}\omega_j x_k^0+v_i^h+v_i^L+\right.\right.\\
&\left.\left.v_i^d)\,\mathrm{d}V-F_i\right]\right\}*\delta X_i^c+\left\{\iiint_{V_B}\rho_B\left[\frac{\mathrm{d}}{\mathrm{d}t}\left[e_{ijk}(v_j^c+e_{jlm}\omega_l x_{Bm}+v_{Bj}^d)u_{Bk}\right]+\right.\right.\\
&\left.\frac{\mathrm{d}}{\mathrm{d}t}(e_{ijk}v_{Bj}^d x_{Bk})\right]\mathrm{d}V+M_{Bi}-\frac{\mathrm{d}}{\mathrm{d}t}(J_{Bij}\omega_j)+\sum_{i=1}^{N}\iiint_{V}\rho\left[\frac{\mathrm{d}}{\mathrm{d}t}\left[e_{ijk}(v_j^c+e_{jlm}\omega_l x_m^0+\right.\right.\\
&\left.\left.\left.v_j^h+v_j^L+v_j^d)\Delta_k\right]+\frac{\mathrm{d}}{\mathrm{d}t}\left[e_{ijk}(v_j^c+e_{jlm}\omega_l x_m^0+v_j^h+v_j^L+v_j^d)x_k^0\right]\right]\mathrm{d}V\right\}*\delta\theta_i+\\
&\iiint_{V_B}\left[-\rho_B\frac{\mathrm{d}}{\mathrm{d}t}(v_i^c+e_{ijk}\omega_j x_{Bk}+v_{Bi}^d)+(a_{ijkl}\varepsilon_{Bkl})_{,j}+f_i\right]*\delta u_{Bi}\,\mathrm{d}V+\\
&\sum_{i=1}^{N}\iiint_{V}-\rho\frac{\mathrm{d}}{\mathrm{d}t}(v_i^c+e_{ijk}\omega_j x_k^0+v_i^h+v_i^L+v_i^d)*\delta\Delta_i\,\mathrm{d}V+\\
&\sum_{i=1}^{N}\iiint_{V}-\rho\frac{\mathrm{d}}{\mathrm{d}t}(v_i^c+e_{ijk}\omega_j x_k^0+v_i^h+v_i^L+v_i^d)*\delta L_i\,\mathrm{d}V+\\
&\sum_{i=1}^{N}\left\{\iiint_{V}\rho\left[\frac{\mathrm{d}}{\mathrm{d}t}\left[e_{ijk}(v_j^c+e_{jlm}\omega_l x_m^0+v_j^h+v_j^L+v_j^d)L_k\right]+\right.\right.\\
&\left.\left.\frac{\mathrm{d}}{\mathrm{d}t}\left[e_{ijk}(v_j^c+e_{jlm}\omega_l x_m^0+v_j^h+v_j^L+v_j^d)u_k\right]\right]\mathrm{d}V+M_i\right\}*\delta(\theta_i+\beta_i)+\\
&\sum_{i=1}^{N}\iiint_{V}\left[-\rho\frac{\mathrm{d}}{\mathrm{d}t}(v_i^c+e_{ijk}\omega_j x_k^0+v_i^h+v_i^L+v_i^d)+(a_{ijkl}\varepsilon_{kl})_{,j}+f_i\right]*\delta u_i\,\mathrm{d}V-\\
&\iint_{S_{B\sigma}}(a_{ijkl}\varepsilon_{Bkl}n_j-T_i)*\delta u_{Bi}\,\mathrm{d}S-\sum_{i=1}^{N}\iint_{S_\sigma}(a_{ijkl}\varepsilon_{kl}n_j-T_i)*\delta u_i\,\mathrm{d}S=0
\end{aligned}
\tag{6.41}
$$

应用 Laplace 变换中的卷积理论的分部积分公式，有

$$\iiint_{V_B}\rho_B \frac{\mathrm{d}}{\mathrm{d}t}(v_i^c + v_{Bi}^d) * \delta X_i^c \mathrm{d}V = \iiint_{V_B}\Big\{\rho_B(v_i^c + v_{Bi}^d) * \delta \frac{\mathrm{d}X_i^c}{\mathrm{d}t} - \rho_B[v_i^c(0) + v_{Bi}^d(0)]\delta X_i^c\Big\}\mathrm{d}V \tag{6.42}$$

$$\sum_{i=1}^N\iiint_V\rho \frac{\mathrm{d}}{\mathrm{d}t}(v_i^c + e_{ijk}\omega_j x_k^0 + v_i^h + v_i^L + v_i^d) * \delta X_i^c \mathrm{d}V = \sum_{i=1}^N\iiint_V\Big\{\rho(v_i^c + e_{ijk}\omega_j x_k^0 + v_i^h + v_i^L + v_i^d) * \delta\frac{\mathrm{d}X_i^c}{\mathrm{d}t} - \rho[v_i^c(0) + e_{ijk}\omega_j(0)x_k^0 + v_i^h(0) + v_i^L(0) + v_i^d(0)]\delta X_i^c\Big\}\mathrm{d}V \tag{6.43}$$

$$\iiint_{V_B}\rho_B \frac{\mathrm{d}}{\mathrm{d}t}[e_{ijk}(v_j^c + e_{jlm}\omega_l x_{Bm} + v_{Bj}^d)u_{Bk}] * \delta\theta_i \mathrm{d}V = \iiint_{V_B}\Big\{\rho_B e_{ijk}(v_j^c + e_{jlm}\omega_l x_{Bm} + v_{Bj}^d)u_{Bk} * \delta\frac{\mathrm{d}\theta_i}{\mathrm{d}t} - \rho_B e_{ijk}[v_j^c(0) + e_{jlm}\omega_l(0)x_{Bm} + v_{Bj}^d(0)]u_{Bk}(0)\delta\theta_i\Big\}\mathrm{d}V \tag{6.44}$$

$$\iiint_{V_B}\rho_B \frac{\mathrm{d}}{\mathrm{d}t}(e_{ijk}v_{Bj}^d x_{Bk}) * \delta\theta_i \mathrm{d}V = \iiint_{V_B}\Big[\rho_B(e_{ijk}v_{Bj}^d x_{Bk}) * \delta\frac{\mathrm{d}\theta_i}{\mathrm{d}t} - \rho_B e_{ijk}v_{Bj}^d(0)x_{Bk}\delta\theta_i\Big]\mathrm{d}V \tag{6.45}$$

$$\frac{\mathrm{d}}{\mathrm{d}t}(J_{Bij}\omega_j) * \delta\theta_i = J_{Bij}\omega_j * \delta\frac{\mathrm{d}\theta_i}{\mathrm{d}t} - J_{Bij}\omega_j(0)\delta\theta_i \tag{6.46}$$

$$\sum_{i=1}^N\iiint_V\rho \frac{\mathrm{d}}{\mathrm{d}t}[e_{ijk}(v_j^c + e_{jlm}\omega_l x_m^0 + v_j^h + v_j^L + v_j^d)\Delta_k] * \delta\theta_i \mathrm{d}V = \sum_{i=1}^N\iiint_V\Big\{\rho e_{ijk}(v_j^c + e_{jlm}\omega_l x_m^0 + v_j^h + v_j^L + v_j^d)\Delta_k * \delta\frac{\mathrm{d}\theta_i}{\mathrm{d}t} - \rho e_{ijk}[v_j^c(0) + e_{jlm}\omega_l(0)x_m^0 + v_j^h(0) + v_j^L(0) + v_j^d(0)]\Delta_k(0)\delta\theta_i\Big\}\mathrm{d}V \tag{6.47}$$

$$\sum_{i=1}^N\iiint_V\rho \frac{\mathrm{d}}{\mathrm{d}t}[e_{ijk}(v_j^c + e_{jlm}\omega_l x_m^0 + v_j^h + v_j^L + v_j^d)x_k^0] * \delta\theta_i \mathrm{d}V = \sum_{i=1}^N\iiint_V\Big\{\rho e_{ijk}(v_j^c + e_{jlm}\omega_l x_m^0 + v_j^h + v_j^L + v_j^d)x_k^0 * \delta\frac{\mathrm{d}\theta_i}{\mathrm{d}t} - \rho e_{ijk}[v_j^c(0) + e_{jlm}\omega_l(0)x_m^0 + v_j^h(0) + v_j^L(0) + v_j^d(0)]x_k^0\delta\theta_i\Big\}\mathrm{d}V \tag{6.48}$$

$$\iiint_{V_B}\rho_B \frac{\mathrm{d}}{\mathrm{d}t}(v_i^c + e_{ijk}\omega_j x_{Bk} + v_{Bi}^d) * \delta u_{Bi} \mathrm{d}V = \iiint_{V_B}\Big\{\rho_B(v_i^c + e_{ijk}\omega_j x_{Bk} + v_{Bi}^d) * \frac{\mathrm{d}}{\mathrm{d}t}(\delta u_{Bi}) - \rho_B[v_i^c(0) + e_{ijk}\omega_j(0)x_{Bk} + v_{Bi}^d(0)]\delta u_{Bi}\Big\}\mathrm{d}V \tag{6.49}$$

$$\sum_{i=1}^N\iiint_V\rho \frac{\mathrm{d}}{\mathrm{d}t}(v_i^c + e_{ijk}\omega_j x_k^0 + v_i^h + v_i^L + v_i^d) * \delta\Delta_i \mathrm{d}V = \sum_{i=1}^N\iiint_V\Big\{\rho(v_i^c + e_{ijk}\omega_j x_k^0 + v_i^h + v_i^L + v_i^d) * \frac{\mathrm{d}}{\mathrm{d}t}(\delta\Delta_i) - \rho[v_i^c(0) + e_{ijk}\omega_j(0)x_k^0 + v_i^h(0) + v_i^L(0) + v_i^d(0)]\delta\Delta_i\Big\}\mathrm{d}V \tag{6.50}$$

$$\sum_{i=1}^{N}\iiint_{V}\rho\ \frac{\mathrm{d}}{\mathrm{d}t}(v_i^c+e_{ijk}\omega_j x_k^0+v_i^h+v_i^L+v_i^d) * \delta L_i \mathrm{d}V=\sum_{i=1}^{N}\iiint_{V}\Big\{\rho(v_i^c+e_{ijk}\omega_j x_k^0+v_i^h+ v_i^L+v_i^d) * \frac{\mathrm{d}}{\mathrm{d}t}(\delta L_i)-\rho[v_i^c(0)+e_{ijk}\omega_j(0)x_k^0+v_i^h(0)+v_i^L(0)+v_i^d(0)]\delta L_i\Big\}\mathrm{d}V \tag{6.51}$$

$$\sum_{i=1}^{N}\iiint_{V}\rho\ \frac{\mathrm{d}}{\mathrm{d}t}[e_{ijk}(v_j^c+e_{jlm}\omega_l x_m^0+v_j^h+v_j^L+v_j^d)L_k] * \delta(\theta_i+\beta_i)\mathrm{d}V= \sum_{i=1}^{N}\iiint_{V}\Big\{\rho e_{ijk}(v_j^c+e_{jlm}\omega_l x_m^0+v_j^h+v_j^L+v_j^d)L_k * \delta\frac{\mathrm{d}(\theta_i+\beta_i)}{\mathrm{d}t}- \rho e_{ijk}[v_j^c(0)+e_{jlm}\omega_l(0)x_m^0+v_j^h(0)+v_j^L(0)+v_j^d(0)]L_k(0)\delta(\theta_i+\beta_i)\Big\}\mathrm{d}V \tag{6.52}$$

$$\sum_{i=1}^{N}\iiint_{V}\rho\ \frac{\mathrm{d}}{\mathrm{d}t}[e_{ijk}(v_j^c+e_{jlm}\omega_l x_m^0+v_j^h+v_j^L+v_j^d)u_k] * \delta(\theta_i+\beta_i)\mathrm{d}V=\sum_{i=1}^{N}\iiint_{V}\Big\{\rho e_{ijk}(v_j^c+ e_{jlm}\omega_l x_m^0+v_j^h+v_j^L+v_j^d)u_k * \delta\frac{\mathrm{d}(\theta_i+\beta_i)}{\mathrm{d}t}-\rho e_{ijk}[v_j^c(0)+e_{jlm}\omega_l(0)x_m^0+v_j^h(0)+ v_j^L(0)+v_j^d(0)]u_k(0)\delta(\theta_i+\beta_i)\Big\}\mathrm{d}V \tag{6.53}$$

$$\sum_{i=1}^{N}\iiint_{V}\rho\ \frac{\mathrm{d}}{\mathrm{d}t}(v_i^c+e_{ijk}\omega_j x_k^0+v_i^h+v_i^L+v_i^d) * \delta u_i \mathrm{d}V=\sum_{i=1}^{N}\iiint_{V}\Big\{\rho(v_i^c+e_{ijk}\omega_j x_k^0+v_i^h+ v_i^L+v_i^d) * \frac{\mathrm{d}}{\mathrm{d}t}(\delta u_i)-\rho[v_i^c(0)+e_{ijk}\omega_j(0)x_k^0+v_i^h(0)+v_i^L(0)+v_i^d(0)]\delta u_i\Big\}\mathrm{d}V \tag{6.54}$$

应用 Green 定理，有

$$\iiint_{V_B}(a_{ijkl}\varepsilon_{Bkl})_{,j} * \delta u_{Bi}\mathrm{d}V=\iint_{S_{B\sigma}+S_{Bu}}a_{ijkl}\varepsilon_{Bkl}n_j * \delta u_{Bi}\mathrm{d}S-\iiint_{V_B}a_{ijkl}\varepsilon_{Bkl} * \delta u_{Bi,j}\mathrm{d}V \tag{6.55}$$

$$\sum_{i=1}^{N}\iiint_{V}(a_{ijkl}\varepsilon_{kl})_{,j} * \delta u_i\mathrm{d}V=\sum_{i=1}^{N}\iint_{S_\sigma+S_u}a_{ijkl}\varepsilon_{kl}n_j * \delta u_i\mathrm{d}S-\sum_{i=1}^{N}\iiint_{V}a_{ijkl}\varepsilon_{kl} * \delta u_{i,j}\mathrm{d}V \tag{6.56}$$

将式(6.42)～(6.56)代入式(6.41)，可得

$$\iiint_{V_B}\Big\{-\rho_B(v_i^c+v_{Bi}^d) * \delta\frac{\mathrm{d}X_i^c}{\mathrm{d}t}+\rho_B[v_i^c(0)+v_{Bi}^d(0)]\delta X_i^c\Big\}\mathrm{d}V+F_{Bi} * \delta X_i^c- \sum_{i=1}^{N}\iiint_{V}\Big\{\rho(v_i^c+e_{ijk}\omega_j x_k^0+v_i^h+v_i^L+v_i^d) * \delta\frac{\mathrm{d}X_i^c}{\mathrm{d}t}- \rho[v_i^c(0)+e_{ijk}\omega_j(0)x_k^0+v_i^h(0)+v_i^L(0)+v_i^d(0)]\delta X_i^c\Big\}\mathrm{d}V+\sum_{i=1}^{N}F_i * \delta X_i^c+ \iiint_{V_B}\Big\{\rho_B e_{ijk}(v_j^c+e_{jlm}\omega_l x_{Bm}+v_{Bj}^d)u_{Bk} * \delta\frac{\mathrm{d}\theta_i}{\mathrm{d}t}- \rho_B e_{ijk}[v_j^c(0)+e_{jlm}\omega_l(0)x_{Bm}+v_{Bj}^d(0)]u_{Bk}(0)\delta\theta_i\Big\}\mathrm{d}V+$$

$$
\iiint_{V_B}\left[\rho_B(e_{ijk}v_{Bj}^{d}x_{Bk}) * \delta\frac{d\theta_i}{dt}-\rho_B e_{ijk}v_{Bj}^{d}(0)x_{Bk}\delta\theta_i\right]dV+
$$

$$
M_{Bi} * \delta\theta_i - J_{Bij}\omega_j * \delta\frac{d\theta_i}{dt}+J_{Bij}\omega_j(0)\delta\theta_i+
$$

$$
\sum_{i=1}^{N}\iiint_{V}\Big\{\rho e_{ijk}(v_j^c+e_{jlm}\omega_l x_m^0+v_j^h+v_j^L+v_j^d)\Delta_k * \delta\frac{d\theta_i}{dt}-
$$

$$
\rho e_{ijk}[v_j^c(0)+e_{jlm}\omega_l(0)x_m^0+v_j^h(0)+v_j^L(0)+v_j^d(0)]\Delta_k(0)\delta\theta_i\Big\}dV+
$$

$$
\sum_{i=1}^{N}\iiint_{V}\Big\{\rho e_{ijk}(v_j^c+e_{jlm}\omega_l x_m^0+v_j^h+v_j^L+v_j^d)x_k^0 * \delta\frac{d\theta_i}{dt}-
$$

$$
\rho e_{ijk}[v_j^c(0)+e_{jlm}\omega_l(0)x_m^0+v_j^h(0)+v_j^L(0)+v_j^d(0)]x_k^0\delta\theta_i\Big\}dV-
$$

$$
\iiint_{V_B}\Big\{\rho_B(v_i^c+e_{ijk}\omega_j x_{Bk}+v_{Bi}^d) * \frac{d}{dt}(\delta u_{Bi})-
$$

$$
\rho_B[v_i^c(0)+e_{ijk}\omega_j(0)x_{Bk}+v_{Bi}^d(0)]\delta u_{Bi}\Big\}dV+
$$

$$
\iint_{S_{B\sigma}+S_{Bu}} a_{ijkl}\varepsilon_{Bkl}n_j * \delta u_{Bi}dS-\iiint_{V_B}(a_{ijkl}\varepsilon_{Bkl} * \delta u_{Bi,j}-f_i * \delta u_{Bi})dV-
$$

$$
\sum_{i=1}^{N}\iiint_{V}\Big\{\rho(v_i^c+e_{ijk}\omega_j x_k^0+v_i^h+v_i^L+v_i^d) * \frac{d}{dt}(\delta\Delta_i)-
$$

$$
\rho[v_i^c(0)+e_{ijk}\omega_j(0)x_k^0+v_i^h(0)+v_i^L(0)+v_i^d(0)]\delta\Delta_i\Big\}dV-
$$

$$
\sum_{i=1}^{N}\iiint_{V}\Big\{\rho(v_i^c+e_{ijk}\omega_j x_k^0+v_i^h+v_i^L+v_i^d) * \frac{d}{dt}(\delta L_i)-
$$

$$
\rho[v_i^c(0)+e_{ijk}\omega_j(0)x_k^0+v_i^h(0)+v_i^L(0)+v_i^d(0)]\delta L_i\Big\}dV+
$$

$$
\sum_{i=1}^{N}\iiint_{V}\Big\{\rho e_{ijk}(v_j^c+e_{jlm}\omega_l x_m^0+v_j^h+v_j^L+v_j^d)L_k * \delta\frac{d(\theta_i+\beta_i)}{dt}-
$$

$$
\rho e_{ijk}[v_j^c(0)+e_{jlm}\omega_l(0)x_m^0+v_j^h(0)+v_j^L(0)+v_j^d(0)]L_k(0)\delta(\theta_i+\beta_i)\Big\}dV+
$$

$$
\sum_{i=1}^{N}\iiint_{V}\Big\{\rho e_{ijk}(v_j^c+e_{jlm}\omega_l x_m^0+v_j^h+v_j^L+v_j^d)u_k * \delta\frac{d(\theta_i+\beta_i)}{dt}-
$$

$$
\rho e_{ijk}[v_j^c(0)+e_{jlm}\omega_l(0)x_m^0+v_j^h(0)+v_j^L(0)+v_j^d(0)]u_k(0)\delta(\theta_i+\beta_i)\Big\}dV+
$$

$$
\sum_{i=1}^{N}M_i * \delta(\theta_i+\beta_i)-\sum_{i=1}^{N}\iiint_{V}\Big\{\rho(v_i^c+e_{ijk}\omega_j x_k^0+v_i^h+v_i^L+v_i^d) * \frac{d}{dt}(\delta u_i)-
$$

$$
\rho[v_i^c(0)+e_{ijk}\omega_j(0)x_k^0+v_i^h(0)+v_i^L(0)+v_i^d(0)]\delta u_i\Big\}dV+
$$

$$
\sum_{i=1}^{N}\iint_{S_\sigma+S_u} a_{ijkl}\varepsilon_{kl}n_j * \delta u_i dS-\sum_{i=1}^{N}\iiint_{V}(a_{ijkl}\varepsilon_{kl} * \delta u_{i,j}-f_i * \delta u_i)dV-
$$

$$
\iint_{S_{B\sigma}}(a_{ijkl}\varepsilon_{Bkl}n_j-T_i) * \delta u_{Bi}dS-\sum_{i=1}^{N}\iint_{S_\sigma}(a_{ijkl}\varepsilon_{kl}n_j-T_i) * \delta u_i dS=0 \tag{6.57}
$$

将式(6.25) ~ (6.34) 代入式(6.57),并考虑到

$$\delta\frac{\mathrm{d}u_{Bi}}{\mathrm{d}t}=\delta\left(\frac{\partial u_{Bi}}{\partial t}+e_{ijk}\frac{\mathrm{d}\theta_j}{\mathrm{d}t}u_{Bk}\right)$$
$$=\frac{\partial}{\partial t}(\delta u_{Bi})+e_{ijk}\frac{\mathrm{d}\theta_j}{\mathrm{d}t}\delta u_{Bk}+e_{ijk}\delta\frac{\mathrm{d}\theta_j}{\mathrm{d}t}u_{Bk}$$
$$=\frac{\mathrm{d}}{\mathrm{d}t}(\delta u_{Bi})+e_{ijk}u_{Bk}\delta\frac{\mathrm{d}\theta_j}{\mathrm{d}t} \tag{6.58}$$

$$\delta\frac{\mathrm{d}\Delta_i}{\mathrm{d}t}=\delta\left(\frac{\partial \Delta_i}{\partial t}+e_{ijk}\frac{\mathrm{d}\theta_j}{\mathrm{d}t}\Delta_k\right)$$
$$=\frac{\partial}{\partial t}(\delta \Delta_i)+e_{ijk}\frac{\mathrm{d}\theta_j}{\mathrm{d}t}\delta \Delta_k+e_{ijk}\delta\frac{\mathrm{d}\theta_j}{\mathrm{d}t}\Delta_k$$
$$=\frac{\mathrm{d}}{\mathrm{d}t}(\delta \Delta_i)+e_{ijk}\Delta_k\delta\frac{\mathrm{d}\theta_j}{\mathrm{d}t} \tag{6.59}$$

$$\delta\frac{\mathrm{d}L_i}{\mathrm{d}t}=\delta\left(\frac{\partial L_i}{\partial t}+e_{ijk}\frac{\mathrm{d}(\theta_j+\beta_j)}{\mathrm{d}t}L_k\right)$$
$$=\frac{\partial}{\partial t}(\delta L_i)+e_{ijk}\frac{\mathrm{d}(\theta_j+\beta_j)}{\mathrm{d}t}\delta L_k+e_{ijk}\delta\frac{\mathrm{d}(\theta_j+\beta_j)}{\mathrm{d}t}L_k$$
$$=\frac{\mathrm{d}}{\mathrm{d}t}(\delta L_i)+e_{ijk}L_k\delta\frac{\mathrm{d}(\theta_j+\beta_j)}{\mathrm{d}t} \tag{6.60}$$

$$\delta\frac{\mathrm{d}u_i}{\mathrm{d}t}=\delta\left(\frac{\partial u_i}{\partial t}+e_{ijk}\frac{\mathrm{d}(\theta_j+\beta_j)}{\mathrm{d}t}u_k\right)$$
$$=\frac{\partial}{\partial t}(\delta u_i)+e_{ijk}\frac{\mathrm{d}(\theta_j+\beta_j)}{\mathrm{d}t}\delta u_k+e_{ijk}\delta\frac{\mathrm{d}(\theta_j+\beta_j)}{\mathrm{d}t}u_k$$
$$=\frac{\mathrm{d}}{\mathrm{d}t}(\delta u_i)+e_{ijk}u_k\delta\frac{\mathrm{d}(\theta_j+\beta_j)}{\mathrm{d}t} \tag{6.61}$$

可得

$$\iiint_{V_B}\left\{-\rho_B(v_i^c+v_{Bi}^d)*\delta v_i^c+\rho_B\left[v_i^c(0)+v_{Bi}^d(0)\right]\delta X_i^c\right\}\mathrm{d}V+F_{Bi}*\delta X_i^c-$$
$$\sum_{i=1}^{N}\iiint_{V}\left\{\rho\,(v_i^c+e_{ijk}\omega_j x_k^0+v_i^h+v_i^L+v_i^d)*\delta v_i^c-\right.$$
$$\left.\rho\left[v_i^c(0)+e_{ijk}\omega_j(0)x_k^0+v_i^h(0)+v_i^L(0)+v_i^d(0)\right]\delta X_i^c\right\}\mathrm{d}V+\sum_{i=1}^{N}F_i*\delta X_i^c+$$
$$\iiint_{V_B}\left\{-\rho_B e_{ijk}\left[v_j^c(0)+e_{jlm}\omega_l(0)x_{Bm}+v_{Bj}^d(0)\right]u_{Bk}(0)\delta\theta_i\right\}\mathrm{d}V+$$
$$\iiint_{V_B}\left[\rho_B(e_{ijk}v_{Bj}^d x_{Bk})*\delta\omega_i-\rho_B e_{ijk}v_{Bj}^d(0)x_{Bk}\delta\theta_i\right]\mathrm{d}V+$$
$$M_{Bi}*\delta\theta_i-J_{Bij}\omega_j*\delta\omega_i+J_{Bij}\omega_j(0)\delta\theta_i+$$
$$\sum_{i=1}^{N}\iiint_{V}\left\{-\rho e_{ijk}\left[v_j^c(0)+e_{jlm}\omega_l(0)x_m^0+v_j^h(0)+v_j^L(0)+v_j^d(0)\right]\Delta_k(0)\delta\theta_i\right\}\mathrm{d}V+$$
$$\sum_{i=1}^{N}\iiint_{V}\left\{\rho e_{ijk}(v_j^c+e_{jlm}\omega_l x_m^0+v_j^h+v_j^L+v_j^d)x_k^0*\delta\omega_i-\right.$$

$$\rho e_{ijk}\left[v_j^c(0)+e_{jlm}\omega_l(0)x_m^0+v_j^h(0)+v_j^L(0)+v_j^d(0)\right]x_k^0\delta\theta_i\Big\}\mathrm{d}V-$$

$$\iiint_{V_B}\Big\{\rho_B(v_i^c+e_{ijk}\omega_j x_{Bk}+v_{Bi}^d)*\delta v_{Bi}^d-$$

$$\rho_B\left[v_i^c(0)+e_{ijk}\omega_j(0)x_{Bk}+v_{Bi}^d(0)\right]\delta u_{Bi}\Big\}\mathrm{d}V-$$

$$\iiint_{V_B}(a_{ijkl}\varepsilon_{Bkl}*\delta\varepsilon_{Bij}-f_i*\delta u_{Bi})\mathrm{d}V-$$

$$\sum_{i=1}^{N}\iiint_{V}\Big\{\rho(v_i^c+e_{ijk}\omega_j x_k^0+v_i^h+v_i^L+v_i^d)*\delta v_i^h-$$

$$\rho\left[v_i^c(0)+e_{ijk}\omega_j(0)x_k^0+v_i^h(0)+v_i^L(0)+v_i^d(0)\right]\delta\Delta_i\Big\}\mathrm{d}V-$$

$$\sum_{i=1}^{N}\iiint_{V}\Big\{\rho(v_i^c+e_{ijk}\omega_j x_k^0+v_i^h+v_i^L+v_i^d)*\delta v_i^L-$$

$$\rho\left[v_i^c(0)+e_{ijk}\omega_j(0)x_k^0+v_i^h(0)+v_i^L(0)+v_i^d(0)\right]\delta L_i\Big\}\mathrm{d}V+$$

$$\sum_{i=1}^{N}\iiint_{V}\Big\{-\rho e_{ijk}\left[v_j^c(0)+e_{jlm}\omega_l(0)x_m^0+v_j^h(0)+v_j^L(0)+\right.$$

$$\left.v_j^d(0)\right]L_k(0)\delta(\theta_i+\beta_i)\Big\}\mathrm{d}V+\sum_{i=1}^{N}\iiint_{V}\Big\{-\rho e_{ijk}\left[v_j^c(0)+e_{jlm}\omega_l(0)x_m^0+\right.$$

$$\left.v_j^h(0)+v_j^L(0)+v_j^d(0)\right]u_k(0)\delta(\theta_i+\beta_i)\Big\}\mathrm{d}V+\sum_{i=1}^{N}M_i*\delta(\theta_i+\beta_i)-$$

$$\sum_{i=1}^{N}\iiint_{V}\Big\{\rho(v_i^c+e_{ijk}\omega_j x_k^0+v_i^h+v_i^L+v_i^d)*\delta v_i^d-$$

$$\rho\left[v_i^c(0)+e_{ijk}\omega_j(0)x_k^0+v_i^h(0)+v_i^L(0)+v_i^d(0)\right]\delta u_i\Big\}\mathrm{d}V-$$

$$\sum_{i=1}^{N}\iiint_{V}(a_{ijkl}\varepsilon_{kl}*\delta\varepsilon_{ij}-f_i*\delta u_i)\mathrm{d}V+\iint_{S_{B\sigma}}T_i*\delta u_{Bi}\mathrm{d}S+\sum_{i=1}^{N}\iint_{S_\sigma}T_i*\delta u_i\mathrm{d}S=0 \tag{6.62}$$

式(6.62)可以进一步表示为

$$\delta\Big\{\iiint_{V_B}\Big[-\frac{1}{2}\rho_B v_i^c*v_i^c-\rho_B(v_i^c+e_{ijk}\omega_j x_{Bk})*v_{Bi}^d-\frac{1}{2}\rho_B v_{Bi}^d*v_{Bi}^d+$$

$$\rho_B\left[v_i^c(0)+v_{Bi}^d(0)\right]X_i^c+\rho_B\left[v_i^c(0)+e_{ijk}\omega_j(0)x_{Bk}+v_{Bi}^d(0)\right]u_{Bi}-$$

$$\rho_B e_{ijk}\left[v_j^c(0)+e_{jlm}\omega_l(0)x_{Bm}+v_{Bj}^d(0)\right]u_{Bk}(0)\theta_i-\rho_B e_{ijk}v_{Bj}^d(0)x_{Bk}\theta_i\Big]\mathrm{d}V+$$

$$F_{Bi}*X_i^c+M_{Bi}*\theta_i-\frac{1}{2}J_{Bij}\omega_j*\omega_i+J_{Bij}\omega_j(0)\theta_i-$$

$$\iiint_{V_B}\Big(\frac{1}{2}a_{ijkl}\varepsilon_{Bij}*\varepsilon_{Bkl}-f_i*u_{Bi}\Big)\mathrm{d}V+\iint_{S_{B\sigma}}T_i*u_{Bi}\mathrm{d}S\Big\}-$$

$$X_i^c*\delta F_{Bi}-\theta_i*\delta M_{Bi}-\iiint_{V_B}u_{Bi}*\delta f_i\mathrm{d}V-\iint_{S_{B\sigma}}u_{Bi}*\delta T_i\mathrm{d}S+$$

$$\delta\Big\{\sum_{i=1}^{N}\iiint_{V}\Big\{-\frac{1}{2}\rho v_i^c * v_i^c-\frac{1}{2}\rho v_i^h * v_i^h-\frac{1}{2}\rho v_i^L * v_i^L-\frac{1}{2}\rho v_i^d * v_i^d-$$

$$\rho(e_{ijk}\omega_j x_k^0+v_i^h+v_i^L+v_i^d) * v_i^c-\rho(e_{ijk}\omega_j x_k^0+v_i^L+v_i^d) * v_i^h-$$

$$\rho(e_{ijk}\omega_j x_k^0+v_i^d) * v_i^L-\rho e_{ijk}\omega_j x_k^0 * v_i^d+\frac{1}{2}\rho e_{ijk}e_{jlm}x_m^0 x_k^0\omega_l * \omega_i+$$

$$\rho[v_i^c(0)+e_{ijk}\omega_j(0)x_k^0+v_i^h(0)+v_i^L(0)+v_i^d(0)](X_i^c+u_i)-$$

$$\rho e_{ijk}[v_j^c(0)+e_{jlm}\omega_l(0)x_m^0+v_j^h(0)+v_j^L(0)+v_j^d(0)][\Delta_k(0)+x_k^0]\theta_i+$$

$$\rho[v_i^c(0)+e_{ijk}\omega_j(0)x_k^0+v_i^h(0)+v_i^L(0)+v_i^d(0)](\Delta_i+L_i)-$$

$$\rho e_{ijk}[v_j^c(0)+e_{jlm}\omega_l(0)x_m^0+v_j^h(0)+v_j^L(0)+$$

$$v_j^d(0)][L_k(0)+u_k(0)](\theta_i+\beta_i)\Big\}\mathrm{d}V+\sum_{i=1}^{N}F_i * X_i^c+\sum_{i=1}^{N}M_i *(\theta_i+\beta_i)-$$

$$\sum_{i=1}^{N}\iiint_{V}\Big(\frac{1}{2}a_{ijkl}\varepsilon_{ij} * \varepsilon_{kl}-f_i * u_i\Big)\mathrm{d}V+\sum_{i=1}^{N}\iint_{S_\sigma}T_i * u_i\mathrm{d}S\Big\}-\sum_{i=1}^{N}X_i^c * \delta F_i-$$

$$\sum_{i=1}^{N}(\theta_i+\beta_i) * \delta M_i-\sum_{i=1}^{N}\iiint_{V}u_i * \delta f_i\mathrm{d}V-\sum_{i=1}^{N}\iint_{S_\sigma}u_i * \delta T_i\mathrm{d}S=0 \tag{6.63}$$

简记为

$$\begin{aligned}&\delta\Pi_H-\delta Q_H=0\\&\Pi_H=\Pi_{BH}+\sum_{i=1}^{N}\Pi_{Hi}\\&\delta Q_H=\delta Q_{BH}+\sum_{i=1}^{N}\delta Q_{Hi}\end{aligned} \tag{6.64}$$

式中

$$\Pi_{BH}=\iiint_{V_B}\Big\{-\frac{1}{2}\rho_B v_i^c * v_i^c-\rho_B(v_i^c+e_{ijk}\omega_j x_{Bk}) * v_{Bi}^d-\frac{1}{2}\rho_B v_{Bi}^d * v_{Bi}^d+$$

$$\rho_B[v_i^c(0)+v_{Bi}^d(0)]X_i^c+\rho_B[v_i^c(0)+e_{ijk}\omega_j(0)x_{Bk}+v_{Bi}^d(0)]u_{Bi}-$$

$$\rho_B e_{ijk}[v_j^c(0)+e_{jlm}\omega_l(0)x_{Bm}+v_{Bj}^d(0)]u_{Bk}(0)\theta_i-\rho_B e_{ijk}v_{Bj}^d(0)x_{Bk}\theta_i\Big\}\mathrm{d}V+$$

$$F_{Bi} * X_i^c+M_{Bi} * \theta_i-\frac{1}{2}J_{Bij}\omega_j * \omega_i+J_{Bij}\omega_j(0)\theta_i-\pi_B$$

$$\pi_B=\iiint_{V_B}\Big(\frac{1}{2}a_{ijkl}\varepsilon_{Bij} * \varepsilon_{Bkl}-f_i * u_{Bi}\Big)\mathrm{d}V-\iint_{S_{B\sigma}}T_i * u_{Bi}\mathrm{d}S$$

$$\delta Q_{BH}=X_i^c * \delta F_{Bi}+\theta_i * \delta M_{Bi}+\iiint_{V_B}u_{Bi} * \delta f_i\mathrm{d}V+\iint_{S_{B\sigma}}u_{Bi} * \delta T_i\mathrm{d}S$$

$$\Pi_{Hi}=\iiint_{V}\Big\{-\frac{1}{2}\rho v_i^c * v_i^c-\frac{1}{2}\rho v_i^h * v_i^h-\frac{1}{2}\rho v_i^L * v_i^L-\frac{1}{2}\rho v_i^d * v_i^d-$$

$$\rho(e_{ijk}\omega_j x_k^0+v_i^h+v_i^L+v_i^d) * v_i^c-\rho(e_{ijk}\omega_j x_k^0+v_i^L+v_i^d) * v_i^h-$$

$$\rho(e_{ijk}\omega_j x_k^0+v_i^d) * v_i^L-\rho e_{ijk}\omega_j x_k^0 * v_i^d+\frac{1}{2}\rho e_{ijk}e_{jlm}x_m^0 x_k^0\omega_l * \omega_i+$$

$$\rho[v_i^c(0)+e_{ijk}\omega_j(0)x_k^0+v_i^h(0)+v_i^L(0)+v_i^d(0)](X_i^c+u_i)-$$

$$\rho e_{ijk}\left[v_j^c(0)+e_{jlm}\omega_l(0)x_m^0+v_j^h(0)+v_j^L(0)+v_j^d(0)\right]\left[\Delta_k(0)+x_k^0\right]\theta_i+$$
$$\rho\left[v_i^c(0)+e_{ijk}\omega_j(0)x_k^0+v_i^h(0)+v_i^L(0)+v_i^d(0)\right](\Delta_i+L_i)-$$
$$\rho e_{ijk}\left[v_j^c(0)+e_{jlm}\omega_l(0)x_m^0+v_j^h(0)+v_j^L(0)+v_j^d(0)\right]\left[L_k(0)+\right.$$
$$\left.u_k(0)\right](\theta_i+\beta_i)\Big\}\mathrm{d}V+F_i*X_i^c+M_i*(\theta_i+\beta_i)-\pi$$

$$\pi=\iiint_V\left(\frac{1}{2}a_{ijkl}\varepsilon_{ij}*\varepsilon_{kl}-f_i*u_i\right)\mathrm{d}V-\iint_{S_\sigma}T_i*u_i\mathrm{d}S$$

$$\delta Q_{Hi}=X_i^c*\delta F_i+(\theta_i+\beta_i)*\delta M_i+\iiint_V u_i*\delta f_i\mathrm{d}V+\iint_{S_\sigma}u_i*\delta T_i\mathrm{d}S$$

其先决条件为式(6.25)～(6.34)，即

$$v_i^c-\frac{\mathrm{d}X_i^c}{\mathrm{d}t}=0$$

$$\omega_i-\frac{\mathrm{d}\theta_i}{\mathrm{d}t}=0$$

$$v_{Bi}^d-\frac{\mathrm{d}u_{Bi}}{\mathrm{d}t}=v_{Bi}^d-\left(\frac{\partial u_{Bi}}{\partial t}+e_{ijk}\frac{\mathrm{d}\theta_j}{\mathrm{d}t}u_{Bk}\right)=0$$

$$\varepsilon_{Bij}-\frac{1}{2}u_{Bi,j}-\frac{1}{2}u_{Bj,i}=0$$

$$v_i^h-\frac{\mathrm{d}\Delta_i}{\mathrm{d}t}=v_i^h-\left(\frac{\partial\Delta_i}{\partial t}+e_{ijk}\frac{\mathrm{d}\theta_j}{\mathrm{d}t}\Delta_k\right)=0$$

$$v_i^L-\frac{\mathrm{d}L_i}{\mathrm{d}t}=v_i^L-\left(\frac{\partial L_i}{\partial t}+e_{ijk}\frac{\mathrm{d}(\theta_j+\beta_j)}{\mathrm{d}t}L_k\right)=0$$

$$v_i^d-\frac{\mathrm{d}u_i}{\mathrm{d}t}=v_i^d-\left(\frac{\partial u_i}{\partial t}+e_{ijk}\frac{\mathrm{d}(\theta_j+\beta_j)}{\mathrm{d}t}u_k\right)=0$$

$$\varepsilon_{ij}-\frac{1}{2}u_{i,j}-\frac{1}{2}u_{j,i}=0$$

$$u_{Bi}-\bar{u}_{Bi}=0$$

$$u_i-\bar{u}_i=0$$

式(6.64)即为带有可伸展平动附件多柔体系统动力学初值问题拟变分原理。其先决条件式(6.25)～(6.27)、式(6.29)～(6.31)为运动学条件，式(6.28)、式(6.32)为几何(或连续性)条件，式(6.33)、式(6.34)为位移边界条件。

6.2.4　拟驻值条件

本节将具体研究如何推导带有可伸展平动附件多柔体系统动力学初值问题拟变分原理的拟驻值条件。并以此为例，给出推导方法。

这里，将式(6.64)写成展开形式，可得式(6.63)，即

$$\delta\Big\{\iiint_{V_B}\Big[-\frac{1}{2}\rho_B v_i^c*v_i^c-\rho_B(v_i^c+e_{ijk}\omega_j x_{Bk})*v_{Bi}^d-\frac{1}{2}\rho_B v_{Bi}^d*v_{Bi}^d+$$
$$\rho_B\left[v_i^c(0)+v_{Bi}^d(0)\right]X_i^c+\rho_B\left[v_i^c(0)+e_{ijk}\omega_j(0)x_{Bk}+v_{Bi}^d(0)\right]u_{Bi}-$$
$$\rho_B e_{ijk}\left[v_j^c(0)+e_{jlm}\omega_l(0)x_{Bm}+v_{Bj}^d(0)\right]u_{Bk}(0)\theta_i-\rho_B e_{ijk}v_{Bj}^d(0)x_{Bk}\theta_i\Big]\mathrm{d}V+$$

$$F_{Bi} * X_i^c + M_{Bi} * \theta_i - \frac{1}{2} J_{Bij}\omega_j * \omega_i + J_{Bij}\omega_j(0)\theta_i -$$

$$\iiint_{V_B} \left(\frac{1}{2} a_{ijkl}\varepsilon_{Bij} * \varepsilon_{Bkl} - f_i * u_{Bi} \right) dV + \iint_{S_{B\sigma}} T_i * u_{Bi} dS \Big\} -$$

$$X_i^c * \delta F_{Bi} - \theta_i * \delta M_{Bi} - \iiint_{V_B} u_{Bi} * \delta f_i dV - \iint_{S_{B\sigma}} u_{Bi} * \delta T_i dS +$$

$$\delta \Big\{ \sum_{i=1}^{N} \iiint_{V} \Big\{ -\frac{1}{2}\rho v_i^c * v_i^c - \frac{1}{2}\rho v_i^h * v_i^h - \frac{1}{2}\rho v_i^L * v_i^L - \frac{1}{2}\rho v_i^d * v_i^d -$$

$$\rho(e_{ijk}\omega_j x_k^0 + v_i^h + v_i^L + v_i^d) * v_i^c - \rho(e_{ijk}\omega_j x_k^0 + v_i^L + v_i^d) * v_i^h -$$

$$\rho(e_{ijk}\omega_j x_k^0 + v_i^d) * v_i^L - \rho e_{ijk}\omega_j x_k^0 * v_i^d + \frac{1}{2}\rho e_{ijk} e_{jlm} x_m^0 x_k^0 \omega_l * \omega_i +$$

$$\rho[v_i^c(0) + e_{ijk}\omega_j(0)x_k^0 + v_i^h(0) + v_i^L(0) + v_i^d(0)](X_i^c + u_i) -$$

$$\rho e_{ijk}[v_j^c(0) + e_{jlm}\omega_l(0)x_m^0 + v_j^h(0) + v_j^L(0) + v_j^d(0)][\Delta_k(0) + x_k^0]\theta_i +$$

$$\rho[v_i^c(0) + e_{ijk}\omega_j(0)x_k^0 + v_i^h(0) + v_i^L(0) + v_i^d(0)](\Delta_i + L_i) -$$

$$\rho e_{ijk}[v_j^c(0) + e_{jlm}\omega_l(0)x_m^0 + v_j^h(0) + v_j^L(0) +$$

$$v_j^d(0)][L_k(0) + u_k(0)](\theta_i + \beta_i) \Big\} dV + \sum_{i=1}^{N} F_i * X_i^c + \sum_{i=1}^{N} M_i * (\theta_i + \beta_i) -$$

$$\sum_{i=1}^{N} \iiint_{V} \left(\frac{1}{2} a_{ijkl}\varepsilon_{ij} * \varepsilon_{kl} - f_i * u_i \right) dV + \sum_{i=1}^{N} \iint_{S_\sigma} T_i * u_i dS \Big\} - \sum_{i=1}^{N} X_i^c * \delta F_i -$$

$$\sum_{i=1}^{N} (\theta_i + \beta_i) * \delta M_i - \sum_{i=1}^{N} \iiint_{V} u_i * \delta f_i dV - \sum_{i=1}^{N} \iint_{S_\sigma} u_i * \delta T_i dS = 0$$

上式可以进一步表示为式(6.62),即

$$\iiint_{V_B} \Big\{ -\rho_B(v_i^c + v_{Bi}^d) * \delta v_i^c + \rho_B[v_i^c(0) + v_{Bi}^d(0)]\delta X_i^c \Big\} dV + F_{Bi} * \delta X_i^c -$$

$$\sum_{i=1}^{N} \iiint_{V} \Big\{ \rho(v_i^c + e_{ijk}\omega_j x_k^0 + v_i^h + v_i^L + v_i^d) * \delta v_i^c -$$

$$\rho[v_i^c(0) + e_{ijk}\omega_j(0)x_k^0 + v_i^h(0) + v_i^L(0) + v_i^d(0)]\delta X_i^c \Big\} dV + \sum_{i=1}^{N} F_i * \delta X_i^c +$$

$$\iiint_{V_B} \Big\{ -\rho_B e_{ijk}[v_j^c(0) + e_{jlm}\omega_l(0)x_{Bm} + v_{Bj}^d(0)]u_{Bk}(0)\delta\theta_i \Big\} dV +$$

$$\iiint_{V_B} [\rho_B(e_{ijk}v_{Bj}^d x_{Bk}) * \delta\omega_i - \rho_B e_{ijk} v_{Bj}^d(0) x_{Bk}\delta\theta_i] dV +$$

$$M_{Bi} * \delta\theta_i - J_{Bij}\omega_j * \delta\omega_i + J_{Bij}\omega_j(0)\delta\theta_i +$$

$$\sum_{i=1}^{N} \iiint_{V} \Big\{ -\rho e_{ijk}[v_j^c(0) + e_{jlm}\omega_l(0)x_m^0 + v_j^h(0) + v_j^L(0) + v_j^d(0)]\Delta_k(0)\delta\theta_i \Big\} dV +$$

$$\sum_{i=1}^{N} \iiint_{V} \Big\{ \rho e_{ijk}(v_j^c + e_{jlm}\omega_l x_m^0 + v_j^h + v_j^L + v_j^d)x_k^0 * \delta\omega_i -$$

$$\rho e_{ijk}[v_j^c(0) + e_{jlm}\omega_l(0)x_m^0 + v_j^h(0) + v_j^L(0) + v_j^d(0)]x_k^0\delta\theta_i \Big\} dV -$$

$$
\iiint_{V_B}\Big\{\rho_B(v_i^c+e_{ijk}\omega_j x_{Bk}+v_{Bi}^d)*\delta v_{Bi}^d-
$$

$$
\rho_B[v_i^c(0)+e_{ijk}\omega_j(0)x_{Bk}+v_{Bi}^d(0)]\delta u_{Bi}\Big\}\mathrm{d}V-
$$

$$
\iiint_{V_B}(a_{ijkl}\varepsilon_{Bkl}*\delta\varepsilon_{Bij}-f_i*\delta u_{Bi})\mathrm{d}V-
$$

$$
\sum_{i=1}^{N}\iiint_{V}\Big\{\rho(v_i^c+e_{ijk}\omega_j x_k^0+v_i^h+v_i^L+v_i^d)*\delta v_i^h-
$$

$$
\rho[v_i^c(0)+e_{ijk}\omega_j(0)x_k^0+v_i^h(0)+v_i^L(0)+v_i^d(0)]\delta\Delta_i\Big\}\mathrm{d}V-
$$

$$
\sum_{i=1}^{N}\iiint_{V}\Big\{\rho(v_i^c+e_{ijk}\omega_j x_k^0+v_i^h+v_i^L+v_i^d)*\delta v_i^L-
$$

$$
\rho[v_i^c(0)+e_{ijk}\omega_j(0)x_k^0+v_i^h(0)+v_i^L(0)+v_i^d(0)]\delta L_i\Big\}\mathrm{d}V+
$$

$$
\sum_{i=1}^{N}\iiint_{V}\Big\{-\rho e_{ijk}[v_j^c(0)+e_{jlm}\omega_l(0)x_m^0+v_j^h(0)+v_j^L(0)+
$$

$$
v_j^d(0)]L_k(0)\delta(\theta_i+\beta_i)\Big\}\mathrm{d}V+\sum_{i=1}^{N}\iiint_{V}\Big\{-\rho e_{ijk}[v_j^c(0)+e_{jlm}\omega_l(0)x_m^0+
$$

$$
v_j^h(0)+v_j^L(0)+v_j^d(0)]u_k(0)\delta(\theta_i+\beta_i)\Big\}\mathrm{d}V+\sum_{i=1}^{N}M_i*\delta(\theta_i+\beta_i)-
$$

$$
\sum_{i=1}^{N}\iiint_{V}\Big\{\rho(v_i^c+e_{ijk}\omega_j x_k^0+v_i^h+v_i^L+v_i^d)*\delta v_i^d-
$$

$$
\rho[v_i^c(0)+e_{ijk}\omega_j(0)x_k^0+v_i^h(0)+v_i^L(0)+v_i^d(0)]\delta u_i\Big\}\mathrm{d}V-
$$

$$
\sum_{i=1}^{N}\iiint_{V}(a_{ijkl}\varepsilon_{kl}*\delta\varepsilon_{ij}-f_i*\delta u_i)\mathrm{d}V+\iint_{S_{B\sigma}}T_i*\delta u_{Bi}\mathrm{d}S+\sum_{i=1}^{N}\iint_{S_\sigma}T_i*\delta u_i\mathrm{d}S=0
$$

将先决条件式(6.25)～(6.34)代入式(6.62),并考虑到式(6.61)～(6.58),即

$$
\begin{aligned}
\delta\frac{\mathrm{d}u_i}{\mathrm{d}t}&=\delta\left(\frac{\partial u_i}{\partial t}+e_{ijk}\frac{\mathrm{d}(\theta_j+\beta_j)}{\mathrm{d}t}u_k\right)\\
&=\frac{\partial}{\partial t}(\delta u_i)+e_{ijk}\frac{\mathrm{d}(\theta_j+\beta_j)}{\mathrm{d}t}\delta u_k+e_{ijk}\delta\frac{\mathrm{d}(\theta_j+\beta_j)}{\mathrm{d}t}u_k\\
&=\frac{\mathrm{d}}{\mathrm{d}t}(\delta u_i)+e_{ijk}u_k\delta\frac{\mathrm{d}(\theta_j+\beta_j)}{\mathrm{d}t}
\end{aligned}
$$

$$
\begin{aligned}
\delta\frac{\mathrm{d}L_i}{\mathrm{d}t}&=\delta\left(\frac{\partial L_i}{\partial t}+e_{ijk}\frac{\mathrm{d}(\theta_j+\beta_j)}{\mathrm{d}t}L_k\right)\\
&=\frac{\partial}{\partial t}(\delta L_i)+e_{ijk}\frac{\mathrm{d}(\theta_j+\beta_j)}{\mathrm{d}t}\delta L_k+e_{ijk}\delta\frac{\mathrm{d}(\theta_j+\beta_j)}{\mathrm{d}t}L_k\\
&=\frac{\mathrm{d}}{\mathrm{d}t}(\delta L_i)+e_{ijk}L_k\delta\frac{\mathrm{d}(\theta_j+\beta_j)}{\mathrm{d}t}
\end{aligned}
$$

$$
\delta\frac{\mathrm{d}\Delta_i}{\mathrm{d}t}=\delta\left(\frac{\partial\Delta_i}{\partial t}+e_{ijk}\frac{\mathrm{d}\theta_j}{\mathrm{d}t}\Delta_k\right)
$$

$$=\frac{\partial}{\partial t}(\delta\Delta_i)+e_{ijk}\frac{\mathrm{d}\theta_j}{\mathrm{d}t}\delta\Delta_k+e_{ijk}\delta\frac{\mathrm{d}\theta_j}{\mathrm{d}t}\Delta_k$$

$$=\frac{\mathrm{d}}{\mathrm{d}t}(\delta\Delta_i)+e_{ijk}\Delta_k\delta\frac{\mathrm{d}\theta_j}{\mathrm{d}t}$$

$$\delta\frac{\mathrm{d}u_{Bi}}{\mathrm{d}t}=\delta\left(\frac{\partial u_{Bi}}{\partial t}+e_{ijk}\frac{\mathrm{d}\theta_j}{\mathrm{d}t}u_{Bk}\right)$$

$$=\frac{\partial}{\partial t}(\delta u_{Bi})+e_{ijk}\frac{\mathrm{d}\theta_j}{\mathrm{d}t}\delta u_{Bk}+e_{ijk}\delta\frac{\mathrm{d}\theta_j}{\mathrm{d}t}u_{Bk}$$

$$=\frac{\mathrm{d}}{\mathrm{d}t}(\delta u_{Bi})+e_{ijk}u_{Bk}\delta\frac{\mathrm{d}\theta_j}{\mathrm{d}t}$$

可得式(6.57),即

$$\iiint_{V_B}\left\{-\rho_B(v_i^c+v_{Bi}^d)*\delta\frac{\mathrm{d}X_i^c}{\mathrm{d}t}+\rho_B[v_i^c(0)+v_{Bi}^d(0)]\delta X_i^c\right\}\mathrm{d}V+F_{Bi}*\delta X_i^c-$$

$$\sum_{i=1}^{N}\iiint_{V}\left\{\rho(v_i^c+e_{ijk}\omega_jx_k^0+v_i^h+v_i^L+v_i^d)*\delta\frac{\mathrm{d}X_i^c}{\mathrm{d}t}-\right.$$

$$\left.\rho[v_i^c(0)+e_{ijk}\omega_j(0)x_k^0+v_i^h(0)+v_i^L(0)+v_i^d(0)]\delta X_i^c\right\}\mathrm{d}V+\sum_{i=1}^{N}F_i*\delta X_i^c+$$

$$\iiint_{V_B}\left\{\rho_Be_{ijk}(v_j^c+e_{jlm}\omega_lx_{Bm}+v_{Bj}^d)u_{Bk}*\delta\frac{\mathrm{d}\theta_i}{\mathrm{d}t}-\right.$$

$$\left.\rho_Be_{ijk}[v_j^c(0)+e_{jlm}\omega_l(0)x_{Bm}+v_{Bj}^d(0)]u_{Bk}(0)\delta\theta_i\right\}\mathrm{d}V+$$

$$\iiint_{V_B}\left[\rho_B(e_{ijk}v_{Bj}^dx_{Bk})*\delta\frac{\mathrm{d}\theta_i}{\mathrm{d}t}-\rho_Be_{ijk}v_{Bj}^d(0)x_{Bk}\delta\theta_i\right]\mathrm{d}V+$$

$$M_{Bi}*\delta\theta_i-J_{Bij}\omega_j*\delta\frac{\mathrm{d}\theta_i}{\mathrm{d}t}+J_{Bij}\omega_j(0)\delta\theta_i+$$

$$\sum_{i=1}^{N}\iiint_{V}\left\{\rho e_{ijk}(v_j^c+e_{jlm}\omega_lx_m^0+v_j^h+v_j^L+v_j^d)\Delta_k*\delta\frac{\mathrm{d}\theta_i}{\mathrm{d}t}-\right.$$

$$\left.\rho e_{ijk}[v_j^c(0)+e_{jlm}\omega_l(0)x_m^0+v_j^h(0)+v_j^L(0)+v_j^d(0)]\Delta_k(0)\delta\theta_i\right\}\mathrm{d}V+$$

$$\sum_{i=1}^{N}\iiint_{V}\left\{\rho e_{ijk}(v_j^c+e_{jlm}\omega_lx_m^0+v_j^h+v_j^L+v_j^d)x_k^0*\delta\frac{\mathrm{d}\theta_i}{\mathrm{d}t}-\right.$$

$$\left.\rho e_{ijk}[v_j^c(0)+e_{jlm}\omega_l(0)x_m^0+v_j^h(0)+v_j^L(0)+v_j^d(0)]x_k^0\delta\theta_i\right\}\mathrm{d}V-$$

$$\iiint_{V_B}\left\{\rho_B(v_i^c+e_{ijk}\omega_jx_{Bk}+v_{Bi}^d)*\frac{\mathrm{d}}{\mathrm{d}t}(\delta u_{Bi})-\right.$$

$$\left.\rho_B[v_i^c(0)+e_{ijk}\omega_j(0)x_{Bk}+v_{Bi}^d(0)]\delta u_{Bi}\right\}\mathrm{d}V+$$

$$\iint_{S_{B\sigma}+S_{Bu}}a_{ijkl}\varepsilon_{Bkl}n_j*\delta u_{Bi}\mathrm{d}S-\iiint_{V_B}(a_{ijkl}\varepsilon_{Bkl}*\delta u_{Bi,j}-f_i*\delta u_{Bi})\mathrm{d}V-$$

$$\sum_{i=1}^{N}\iiint_{V}\left\{\rho(v_i^c+e_{ijk}\omega_jx_k^0+v_i^h+v_i^L+v_i^d)*\frac{\mathrm{d}}{\mathrm{d}t}(\delta\Delta_i)-\right.$$

$$\rho[v_i^c(0)+e_{ijk}\omega_j(0)x_k^0+v_i^h(0)+v_i^L(0)+v_i^d(0)]\delta\Delta_i\Big\}\mathrm{d}V-$$

$$\sum_{i=1}^{N}\iiint_V\Big\{\rho(v_i^c+e_{ijk}\omega_jx_k^0+v_i^h+v_i^L+v_i^d)*\frac{\mathrm{d}}{\mathrm{d}t}(\delta L_i)-$$

$$\rho[v_i^c(0)+e_{ijk}\omega_j(0)x_k^0+v_i^h(0)+v_i^L(0)+v_i^d(0)]\delta L_i\Big\}\mathrm{d}V+$$

$$\sum_{i=1}^{N}\iiint_V\Big\{\rho e_{ijk}(v_j^c+e_{jlm}\omega_lx_m^0+v_j^h+v_j^L+v_j^d)L_k*\delta\frac{\mathrm{d}(\theta_i+\beta_i)}{\mathrm{d}t}-$$

$$\rho e_{ijk}[v_j^c(0)+e_{jlm}\omega_l(0)x_m^0+v_j^h(0)+v_j^L(0)+v_j^d(0)]L_k(0)\delta(\theta_i+\beta_i)\Big\}\mathrm{d}V+$$

$$\sum_{i=1}^{N}\iiint_V\Big\{\rho e_{ijk}(v_j^c+e_{jlm}\omega_lx_m^0+v_j^h+v_j^L+v_j^d)u_k*\delta\frac{\mathrm{d}(\theta_i+\beta_i)}{\mathrm{d}t}-$$

$$\rho e_{ijk}[v_j^c(0)+e_{jlm}\omega_l(0)x_m^0+v_j^h(0)+v_j^L(0)+v_j^d(0)]u_k(0)\delta(\theta_i+\beta_i)\Big\}\mathrm{d}V+$$

$$\sum_{i=1}^{N}M_i*\delta(\theta_i+\beta_i)-\sum_{i=1}^{N}\iiint_V\Big\{\rho(v_i^c+e_{ijk}\omega_jx_k^0+v_i^h+v_i^L+v_i^d)*\frac{\mathrm{d}}{\mathrm{d}t}(\delta u_i)-$$

$$\rho[v_i^c(0)+e_{ijk}\omega_j(0)x_k^0+v_i^h(0)+v_i^L(0)+v_i^d(0)]\delta u_i\Big\}\mathrm{d}V+$$

$$\sum_{i=1}^{N}\iint_{S_\sigma+S_u}a_{ijkl}\varepsilon_{kl}n_j*\delta u_i\mathrm{d}S-\sum_{i=1}^{N}\iiint_V(a_{ijkl}\varepsilon_{kl}*\delta u_{i,j}-f_i*\delta u_i)\mathrm{d}V-$$

$$\iint_{S_{B\sigma}}(a_{ijkl}\varepsilon_{Bkl}n_j-T_i)*\delta u_{Bi}\mathrm{d}S-\sum_{i=1}^{N}\iint_{S_\sigma}(a_{ijkl}\varepsilon_{kl}n_j-T_i)*\delta u_i\mathrm{d}S=0$$

应用 Green 定理，有式(6.56)、式(6.55)，即

$$\sum_{i=1}^{N}\iiint_V(a_{ijkl}\varepsilon_{kl})_{,j}*\delta u_i\mathrm{d}V=\sum_{i=1}^{N}\iint_{S_\sigma+S_u}a_{ijkl}\varepsilon_{kl}n_j*\delta u_i\mathrm{d}S-\sum_{i=1}^{N}\iiint_V a_{ijkl}\varepsilon_{kl}*\delta u_{i,j}\mathrm{d}V$$

$$\iiint_{V_B}(a_{ijkl}\varepsilon_{Bkl})_{,j}*\delta u_{Bi}\mathrm{d}V=\iint_{S_{B\sigma}+S_{Bu}}a_{ijkl}\varepsilon_{Bkl}n_j*\delta u_{Bi}\mathrm{d}S-\iiint_{V_B}a_{ijkl}\varepsilon_{Bkl}*\delta u_{Bi,j}\mathrm{d}V$$

应用 Laplace 变换中的卷积理论的分部积分公式，有式(6.54) ～ (6.42)，即

$$\sum_{i=1}^{N}\iiint_V\rho\frac{\mathrm{d}}{\mathrm{d}t}(v_i^c+e_{ijk}\omega_jx_k^0+v_i^h+v_i^L+v_i^d)*\delta u_i\mathrm{d}V=\sum_{i=1}^{N}\iiint_V\Big\{\rho(v_i^c+e_{ijk}\omega_jx_k^0+v_i^h+$$

$$v_i^L+v_i^d)*\frac{\mathrm{d}}{\mathrm{d}t}(\delta u_i)-\rho[v_i^c(0)+e_{ijk}\omega_j(0)x_k^0+v_i^h(0)+v_i^L(0)+v_i^d(0)]\delta u_i\Big\}\mathrm{d}V$$

$$\sum_{i=1}^{N}\iiint_V\rho\frac{\mathrm{d}}{\mathrm{d}t}[e_{ijk}(v_j^c+e_{jlm}\omega_lx_m^0+v_j^h+v_j^L+v_j^d)u_k]*\delta(\theta_i+\beta_i)\mathrm{d}V=\sum_{i=1}^{N}\iiint_V\Big\{\rho e_{ijk}(v_j^c+$$

$$e_{jlm}\omega_lx_m^0+v_j^h+v_j^L+v_j^d)u_k*\delta\frac{\mathrm{d}(\theta_i+\beta_i)}{\mathrm{d}t}-\rho e_{ijk}[v_j^c(0)+e_{jlm}\omega_l(0)x_m^0+v_j^h(0)+$$

$$v_j^L(0)+v_j^d(0)]u_k(0)\delta(\theta_i+\beta_i)\Big\}\mathrm{d}V$$

$$\sum_{i=1}^{N}\iiint_V \rho\frac{\mathrm{d}}{\mathrm{d}t}[e_{ijk}(v_j^c+e_{jlm}\omega_l x_m^0+v_j^h+v_j^L+v_j^d)L_k]*\delta(\theta_i+\beta_i)\mathrm{d}V=$$

$$\sum_{i=1}^{N}\iiint_V\Big\{\rho e_{ijk}(v_j^c+e_{jlm}\omega_l x_m^0+v_j^h+v_j^L+v_j^d)L_k*\delta\frac{\mathrm{d}(\theta_i+\beta_i)}{\mathrm{d}t}-$$

$$\rho e_{ijk}[v_j^c(0)+e_{jlm}\omega_l(0)x_m^0+v_j^h(0)+v_j^L(0)+v_j^d(0)]L_k(0)\delta(\theta_i+\beta_i)\Big\}\mathrm{d}V$$

$$\sum_{i=1}^{N}\iiint_V \rho\frac{\mathrm{d}}{\mathrm{d}t}(v_i^c+e_{ijk}\omega_j x_k^0+v_i^h+v_i^L+v_i^d)*\delta L_i\mathrm{d}V=\sum_{i=1}^{N}\iiint_V\Big\{\rho(v_i^c+e_{ijk}\omega_j x_k^0+v_i^h+$$

$$v_i^L+v_i^d)*\frac{\mathrm{d}}{\mathrm{d}t}(\delta L_i)-\rho[v_i^c(0)+e_{ijk}\omega_j(0)x_k^0+v_i^h(0)+v_i^L(0)+v_i^d(0)]\delta L_i\Big\}\mathrm{d}V$$

$$\sum_{i=1}^{N}\iiint_V \rho\frac{\mathrm{d}}{\mathrm{d}t}(v_i^c+e_{ijk}\omega_j x_k^0+v_i^h+v_i^L+v_i^d)*\delta\Delta_i\mathrm{d}V=\sum_{i=1}^{N}\iiint_V\Big\{\rho(v_i^c+e_{ijk}\omega_j x_k^0+v_i^h+$$

$$v_i^L+v_i^d)*\frac{\mathrm{d}}{\mathrm{d}t}(\delta\Delta_i)-\rho[v_i^c(0)+e_{ijk}\omega_j(0)x_k^0+v_i^h(0)+v_i^L(0)+v_i^d(0)]\delta\Delta_i\Big\}\mathrm{d}V$$

$$\iiint_{V_B}\rho_B\frac{\mathrm{d}}{\mathrm{d}t}(v_i^c+e_{ijk}\omega_j x_{Bk}+v_{Bi}^d)*\delta u_{Bi}\mathrm{d}V=\iiint_{V_B}\Big\{\rho_B(v_i^c+e_{ijk}\omega_j x_{Bk}+v_{Bi}^d)*\frac{\mathrm{d}}{\mathrm{d}t}(\delta u_{Bi})-$$

$$\rho_B[v_i^c(0)+e_{ijk}\omega_j(0)x_{Bk}+v_{Bi}^d(0)]\delta u_{Bi}\Big\}\mathrm{d}V$$

$$\sum_{i=1}^{N}\iiint_V \rho\frac{\mathrm{d}}{\mathrm{d}t}[e_{ijk}(v_j^c+e_{jlm}\omega_l x_m^0+v_j^h+v_j^L+v_j^d)x_k^0]\delta\theta_i\mathrm{d}V=\sum_{i=1}^{N}\iiint_V\Big\{\rho e_{ijk}(v_j^c+$$

$$e_{jlm}\omega_l x_m^0+v_j^h+v_j^L+v_j^d)x_k^0*\delta\frac{\mathrm{d}\theta_i}{\mathrm{d}t}-\rho e_{ijk}[v_j^c(0)+e_{jlm}\omega_l(0)x_m^0+v_j^h(0)+$$

$$v_j^L(0)+v_j^d(0)]x_k^0\delta\theta_i\Big\}\mathrm{d}V$$

$$\sum_{i=1}^{N}\iiint_V \rho\frac{\mathrm{d}}{\mathrm{d}t}[e_{ijk}(v_j^c+e_{jlm}\omega_l x_m^0+v_j^h+v_j^L+v_j^d)\Delta_k]*\delta\theta_i\mathrm{d}V=\sum_{i=1}^{N}\iiint_V\Big\{\rho e_{ijk}(v_j^c+$$

$$e_{jlm}\omega_l x_m^0+v_j^h+v_j^L+v_j^d)\Delta_k*\delta\frac{\mathrm{d}\theta_i}{\mathrm{d}t}-\rho e_{ijk}[v_j^c(0)+e_{jlm}\omega_l(0)x_m^0+v_j^h(0)+$$

$$v_j^L(0)+v_j^d(0)]\Delta_k(0)\delta\theta_i\Big\}\mathrm{d}V$$

$$\frac{\mathrm{d}}{\mathrm{d}t}(J_{Bij}\omega_j)*\delta\theta_i=J_{Bij}\omega_j*\delta\frac{\mathrm{d}\theta_i}{\mathrm{d}t}-J_{Bij}\omega_j(0)\delta\theta_i$$

$$\iiint_{V_B}\rho_B\frac{\mathrm{d}}{\mathrm{d}t}(e_{ijk}v_{Bj}^d x_{Bk})*\delta\theta_i\mathrm{d}V=\iiint_{V_B}\Big[\rho_B(e_{ijk}v_{Bj}^d x_{Bk})*\delta\frac{\mathrm{d}\theta_i}{\mathrm{d}t}-\rho_B e_{ijk}v_{Bj}^d(0)x_{Bk}\delta\theta_i\Big]\mathrm{d}V$$

$$\iiint_{V_B}\rho_B\frac{\mathrm{d}}{\mathrm{d}t}[e_{ijk}(v_j^c+e_{jlm}\omega_l x_{Bm}+v_{Bj}^d)u_{Bk}]*\delta\theta_i\mathrm{d}V=\iiint_{V_B}\Big\{\rho_B e_{ijk}(v_j^c+e_{jlm}\omega_l x_{Bm}+v_{Bj}^d)u_{Bk}*$$

$$\delta\frac{\mathrm{d}\theta_i}{\mathrm{d}t}-\rho_B e_{ijk}[v_j^c(0)+e_{jlm}\omega_l(0)x_{Bm}+v_{Bj}^d(0)]u_{Bk}(0)\delta\theta_i\Big\}\mathrm{d}V$$

$$\sum_{i=1}^{N}\iiint_V \rho\frac{\mathrm{d}}{\mathrm{d}t}(v_i^c+e_{ijk}\omega_j x_k^0+v_i^h+v_i^L+v_i^d)*\delta X_i^c\mathrm{d}V=\sum_{i=1}^{N}\iiint_V\Big\{\rho(v_i^c+e_{ijk}\omega_j x_k^0+v_i^h+$$

$$v_i^L + v_i^d) * \delta \frac{\mathrm{d}X_i^c}{\mathrm{d}t} - \rho [v_i^c(0) + e_{ijk}\omega_j(0)x_k^0 + v_i^h(0) + v_i^L(0) + v_i^d(0)] \delta X_i^c \Big\} \mathrm{d}V$$

$$\iiint_{V_B} \rho_B \frac{\mathrm{d}}{\mathrm{d}t}(v_i^c + v_{Bi}^d) * \delta X_i^c \mathrm{d}V = \iiint_{V_B} \Big\{ \rho_B (v_i^c + v_{Bi}^d) * \delta \frac{\mathrm{d}X_i^c}{\mathrm{d}t} -$$

$$\rho_B [v_i^c(0) + v_{Bi}^d(0)] \delta X_i^c \Big\} \mathrm{d}V$$

将式(6.56)～(6.42)代入式(6.57)，可得式(6.41)，即

$$\Big\{ -\iiint_{V_B} \rho_B \frac{\mathrm{d}}{\mathrm{d}t}(v_i^c + v_{Bi}^d)\mathrm{d}V + F_{Bi} - \sum_{i=1}^{N} \Big[\iiint_V \rho \frac{\mathrm{d}}{\mathrm{d}t}(v_i^c + e_{ijk}\omega_j x_k^0 + v_i^h + v_i^L +$$

$$v_i^d)\mathrm{d}V - F_i \Big] \Big\} * \delta X_i^c + \Big\{ \iiint_{V_B} \rho_B \Big[\frac{\mathrm{d}}{\mathrm{d}t}[e_{ijk}(v_j^c + e_{jlm}\omega_l x_{Bm} + v_{Bj}^d) u_{Bk}] +$$

$$\frac{\mathrm{d}}{\mathrm{d}t}(e_{ijk} v_{Bj}^d x_{Bk}) \Big] \mathrm{d}V + M_{Bi} - \frac{\mathrm{d}}{\mathrm{d}t}(J_{Bij}\omega_j) + \sum_{i=1}^{N} \iiint_V \rho \Big[\frac{\mathrm{d}}{\mathrm{d}t}[e_{ijk}(v_j^c + e_{jlm}\omega_l x_m^0 +$$

$$v_j^h + v_j^L + v_j^d)\Delta_k] + \frac{\mathrm{d}}{\mathrm{d}t}[e_{ijk}(v_j^c + e_{jlm}\omega_l x_m^0 + v_j^h + v_j^L + v_j^d) x_k^0] \Big] \mathrm{d}V \Big\} * \delta\theta_i +$$

$$\iiint_{V_B} \Big[-\rho_B \frac{\mathrm{d}}{\mathrm{d}t}(v_i^c + e_{ijk}\omega_j x_{Bk} + v_{Bi}^d) + (a_{ijkl}\varepsilon_{Bkl})_{,j} + f_i \Big] * \delta u_{Bi}\mathrm{d}V +$$

$$\sum_{i=1}^{N} \iiint_V -\rho \frac{\mathrm{d}}{\mathrm{d}t}(v_i^c + e_{ijk}\omega_j x_k^0 + v_i^h + v_i^L + v_i^d) * \delta\Delta_i \mathrm{d}V +$$

$$\sum_{i=1}^{N} \iiint_V -\rho \frac{\mathrm{d}}{\mathrm{d}t}(v_i^c + e_{ijk}\omega_j x_k^0 + v_i^h + v_i^L + v_i^d) * \delta L_i \mathrm{d}V +$$

$$\sum_{i=1}^{N} \Big\{ \iiint_V \rho \Big[\frac{\mathrm{d}}{\mathrm{d}t}[e_{ijk}(v_j^c + e_{jlm}\omega_l x_m^0 + v_j^h + v_j^L + v_j^d) L_k] +$$

$$\frac{\mathrm{d}}{\mathrm{d}t}[e_{ijk}(v_j^c + e_{jlm}\omega_l x_m^0 + v_j^h + v_j^L + v_j^d) u_k] \Big] \mathrm{d}V + M_i \Big\} * \delta(\theta_i + \beta_i) +$$

$$\sum_{i=1}^{N} \iiint_V \Big[-\rho \frac{\mathrm{d}}{\mathrm{d}t}(v_i^c + e_{ijk}\omega_j x_k^0 + v_i^h + v_i^L + v_i^d) + (a_{ijkl}\varepsilon_{kl})_{,j} + f_i \Big] * \delta u_i \mathrm{d}V -$$

$$\iint_{S_{B\sigma}} (a_{ijkl}\varepsilon_{Bkl} n_j - T_i) * \delta u_{Bi}\mathrm{d}S - \sum_{i=1}^{N} \iint_{S_\sigma} (a_{ijkl}\varepsilon_{kl} n_j - T_i) * \delta u_i \mathrm{d}S = 0$$

由于 δX_i^c、$\delta\theta_i$、δu_{Bi}、$\delta\Delta_i$、δL_i、$\delta(\theta_i + \beta_i)$、$\delta u_i$ 的任意性，有式(6.24)～(6.17)，即

$$\sum_{i=1}^{N} (a_{ijkl}\varepsilon_{kl} n_j - T_i) = 0 \quad (\text{在 } S_\sigma \text{ 上})$$

$$a_{ijkl}\varepsilon_{Bkl} n_j - T_i = 0 \quad (\text{在 } S_{B\sigma} \text{ 上})$$

$$\sum_{i=1}^{N} \Big[-\rho \frac{\mathrm{d}}{\mathrm{d}t}(v_i^c + e_{ijk}\omega_j x_k^0 + v_i^h + v_i^L + v_i^d) + (a_{ijkl}\varepsilon_{kl})_{,j} + f_i \Big] = 0 \quad (\text{在 } V \text{ 中})$$

$$\sum_{i=1}^{N} \Big\{ \iiint_V \rho \Big[\frac{\mathrm{d}}{\mathrm{d}t}[e_{ijk}(v_j^c + e_{jlm}\omega_l x_m^0 + v_j^h + v_j^L + v_j^d) L_k] +$$

$$\frac{\mathrm{d}}{\mathrm{d}t}[e_{ijk}(v_j^c + e_{jlm}\omega_l x_m^0 + v_j^h + v_j^L + v_j^d) u_k] \Big] \mathrm{d}V + M_i \Big\} = 0$$

$$\sum_{i=1}^{N} -\rho \frac{\mathrm{d}}{\mathrm{d}t}(v_i^c + e_{ijk}\omega_j x_k^0 + v_i^h + v_i^L + v_i^d) = 0 \quad (\text{在 } V \text{ 中})$$

$$-\rho_B \frac{\mathrm{d}}{\mathrm{d}t}(v_i^c + e_{ijk}\omega_j x_{Bk} + v_{Bi}^d) + (a_{ijkl}\varepsilon_{Bkl})_{,j} + f_i = 0 \quad (\text{在 } V_B \text{ 中})$$

$$\iiint_{V_B}\rho_B\left[\frac{\mathrm{d}}{\mathrm{d}t}[e_{ijk}(v_j^c + e_{jlm}\omega_l x_{Bm} + v_{Bj}^d)u_{Bk}] + \frac{\mathrm{d}}{\mathrm{d}t}(e_{ijk}v_{Bj}^d x_{Bk})\right]\mathrm{d}V + M_{Bi} -$$

$$\frac{\mathrm{d}}{\mathrm{d}t}(J_{Bij}\omega_j) + \sum_{i=1}^{N}\iiint_{V}\rho\left[\frac{\mathrm{d}}{\mathrm{d}t}[e_{ijk}(v_j^c + e_{jlm}\omega_l x_m^0 + v_j^h + v_j^L + v_j^d)\Delta_k] + \right.$$

$$\left.\frac{\mathrm{d}}{\mathrm{d}t}[e_{ijk}(v_j^c + e_{jlm}\omega_l x_m^0 + v_j^h + v_j^L + v_j^d)x_k^0]\right]\mathrm{d}V = 0$$

$$-\iiint_{V_B}\rho_B \frac{\mathrm{d}}{\mathrm{d}t}(v_i^c + v_{Bi}^d)\mathrm{d}V + F_{Bi} - \sum_{i=1}^{N}\left[\iiint_{V}\rho \frac{\mathrm{d}}{\mathrm{d}t}(v_i^c + e_{ijk}\omega_j x_k^0 + v_i^h + v_i^L + v_i^d)\mathrm{d}V - F_i\right] = 0$$

式(6.24)～(6.17)即为带有可伸展平动附件多柔体系统动力学初值问题拟变分原理的拟驻值条件，与其先决条件式(6.25)～(6.34)一起构成封闭的微分方程组。明显可见，推导拟驻值条件的过程正是建立拟变分原理的逆过程，这也正说明变积运算是变分运算的逆运算。

6.3 带有转动附件多柔体系统动力学初值问题拟变分原理

6.3.1 运动学关系

如图 6.2 所示，坐标系 $e=(e_1,e_2,e_3)$ 为定坐标系；建立在带有转动附件多柔体系统质心 C 上的坐标系 $b=(b_1,b_2,b_3)$ 为动坐标系，质心 C 的运动可以代表多柔体系统的整体运动；$a=(a_1,a_2,a_3)$ 是附件 A_i 的连体坐标系，原点建立在根体 B 与附件 A_i 的铰链 h_i 处，也是动坐标系。对于带有转动附件多柔体系统，有如下关系式

$$r_{Bi} = X_i^c + x_{Bi} + u_{Bi} \tag{6.65}$$

$$R_i = X_i^c + x_i^0 + \Delta_i + x_i^r + u_i \tag{6.66}$$

式中 r_{Bi} —— 根体 B 上微元质量 $\mathrm{d}m$ 的矢径；

X_i^c —— 带有转动附件多柔体系统质心 C 到定坐标系原点的矢径；

x_{Bi} —— 把柔性根体 B 视为刚体时由根体 B 微元质量 $\mathrm{d}m$ 到带有转动附件多柔体系统质心 C 的矢径；

u_{Bi} —— 根体 B 微元质量 $\mathrm{d}m$ 的弹性位移；

R_i —— 第 i 附件 A_i 上微元质量 $\mathrm{d}m$ 相对定坐标系的矢径；

x_i^0 —— 把柔性根体 B 视为刚体时由铰链 h_i 到带有转动附件多柔体系统质心 C 的矢径；

Δ_i —— 柔性根体 B 外铰 h_i 相对质心 C 的弹性位移；

x_i^r —— 把柔性附件 A_i 视为刚体时由附件 A_i 中微元质量 $\mathrm{d}m$ 到铰链 h_i 的矢径；

u_i —— 附件 A_i 微元质量 dm 的弹性位移。

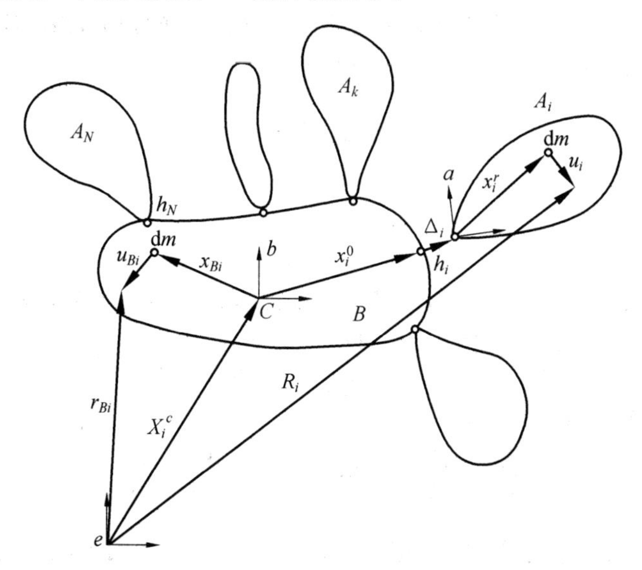

图 6.2　带有转动附件多柔体系统向量关系

将式(6.65) 对时间求导，有

$$\frac{\mathrm{d}r_{Bi}}{\mathrm{d}t}=\frac{\mathrm{d}X_i^c}{\mathrm{d}t}+\frac{\mathrm{d}x_{Bi}}{\mathrm{d}t}+\frac{\mathrm{d}u_{Bi}}{\mathrm{d}t} \tag{6.67}$$

式中　$\frac{\mathrm{d}r_{Bi}}{\mathrm{d}t}$ —— 根体 B 上微元质量 dm 的矢径在定坐标系内的时间导数；

$\frac{\mathrm{d}X_i^c}{\mathrm{d}t}$ —— 带有转动附件多柔体系统质心 C 到定坐标系原点的矢径在定坐标系内的时间导数；

$\frac{\mathrm{d}x_{Bi}}{\mathrm{d}t}$ —— 把柔性根体 B 视为刚体时由根体 B 微元质量 dm 到带有转动附件多柔体系统质心 C 的矢径在定坐标系内的时间导数；

$\frac{\mathrm{d}u_{Bi}}{\mathrm{d}t}$ —— 根体 B 微元质量 dm 的弹性位移在定坐标系内的时间导数。

这里，认为 θ_i 满足小角定理，并且考虑到变形体速度与刚体转动的交联，故有

$$\frac{\mathrm{d}u_{Bi}}{\mathrm{d}t}=\frac{\partial u_{Bi}}{\partial t}+e_{ijk}\frac{\mathrm{d}\theta_j}{\mathrm{d}t}u_{Bk} \tag{6.68}$$

式中　$\frac{\partial u_{Bi}}{\partial t}$ —— 根体 B 微元质量 dm 的弹性位移在动坐标系内的时间导数；

e_{ijk} —— 置换符号；

θ_i —— 带有转动附件多柔体系统视为多刚体系统时根体 B 的转角。

应用 Coriolis 转动定理，有

$$\frac{\mathrm{d}x_{Bi}}{\mathrm{d}t}=\frac{\partial x_{Bi}}{\partial t}+e_{ijk}\frac{\mathrm{d}\theta_j}{\mathrm{d}t}x_{Bk} \tag{6.69}$$

式中　$\frac{\partial x_{Bi}}{\partial t}$ —— 把柔性根体 B 视为刚体时由根体 B 微元质量 dm 到带有转动附件多柔

体系统质心C的矢径在动坐标系内的时间导数。

在力学模型中，x_{Bi}是根体B上微元质量dm到质心C的距离，而刚体中任意两点间的距离都是常量，因此得

$$\frac{\partial x_{Bi}}{\partial t}=0 \tag{6.70}$$

故有

$$\frac{\mathrm{d}x_{Bi}}{\mathrm{d}t}=e_{ijk}\frac{\mathrm{d}\theta_j}{\mathrm{d}t}x_{Bk} \tag{6.71}$$

将式(6.68)、式(6.71)代入式(6.67)，可得根体B上微元质量dm的速度为

$$\frac{\mathrm{d}r_{Bi}}{\mathrm{d}t}=\frac{\mathrm{d}X_i^c}{\mathrm{d}t}+e_{ijk}\frac{\mathrm{d}\theta_j}{\mathrm{d}t}x_{Bk}+\frac{\partial u_{Bi}}{\partial t}+e_{ijk}\frac{\mathrm{d}\theta_j}{\mathrm{d}t}u_{Bk} \tag{6.72}$$

将式(6.66)对时间求导，有

$$\frac{\mathrm{d}R_i}{\mathrm{d}t}=\frac{\mathrm{d}X_i^c}{\mathrm{d}t}+\frac{\mathrm{d}x_i^0}{\mathrm{d}t}+\frac{\mathrm{d}\Delta_i}{\mathrm{d}t}+\frac{\mathrm{d}x_i^r}{\mathrm{d}t}+\frac{\mathrm{d}u_i}{\mathrm{d}t} \tag{6.73}$$

式中 $\frac{\mathrm{d}R_i}{\mathrm{d}t}$——第$i$附件$A_i$上微元质量d$m$相对定坐标系的矢径在定坐标系内的时间导数；

$\frac{\mathrm{d}x_i^0}{\mathrm{d}t}$——把柔性根体$B$视为刚体时由铰链$h_i$到带有转动附件多柔体系统质心$C$的矢径在定坐标系内的时间导数；

$\frac{\mathrm{d}\Delta_i}{\mathrm{d}t}$——柔性根体$B$在铰链$h_i$处弹性位移在定坐标系内的时间导数；

$\frac{\mathrm{d}x_i^r}{\mathrm{d}t}$——把柔性附件$A_i$视为刚体时由附件$A_i$中微元质量d$m$到铰链$h_i$的矢径在定坐标系内的时间导数；

$\frac{\mathrm{d}u_i}{\mathrm{d}t}$——附件$A_i$微元质量d$m$的弹性位移在定坐标系内的时间导数。

这里，认为θ_i满足小角定理，并且考虑到变形体速度与刚体转动的交联，故有

$$\frac{\mathrm{d}u_i}{\mathrm{d}t}=\frac{\partial u_i}{\partial t}+e_{ijk}\frac{\mathrm{d}(\theta_j+\beta_j+\theta_j^r)}{\mathrm{d}t}u_k \tag{6.74}$$

$$\frac{\mathrm{d}\Delta_i}{\mathrm{d}t}=\frac{\partial\Delta_i}{\partial t}+e_{ijk}\frac{\mathrm{d}\theta_j}{\mathrm{d}t}\Delta_k \tag{6.75}$$

式中 $\frac{\partial u_i}{\partial t}$——附件$A_i$微元质量d$m$的弹性位移在动坐标系内的时间导数；

$\frac{\partial\Delta_i}{\partial t}$——柔性根体$B$在铰链$h_i$处弹性位移在动坐标系内的时间导数；

β_i——根体B在铰链h_i处的弹性角位移；

θ_i^r——附件A_i的相对转角。

应用Coriolis转动定理，有

$$\frac{\mathrm{d}x_i^r}{\mathrm{d}t}=\frac{\partial x_i^r}{\partial t}+e_{ijk}\frac{\mathrm{d}(\theta_j+\beta_j+\theta_j^r)}{\mathrm{d}t}x_k^r \tag{6.76}$$

$$\frac{\mathrm{d}x_i^0}{\mathrm{d}t}=\frac{\partial x_i^0}{\partial t}+e_{ijk}\frac{\mathrm{d}\theta_j}{\mathrm{d}t}x_k^0 \tag{6.77}$$

式中 $\frac{\partial x_i^r}{\partial t}$ —— 把柔性附件 A_i 视为刚体时由附件 A_i 中微元质量 dm 到铰链 h_i 的矢径在动坐标系内的时间导数；

$\frac{\partial x_i^0}{\partial t}$ —— 把柔性根体 B 视为刚体时由铰链 h_i 到带有转动附件多柔体系统质心 C 的矢径在动坐标系内的时间导数。

在力学模型中，x_i^r 是附件 A_i 上微元质量 dm 到铰链 h_i 的距离，x_i^0 是铰链 h_i 到质心 C 的距离，而刚体中任意两点间的距离都是常量，因此得

$$\frac{\partial x_i^r}{\partial t}=0 \tag{6.78}$$

$$\frac{\partial x_i^0}{\partial t}=0 \tag{6.79}$$

故有

$$\frac{\mathrm{d}x_i^r}{\mathrm{d}t}=e_{ijk}\frac{\mathrm{d}(\theta_j+\beta_j+\theta_j^r)}{\mathrm{d}t}x_k^r \tag{6.80}$$

$$\frac{\mathrm{d}x_i^0}{\mathrm{d}t}=e_{ijk}\frac{\mathrm{d}\theta_j}{\mathrm{d}t}x_k^0 \tag{6.81}$$

将式(6.74)、式(6.75)、式(6.80)、式(6.81)代入式(6.73)，可得附件 A_i 上微元质量 dm 的速度为

$$\frac{\mathrm{d}R_i}{\mathrm{d}t}=\frac{\mathrm{d}X_i^c}{\mathrm{d}t}+e_{ijk}\frac{\mathrm{d}\theta_j}{\mathrm{d}t}x_k^0+\frac{\partial\Delta_i}{\partial t}+e_{ijk}\frac{\mathrm{d}\theta_j}{\mathrm{d}t}\Delta_k+e_{ijk}\frac{\mathrm{d}(\theta_j+\beta_j+\theta_j^r)}{\mathrm{d}t}x_k^r+\frac{\partial u_i}{\partial t}+e_{ijk}\frac{\mathrm{d}(\theta_j+\beta_j+\theta_j^r)}{\mathrm{d}t}u_k \tag{6.82}$$

6.3.2　基本方程

对于带有转动附件多柔体系统，这里认为作用在变形体上的外力(包括体积力和面积力)为非保守力，导致刚体运动的力(即作用于质心的主矢和主矩)也为非保守力。根据上述运动学关系分析，以及文献[228]和文献[230]对带有转动附件多柔体系统动力学拟变分原理的拟驻值条件的研究，可知带有转动附件多柔体系统动力学的基本方程为

$$-\iiint_{V_B}\rho_B\frac{\mathrm{d}}{\mathrm{d}t}(v_i^c+v_{Bi}^d)\,\mathrm{d}V+F_{Bi}-\sum_{i=1}^{N}\left[\iiint_{V}\rho\frac{\mathrm{d}}{\mathrm{d}t}(v_i^c+e_{ijk}\omega_j x_k^0+v_i^h+e_{ijk}(\omega_j+\Omega_j+\omega_j^r)x_k^r+v_i^d)\,\mathrm{d}V-F_i\right]=0 \tag{6.83}$$

$$\iiint_{V_B}\rho_B\left[\frac{\mathrm{d}}{\mathrm{d}t}[e_{ijk}(v_j^c+e_{jlm}\omega_l x_{Bm}+v_{Bj}^d)u_{Bk}]+\frac{\mathrm{d}}{\mathrm{d}t}(e_{ijk}v_{Bj}^d x_{Bk})\right]\mathrm{d}V+M_{Bi}-\frac{\mathrm{d}}{\mathrm{d}t}(J_{Bij}\omega_j)+\sum_{i=1}^{N}\iiint_{V}\rho\left[\frac{\mathrm{d}}{\mathrm{d}t}[e_{ijk}(v_j^c+e_{jlm}\omega_l x_m^0+v_j^h+e_{jlm}(\omega_l+\Omega_l+\omega_l^r)x_m^r+v_j^d)\Delta_k]+\frac{\mathrm{d}}{\mathrm{d}t}[e_{ijk}(v_j^c+e_{jlm}\omega_l x_m^0+v_j^h+e_{jlm}(\omega_l+\Omega_l+\omega_l^r)x_m^r+v_j^d)x_k^0]\right]\mathrm{d}V=0 \tag{6.84}$$

$$-\rho_B \frac{\mathrm{d}}{\mathrm{d}t}(v_i^c + e_{ijk}\omega_j x_{Bk} + v_{Bi}^d) + (a_{ijkl}\varepsilon_{Bkl})_{,j} + f_i = 0 \quad (\text{在 } V_B \text{ 中}) \tag{6.85}$$

$$\sum_{i=1}^{N} -\rho \frac{\mathrm{d}}{\mathrm{d}t}(v_i^c + e_{ijk}\omega_j x_k^0 + v_i^h + e_{ijk}(\omega_j + \Omega_j + \omega_j^r)x_k^r + v_i^d) = 0 \quad (\text{在 } V \text{ 中}) \tag{6.86}$$

$$\sum_{i=1}^{N}\left\{\iiint_V \rho\left[\frac{\mathrm{d}}{\mathrm{d}t}[e_{ijk}(v_j^c + e_{jlm}\omega_l x_m^0 + v_j^h + e_{jlm}(\omega_l + \Omega_l + \omega_l^r)x_m^r + v_j^d)x_k^r] + \frac{\mathrm{d}}{\mathrm{d}t}[e_{ijk}(v_j^c + e_{jlm}\omega_l x_m^0 + v_j^h + e_{jlm}(\omega_l + \Omega_l + \omega_l^r)x_m^r + v_j^d)u_k]\right]\mathrm{d}V + M_i\right\} = 0 \tag{6.87}$$

$$\sum_{i=1}^{N}\left[-\rho \frac{\mathrm{d}}{\mathrm{d}t}(v_i^c + e_{ijk}\omega_j x_k^0 + v_i^h + e_{ijk}(\omega_j + \Omega_j + \omega_j^r)x_k^r + v_i^d) + (a_{ijkl}\varepsilon_{kl})_{,j} + f_i\right] = 0 \quad (\text{在 } V \text{ 中}) \tag{6.88}$$

$$a_{ijkl}\varepsilon_{Bkl}n_j - T_i = 0 \quad (\text{在 } S_{B\sigma} \text{ 上}) \tag{6.89}$$

$$\sum_{i=1}^{N}(a_{ijkl}\varepsilon_{kl}n_j - T_i) = 0 \quad (\text{在 } S_\sigma \text{ 上}) \tag{6.90}$$

$$v_i^c - \frac{\mathrm{d}X_i^c}{\mathrm{d}t} = 0 \tag{6.91}$$

$$\omega_i - \frac{\mathrm{d}\theta_i}{\mathrm{d}t} = 0 \tag{6.92}$$

$$v_{Bi}^d - \frac{\mathrm{d}u_{Bi}}{\mathrm{d}t} = v_{Bi}^d - \left(\frac{\partial u_{Bi}}{\partial t} + e_{ijk}\frac{\mathrm{d}\theta_j}{\mathrm{d}t}u_{Bk}\right) = 0 \tag{6.93}$$

$$\varepsilon_{Bij} - \frac{1}{2}u_{Bi,j} - \frac{1}{2}u_{Bj,i} = 0 \tag{6.94}$$

$$v_i^h - \frac{\mathrm{d}\Delta_i}{\mathrm{d}t} = v_i^h - \left(\frac{\partial \Delta_i}{\partial t} + e_{ijk}\frac{\mathrm{d}\theta_j}{\mathrm{d}t}\Delta_k\right) = 0 \tag{6.95}$$

$$\Omega_i - \frac{\mathrm{d}\beta_i}{\mathrm{d}t} = 0 \tag{6.96}$$

$$\omega_i^r - \frac{\mathrm{d}\theta_i^r}{\mathrm{d}t} = 0 \tag{6.97}$$

$$v_i^d - \frac{\mathrm{d}u_i}{\mathrm{d}t} = v_i^d - \left(\frac{\partial u_i}{\partial t} + e_{ijk}\frac{\mathrm{d}(\theta_j + \beta_j + \theta_j^r)}{\mathrm{d}t}u_k\right) = 0 \tag{6.98}$$

$$\varepsilon_{ij} - \frac{1}{2}u_{i,j} - \frac{1}{2}u_{j,i} = 0 \tag{6.99}$$

$$u_{Bi} - \bar{u}_{Bi} = 0 \tag{6.100}$$

$$u_i - \bar{u}_i = 0 \tag{6.101}$$

初值条件为

$$X_i^c\big|_{t=0} = X_i^c(0), \quad \left.\frac{\mathrm{d}X_i^c}{\mathrm{d}t}\right|_{t=0} = \dot{X}_i^c(0) \tag{6.102}$$

$$\theta_i\big|_{t=0} = \theta_i(0), \quad \left.\frac{\mathrm{d}\theta_i}{\mathrm{d}t}\right|_{t=0} = \dot{\theta}_i(0) \tag{6.103}$$

$$u_{Bi}\big|_{t=0} = u_{Bi}(0), \quad \left.\frac{\mathrm{d}u_{Bi}}{\mathrm{d}t}\right|_{t=0} = \dot{u}_{Bi}(0) \tag{6.104}$$

$$\Delta_i\big|_{t=0}=\Delta_i(0),\quad \frac{\mathrm{d}\Delta_i}{\mathrm{d}t}\bigg|_{t=0}=\dot{\Delta}_i(0) \tag{6.105}$$

$$\beta_i\big|_{t=0}=\beta_i(0),\quad \frac{\mathrm{d}\beta_i}{\mathrm{d}t}\bigg|_{t=0}=\dot{\beta}_i(0) \tag{6.106}$$

$$\theta_i^r\big|_{t=0}=\theta_i^r(0),\quad \frac{\mathrm{d}\theta_i^r}{\mathrm{d}t}\bigg|_{t=0}=\dot{\theta}_i^r(0) \tag{6.107}$$

$$u_i\big|_{t=0}=u_i(0),\quad \frac{\mathrm{d}u_i}{\mathrm{d}t}\bigg|_{t=0}=\dot{u}_i(0) \tag{6.108}$$

式中　ρ_B —— 根体 B 的质量密度；

ρ —— 附件 A_i 的质量密度；

V_B —— 根体 B 的体积；

V —— 附件 A_i 的体积；

$S_{B\sigma}$ —— 根体 B 的应力边界面；

S_σ —— 附件 A_i 的应力边界面；

F_{Bi} —— 作用于根体 B 的质心 C 点的外力主矢，包括附件对根体 B 在铰接点的约束力；

F_i —— 作用于附件 A_i 的外力主矢，简化中心为 C 点，包括根体 B 对附件在铰接点的反约束力；

M_{Bi} —— 作用于根体 B 的质心 C 点的外力主矩，包括附件对根体 B 在铰接点的约束力矩；

M_i —— 作用于附件 A_i 的外力主矩，简化中心为 C 点，包括根体 B 对附件在铰接点的反约束力矩；

f_i —— 作用于带有转动附件多柔体系统的体积力；

T_i —— 作用于带有转动附件多柔体系统的面积力；

ε_{Bij} —— 柔性根体 B 的应变；

ε_{ij} —— 附件 A_i 的应变；

a_{ijkl} —— 刚度系数；

n_j —— 表面法线方向数；

J_{Bij} —— 根体 B 对带有转动附件多柔体系统质心 C 的转动惯量；

v_i^c —— 把带有转动附件多柔体系统视为多刚体系统时质心 C 的速度矢量；

v_{Bi}^d —— 柔性根体 B 变形时的速度；

v_i^h —— 柔性根体 B 在铰链 h_i 处的弹性速度；

v_i^d —— 附件 A_i 变形时的速度；

ω_i —— 把带有转动附件多柔体系统视为多刚体系统时根体 B 转动角速度矢量；

Ω_i —— 柔性根体 B 外铰 h_i 相对质心 C 的弹性角速度；

ω_i^r —— 转动附件 A_i 相对转动角速度；

$\bar{u}_{Bi}$ —— 根体 B 微元质量 $\mathrm{d}m$ 的边界位移；

$\bar{u}_i$ —— 附件 A_i 微元质量 $\mathrm{d}m$ 的边界位移；

“·”—— 空间坐标变量对时间 t 的导数。

6.3.3 拟变分原理

应用卷变积方法，按照广义力和广义位移的对应关系，将式(6.83)卷乘 δX_i^c，将式(6.84)卷乘 $\delta\theta_i$，将式(6.85)卷乘 δu_{Bi}，将式(6.86)卷乘 $\delta\Delta_i$，将式(6.87)卷乘 $\delta(\theta_i+\beta_i+\theta_i^r)$，将式(6.88)卷乘 δu_i，将式(6.89)卷乘 δu_{Bi}，将式(6.90)卷乘 δu_i，并代数相加，可得

$$
\begin{aligned}
&\Big\{-\iiint_{V_B}\rho_B\frac{\mathrm{d}}{\mathrm{d}t}(v_i^c+v_{Bi}^d)\,\mathrm{d}V+F_{Bi}-\sum_{i=1}^{N}\Big[\Big[\iiint_V\rho\,\frac{\mathrm{d}}{\mathrm{d}t}(v_i^c+e_{ijk}\omega_j x_k^0+v_i^h+\\
&e_{ijk}(\omega_j+\Omega_j+\omega_j^r)x_k^r+v_i^d)\,\mathrm{d}V-F_i\Big]\Big\}*\delta X_i^c+\Big\{\iiint_{V_B}\rho_B\Big[\frac{\mathrm{d}}{\mathrm{d}t}\big[e_{ijk}(v_j^c+\\
&e_{jlm}\omega_l x_{Bm}+v_{Bj}^d)u_{Bk}\big]+\frac{\mathrm{d}}{\mathrm{d}t}(e_{ijk}v_{Bj}^d x_{Bk})\Big]\mathrm{d}V+M_{Bi}-\frac{\mathrm{d}}{\mathrm{d}t}(J_{Bij}\omega_j)+\\
&\sum_{i=1}^{N}\iiint_V\rho\Big[\frac{\mathrm{d}}{\mathrm{d}t}\big[e_{ijk}(v_j^c+e_{jlm}\omega_l x_m^0+v_j^h+e_{jlm}(\omega_l+\Omega_l+\omega_l^r)x_m^r+v_j^d)\Delta_k\big]+\\
&\frac{\mathrm{d}}{\mathrm{d}t}\big[e_{ijk}(v_j^c+e_{jlm}\omega_l x_m^0+v_j^h+e_{jlm}(\omega_l+\Omega_l+\omega_l^r)x_m^r+v_j^d)x_k^0\big]\Big]\mathrm{d}V\Big\}*\delta\theta_i+\\
&\iiint_{V_B}\Big[-\rho_B\frac{\mathrm{d}}{\mathrm{d}t}(v_i^c+e_{ijk}\omega_j x_{Bk}+v_{Bi}^d)+(a_{ijkl}\varepsilon_{Bkl})_{,j}+f_i\Big]*\delta u_{Bi}\,\mathrm{d}V+\\
&\sum_{i=1}^{N}\iiint_V-\rho\frac{\mathrm{d}}{\mathrm{d}t}(v_i^c+e_{ijk}\omega_j x_k^0+v_i^h+e_{ijk}(\omega_j+\Omega_j+\omega_j^r)x_k^r+v_i^d)*\delta\Delta_i\,\mathrm{d}V+\\
&\sum_{i=1}^{N}\Big\{\iiint_V\rho\Big[\frac{\mathrm{d}}{\mathrm{d}t}\big[e_{ijk}(v_j^c+e_{jlm}\omega_l x_m^0+v_j^h+e_{jlm}(\omega_l+\Omega_l+\omega_l^r)x_m^r+v_j^d)x_k^r\big]+\\
&\frac{\mathrm{d}}{\mathrm{d}t}\big[e_{ijk}(v_j^c+e_{jlm}\omega_l x_m^0+v_j^h+e_{jlm}(\omega_l+\Omega_l+\omega_l^r)x_m^r+v_j^d)u_k\big]\Big]\mathrm{d}V+M_i\Big\}*\\
&\delta(\theta_i+\beta_i+\theta_i^r)+\sum_{i=1}^{N}\iiint_V\Big[-\rho\frac{\mathrm{d}}{\mathrm{d}t}(v_i^c+e_{ijk}\omega_j x_k^0+v_i^h+\\
&e_{ijk}(\omega_j+\Omega_j+\omega_j^r)x_k^r+v_i^d)+(a_{ijkl}\varepsilon_{kl})_{,j}+f_i\Big]*\delta u_i\,\mathrm{d}V-\\
&\iint_{S_{B\sigma}}(a_{ijkl}\varepsilon_{Bkl}n_j-T_i)*\delta u_{Bi}\,\mathrm{d}S-\sum_{i=1}^{N}\iint_{S_\sigma}(a_{ijkl}\varepsilon_{kl}n_j-T_i)*\delta u_i\,\mathrm{d}S=0
\end{aligned}
\tag{6.109}
$$

应用 Laplace 变换中的卷积理论的分部积分公式，有

$$
\begin{aligned}
&\iiint_{V_B}\rho_B\frac{\mathrm{d}}{\mathrm{d}t}(v_i^c+v_{Bi}^d)*\delta X_i^C\,\mathrm{d}V=\iiint_{V_B}\Big\{\rho_B(v_i^c+v_{Bi}^d)*\delta\frac{\mathrm{d}X_i^c}{\mathrm{d}t}-\\
&\rho_B\big[v_i^c(0)+v_{Bi}^d(0)\big]\delta X_i^c\Big\}\mathrm{d}V
\end{aligned}
\tag{6.110}
$$

$$
\sum_{i=1}^{N}\iiint_V\rho\,\frac{\mathrm{d}}{\mathrm{d}t}(v_i^c+e_{ijk}\omega_j x_k^0+v_i^h+e_{ijk}(\omega_j+\Omega_j+\omega_j^r)x_k^r+v_i^d)*\delta X_i^c\,\mathrm{d}V=
$$

$$\sum_{i=1}^{N}\iiint_V\Big\{\rho\,[v_i^c+e_{ijk}\omega_j x_k^0+v_i^h+e_{ijk}(\omega_j+\Omega_j+\omega_j^r)x_k^r+v_i^d]*\delta\frac{\mathrm{d}X_i^c}{\mathrm{d}t}-$$

$$\rho\Big[v_i^c(0)+e_{ijk}\omega_j(0)x_k^0+v_i^h(0)+e_{ijk}[\omega_j(0)+\Omega_j(0)+\omega_j^r(0)]x_k^r+$$

$$v_i^d(0)\Big]\delta X_i^c\Big\}\mathrm{d}V \tag{6.111}$$

$$\iiint_{V_B}\rho_B\frac{\mathrm{d}}{\mathrm{d}t}[e_{ijk}(v_j^c+e_{jlm}\omega_l x_{Bm}+v_{Bj}^d)u_{Bk}]*\delta\theta_i\mathrm{d}V=\iiint_{V_B}\Big\{\rho_B e_{ijk}(v_j^c+e_{jlm}\omega_l x_{Bm}+$$

$$v_{Bj}^d)u_{Bk}*\delta\frac{\mathrm{d}\theta_i}{\mathrm{d}t}-\rho_B e_{ijk}[v_j^c(0)+e_{jlm}\omega_l(0)x_{Bm}+v_{Bj}^d(0)]u_{Bk}(0)\delta\theta_i\Big\}\mathrm{d}V \tag{6.112}$$

$$\iiint_{V_B}\rho_B\frac{\mathrm{d}}{\mathrm{d}t}(e_{ijk}v_{Bj}^d x_{Bk})*\delta\theta_i\mathrm{d}V=\iiint_{V_B}\Big[\rho_B(e_{ijk}v_{Bj}^d x_{Bk})*\delta\frac{\mathrm{d}\theta_i}{\mathrm{d}t}-$$

$$\rho_B e_{ijk}v_{Bj}^d(0)x_{Bk}\delta\theta_i\Big]\mathrm{d}V \tag{6.113}$$

$$\frac{\mathrm{d}}{\mathrm{d}t}(J_{Bij}\omega_j)*\delta\theta_i=J_{Bij}\omega_j*\delta\frac{\mathrm{d}\theta_i}{\mathrm{d}t}-J_{Bij}\omega_j(0)\delta\theta_i \tag{6.114}$$

$$\sum_{i=1}^{N}\iiint_V\rho\frac{\mathrm{d}}{\mathrm{d}t}[e_{ijk}(v_j^c+e_{jlm}\omega_l x_m^0+v_j^h+e_{jlm}(\omega_l+\Omega_l+\omega_l^r)x_m^r+v_j^d)\Delta_k]*\delta\theta_i\mathrm{d}V=$$

$$\sum_{i=1}^{N}\iiint_V\Big\{\rho e_{ijk}[v_j^c+e_{jlm}\omega_l x_m^0+v_j^h+e_{jlm}(\omega_l+\Omega_l+\omega_l^r)x_m^r+v_j^d]\Delta_k*\delta\frac{\mathrm{d}\theta_i}{\mathrm{d}t}-$$

$$\rho e_{ijk}\Big[v_j^c(0)+e_{jlm}\omega_l(0)x_m^0+v_j^h(0)+e_{jlm}[\omega_l(0)+\Omega_l(0)+\omega_l^r(0)]x_m^r+$$

$$v_j^d(0)\Big]\Delta_k(0)\delta\theta_i\Big\}\mathrm{d}V \tag{6.115}$$

$$\sum_{i=1}^{N}\iiint_V\rho\frac{\mathrm{d}}{\mathrm{d}t}[e_{ijk}(v_j^c+e_{jlm}\omega_l x_m^0+v_j^h+e_{jlm}(\omega_l+\Omega_l+\omega_l^r)x_m^r+v_j^d)x_k^0]*\delta\theta_i\mathrm{d}V=$$

$$\sum_{i=1}^{N}\iiint_V\Big\{\rho e_{ijk}[v_j^c+e_{jlm}\omega_l x_m^0+v_j^h+e_{jlm}(\omega_l+\Omega_l+\omega_l^r)x_m^r+v_j^d]x_k^0*\delta\frac{\mathrm{d}\theta_i}{\mathrm{d}t}-$$

$$\rho e_{ijk}\Big[v_j^c(0)+e_{jlm}\omega_l(0)x_m^0+v_j^h(0)+e_{jlm}[\omega_l(0)+\Omega_l(0)+\omega_l^r(0)]x_m^r+$$

$$v_j^d(0)\Big]x_k^0\delta\theta_i\Big\}\mathrm{d}V \tag{6.116}$$

$$\iiint_{V_B}\rho_B\frac{\mathrm{d}}{\mathrm{d}t}(v_i^c+e_{ijk}\omega_j x_{Bk}+v_{Bi}^d)*\delta u_{Bi}\mathrm{d}V=\iiint_{V_B}\Big\{\rho_B(v_i^c+e_{ijk}\omega_j x_{Bk}+v_{Bi}^d)*\frac{\mathrm{d}}{\mathrm{d}t}(\delta u_{Bi})-$$

$$\rho_B[v_i^c(0)+e_{ijk}\omega_j(0)x_{Bk}+v_{Bi}^d(0)]\delta u_{Bi}\Big\}\mathrm{d}V \tag{6.117}$$

$$\sum_{i=1}^{N}\iiint_V\rho\frac{\mathrm{d}}{\mathrm{d}t}(v_i^c+e_{ijk}\omega_j x_k^0+v_i^h+e_{ijk}(\omega_j+\Omega_j+\omega_j^r)x_k^r+v_i^d)*\delta\Delta_i\mathrm{d}V=$$

$$\sum_{i=1}^{N}\iiint_V\Big\{\rho[v_i^c+e_{ijk}\omega_j x_k^0+v_i^h+e_{ijk}(\omega_j+\Omega_j+\omega_j^r)x_k^r+v_i^d]*\frac{\mathrm{d}}{\mathrm{d}t}(\delta\Delta_i)-$$

$$\rho\Big[v_i^c(0)+e_{ijk}\omega_j(0)x_k^0+v_i^h(0)+e_{ijk}[\omega_j(0)+\Omega_j(0)+\omega_j^r(0)]x_k^r+$$

$$v_i^d(0)\Big]\delta\Delta_i\Big\}\mathrm{d}V \tag{6.118}$$

$$\sum_{i=1}^{N}\iiint_V \rho\frac{\mathrm{d}}{\mathrm{d}t}[e_{ijk}(v_j^c+e_{jlm}\omega_l x_m^0+v_j^h+e_{jlm}(\omega_l+\Omega_l+\omega_l^r)x_m^r+v_j^d)x_k^r]*\delta(\theta_i+\beta_i+\theta_i^r)\mathrm{d}V=$$

$$\sum_{i=1}^{N}\iiint_V\Big\{\rho e_{ijk}[v_j^c+e_{jlm}\omega_l x_m^0+v_j^h+e_{jlm}(\omega_l+\Omega_l+\omega_l^r)x_m^r+v_j^d]x_k^r*\delta\frac{\mathrm{d}(\theta_i+\beta_i+\theta_i^r)}{\mathrm{d}t}-$$

$$\rho e_{ijk}\Big[v_j^c(0)+e_{jlm}\omega_l(0)x_m^0+v_j^h(0)+e_{jlm}[\omega_l(0)+\Omega_l(0)+\omega_l^r(0)]x_m^r+$$

$$v_j^d(0)\Big]x_k^r\delta(\theta_i+\beta_i+\theta_i^r)\Big\}\mathrm{d}V \tag{6.119}$$

$$\sum_{i=1}^{N}\iiint_V \rho\frac{\mathrm{d}}{\mathrm{d}t}[e_{ijk}(v_j^c+e_{jlm}\omega_l x_m^0+v_j^h+e_{jlm}(\omega_l+\Omega_l+\omega_l^r)x_m^r+v_j^d)u_k]*\delta(\theta_i+\beta_i+\theta_i^r)\mathrm{d}V=$$

$$\sum_{i=1}^{N}\iiint_V\Big\{\rho e_{ijk}[v_j^c+e_{jlm}\omega_l x_m^0+v_j^h+e_{jlm}(\omega_l+\Omega_l+\omega_l^r)x_m^r+v_j^d]u_k*\delta\frac{\mathrm{d}(\theta_i+\beta_i+\theta_i^r)}{\mathrm{d}t}-$$

$$\rho e_{ijk}\Big[v_j^c(0)+e_{jlm}\omega_l(0)x_m^0+v_j^h(0)+e_{jlm}[\omega_l(0)+\Omega_l(0)+\omega_l^r(0)]x_m^r+$$

$$v_j^d(0)\Big]u_k(0)\delta(\theta_i+\beta_i+\theta_i^r)\Big\}\mathrm{d}V \tag{6.120}$$

$$\sum_{i=1}^{N}\iiint_V \rho\frac{\mathrm{d}}{\mathrm{d}t}(v_i^c+e_{ijk}\omega_j x_k^0+v_i^h+e_{ijk}(\omega_j+\Omega_j+\omega_j^r)x_k^r+v_i^d)*\delta u_i\mathrm{d}V=$$

$$\sum_{i=1}^{N}\iiint_V\Big\{\rho[v_i^c+e_{ijk}\omega_j x_k^0+v_i^h+e_{ijk}(\omega_j+\Omega_j+\omega_j^r)x_k^r+v_i^d]*\frac{\mathrm{d}}{\mathrm{d}t}(\delta u_i)-$$

$$\rho\Big[v_i^c(0)+e_{ijk}\omega_j(0)x_k^0+v_i^h(0)+e_{ijk}[\omega_j(0)+\Omega_j(0)+\omega_j^r(0)]x_k^r+$$

$$v_i^d(0)\Big]\delta u_i\Big\}\mathrm{d}V \tag{6.121}$$

应用 Green 定理，有

$$\iiint_{V_B}(a_{ijkl}\varepsilon_{Bkl})_{,j}*\delta u_{Bi}\mathrm{d}V=\iint_{S_{B\sigma}+S_{Bu}}a_{ijkl}\varepsilon_{Bkl}n_j*\delta u_{Bi}\mathrm{d}S-\iiint_{V_B}a_{ijkl}\varepsilon_{Bkl}*\delta u_{Bi,j}\mathrm{d}V \tag{6.122}$$

$$\sum_{i=1}^{N}\iiint_V(a_{ijkl}\varepsilon_{kl})_{,j}*\delta u_i\mathrm{d}V=\sum_{i=1}^{N}\iint_{S_\sigma+S_u}a_{ijkl}\varepsilon_{kl}n_j*\delta u_i\mathrm{d}S-\sum_{i=1}^{N}\iiint_V a_{ijkl}\varepsilon_{kl}*\delta u_{i,j}\mathrm{d}V \tag{6.123}$$

将式(6.110)～(6.123)代入式(6.109)，可得

$$\iiint_{V_B}\Big\{-\rho_B(v_i^c+v_{Bi}^d)*\delta\frac{\mathrm{d}X_i^c}{\mathrm{d}t}+\rho_B[v_i^c(0)+v_{Bi}^d(0)]\delta X_i^c\Big\}\mathrm{d}V+F_{Bi}*\delta X_i^c-$$

$$\sum_{i=1}^{N}\iiint_V\Big\{\rho[v_i^c+e_{ijk}\omega_j x_k^0+v_i^h+e_{ijk}(\omega_j+\Omega_j+\omega_j^r)x_k^r+v_i^d]*\delta\frac{\mathrm{d}X_i^c}{\mathrm{d}t}-$$

$$\rho\Big[v_i^c(0)+e_{ijk}\omega_j(0)x_k^0+v_i^h(0)+e_{ijk}[\omega_j(0)+\Omega_j(0)+\omega_j^r(0)]x_k^r+$$

$$v_i^d(0)\Big]\delta X_i^c\Big\}\mathrm{d}V+\sum_{i=1}^{N}F_i*\delta X_i^c+\iiint_{V_B}\Big\{\rho_B e_{ijk}(v_j^c+e_{jlm}\omega_l x_{Bm}+v_{Bj}^d)u_{Bk}*\delta\frac{\mathrm{d}\theta_i}{\mathrm{d}t}-$$

$$\rho_B e_{ijk}\left[v_j^c(0)+e_{jlm}\omega_l(0)x_{Bm}+v_{Bj}^d(0)\right]u_{Bk}(0)\delta\theta_i\Big\}\mathrm{d}V+$$

$$\iiint\limits_{V_B}\left[\rho_B(e_{ijk}v_{Bj}^d x_{Bk})*\delta\frac{\mathrm{d}\theta_i}{\mathrm{d}t}-\rho_B e_{ijk}v_{Bj}^d(0)x_{Bk}\delta\theta_i\right]\mathrm{d}V+$$

$$M_{Bi}*\delta\theta_i-J_{Bij}\omega_j*\delta\frac{\mathrm{d}\theta_i}{\mathrm{d}t}+J_{Bij}\omega_j(0)\delta\theta_i+$$

$$\sum_{i=1}^{N}\iiint\limits_{V}\Big\{\rho e_{ijk}\left[v_j^c+e_{jlm}\omega_l x_m^0+v_j^h+e_{jlm}(\omega_l+\Omega_l+\omega_l^r)x_m^r+v_j^d\right]\Delta_k*\delta\frac{\mathrm{d}\theta_i}{\mathrm{d}t}-$$

$$\rho e_{ijk}\Big[v_j^c(0)+e_{jlm}\omega_l(0)x_m^0+v_j^h(0)+e_{jlm}\left[\omega_l(0)+\Omega_l(0)+\omega_l^r(0)\right]x_m^r+$$

$$v_j^d(0)\Big]\Delta_k(0)\delta\theta_i\Big\}\mathrm{d}V+\sum_{i=1}^{N}\iiint\limits_{V}\Big\{\rho e_{ijk}\left[v_j^c+e_{jlm}\omega_l x_m^0+v_j^h+\right.$$

$$\left.e_{jlm}(\omega_l+\Omega_l+\omega_l^r)x_m^r+v_j^d\right]x_k^0*\delta\frac{\mathrm{d}\theta_i}{\mathrm{d}t}-\rho e_{ijk}\Big[v_j^c(0)+e_{jlm}\omega_l(0)x_m^0+$$

$$v_j^h(0)+e_{jlm}\left[\omega_l(0)+\Omega_l(0)+\omega_l^r(0)\right]x_m^r+v_j^d(0)\Big]x_k^0\delta\theta_i\Big\}\mathrm{d}V-$$

$$\iiint\limits_{V_B}\Big\{\rho_B(v_i^c+e_{ijk}\omega_j x_{Bk}+v_{Bi}^d)*\frac{\mathrm{d}}{\mathrm{d}t}(\delta u_{Bi})-$$

$$\rho_B\left[v_i^c(0)+e_{ijk}\omega_j(0)x_{Bk}+v_{Bi}^d(0)\right]\delta u_{Bi}\Big\}\mathrm{d}V+$$

$$\iint\limits_{S_{B\sigma}+S_{Bu}}a_{ijkl}\varepsilon_{Bkl}n_j*\delta u_{Bi}\,\mathrm{d}S-\iiint\limits_{V_B}(a_{ijkl}\varepsilon_{Bkl}*\delta u_{Bi,j}-f_i*\delta u_{Bi})\,\mathrm{d}V-$$

$$\sum_{i=1}^{N}\iiint\limits_{V}\Big\{\rho\left[v_i^c+e_{ijk}\omega_j x_k^0+v_i^h+e_{ijk}(\omega_j+\Omega_j+\omega_j^r)x_k^r+v_i^d\right]*\frac{\mathrm{d}}{\mathrm{d}t}(\delta\Delta_i)-$$

$$\rho\Big[v_i^c(0)+e_{ijk}\omega_j(0)x_k^0+v_i^h(0)+e_{ijk}\left[\omega_j(0)+\Omega_j(0)+\omega_j^r(0)\right]x_k^r+$$

$$v_i^d(0)\Big]\delta\Delta_i\Big\}\mathrm{d}V+\sum_{i=1}^{N}\iiint\limits_{V}\Big\{\rho e_{ijk}\left[v_j^c+e_{jlm}\omega_l x_m^0+v_j^h+e_{jlm}(\omega_l+\Omega_l+\omega_l^r)x_m^r+\right.$$

$$\left.v_j^d\right]x_k^r*\delta\frac{\mathrm{d}(\theta_i+\beta_i+\theta_i^r)}{\mathrm{d}t}-\rho e_{ijk}\Big[v_j^c(0)+e_{jlm}\omega_l(0)x_m^0+v_j^h(0)+$$

$$e_{jlm}\left[\omega_l(0)+\Omega_l(0)+\omega_l^r(0)\right]x_m^r+v_j^d(0)\Big]x_k^r\delta(\theta_i+\beta_i+\theta_i^r)\Big\}\mathrm{d}V+$$

$$\sum_{i=1}^{N}\iiint\limits_{V}\Big\{\rho e_{ijk}\left[v_j^c+e_{jlm}\omega_l x_m^0+v_j^h+e_{jlm}(\omega_l+\Omega_l+\omega_l^r)x_m^r+v_j^d\right]u_k*$$

$$\delta\frac{\mathrm{d}(\theta_i+\beta_i+\theta_i^r)}{\mathrm{d}t}-\rho e_{ijk}\Big[v_j^c(0)+e_{jlm}\omega_l(0)x_m^0+v_j^h(0)+$$

$$e_{jlm}\left[\omega_l(0)+\Omega_l(0)+\omega_l^r(0)\right]x_m^r+v_j^d(0)\Big]u_k(0)\delta(\theta_i+\beta_i+\theta_i^r)\Big\}\mathrm{d}V+$$

$$\sum_{i=1}^{N}M_i*\delta(\theta_i+\beta_i+\theta_i^r)-\sum_{i=1}^{N}\iiint\limits_{V}\Big\{\rho\left[v_i^c+e_{ijk}\omega_j x_k^0+v_i^h+\right.$$

$$\left.e_{ijk}(\omega_j+\Omega_j+\omega_j^r)x_k^r+v_i^d\right]*\frac{\mathrm{d}}{\mathrm{d}t}(\delta u_i)-\rho\Big[v_i^c(0)+e_{ijk}\omega_j(0)x_k^0+v_i^h(0)+$$

$$e_{ijk}\left[\omega_j(0)+\Omega_j(0)+\omega_j^r(0)\right]x_k^r+v_i^d(0)\Big]\delta u_i\Big\}\mathrm{d}V+$$

$$\sum_{i=1}^{N}\iint\limits_{S_\sigma+S_u} a_{ijkl}\varepsilon_{kl}n_j*\delta u_i\mathrm{d}S-\sum_{i=1}^{N}\iiint\limits_{V}(a_{ijkl}\varepsilon_{kl}*\delta u_{i,j}-f_i*\delta u_i)\mathrm{d}V-$$

$$\iint\limits_{S_{B\sigma}}(a_{ijkl}\varepsilon_{Bkl}n_j-T_i)*\delta u_{Bi}\mathrm{d}S-\sum_{i=1}^{N}\iint\limits_{S_\sigma}(a_{ijkl}\varepsilon_{kl}n_j-T_i)*\delta u_i\mathrm{d}S=0 \tag{6.124}$$

将式(6.91)～(6.101)代入式(6.124),并考虑到

$$\begin{aligned}\delta\frac{\mathrm{d}u_{Bi}}{\mathrm{d}t}&=\delta\left(\frac{\partial u_{Bi}}{\partial t}+e_{ijk}\frac{\mathrm{d}\theta_j}{\mathrm{d}t}u_{Bk}\right)\\&=\frac{\partial}{\partial t}(\delta u_{Bi})+e_{ijk}\frac{\mathrm{d}\theta_j}{\mathrm{d}t}\delta u_{Bk}+e_{ijk}\delta\frac{\mathrm{d}\theta_j}{\mathrm{d}t}u_{Bk}\\&=\frac{\mathrm{d}}{\mathrm{d}t}(\delta u_{Bi})+e_{ijk}u_{Bk}\delta\frac{\mathrm{d}\theta_j}{\mathrm{d}t}\end{aligned} \tag{6.125}$$

$$\begin{aligned}\delta\frac{\mathrm{d}\Delta_i}{\mathrm{d}t}&=\delta\left(\frac{\partial\Delta_i}{\partial t}+e_{ijk}\frac{\mathrm{d}\theta_j}{\mathrm{d}t}\Delta_k\right)\\&=\frac{\partial}{\partial t}(\delta\Delta_i)+e_{ijk}\frac{\mathrm{d}\theta_j}{\mathrm{d}t}\delta\Delta_k+e_{ijk}\delta\frac{\mathrm{d}\theta_j}{\mathrm{d}t}\Delta_k\\&=\frac{\mathrm{d}}{\mathrm{d}t}(\delta\Delta_i)+e_{ijk}\Delta_k\delta\frac{\mathrm{d}\theta_j}{\mathrm{d}t}\end{aligned} \tag{6.126}$$

$$\begin{aligned}\delta\frac{\mathrm{d}u_i}{\mathrm{d}t}&=\delta\left(\frac{\partial u_i}{\partial t}+e_{ijk}\frac{\mathrm{d}(\theta_j+\beta_j+\theta_j^r)}{\mathrm{d}t}u_k\right)\\&=\frac{\partial}{\partial t}(\delta u_i)+e_{ijk}\frac{\mathrm{d}(\theta_j+\beta_j+\theta_j^r)}{\mathrm{d}t}\delta u_k+e_{ijk}\delta\frac{\mathrm{d}(\theta_j+\beta_j+\theta_j^r)}{\mathrm{d}t}u_k\\&=\frac{\mathrm{d}}{\mathrm{d}t}(\delta u_i)+e_{ijk}u_k\delta\frac{\mathrm{d}(\theta_j+\beta_j+\theta_j^r)}{\mathrm{d}t}\end{aligned} \tag{6.127}$$

可得

$$\iiint\limits_{V_B}\Big\{-\rho_B(v_i^c+v_{Bi}^d)*\delta v_i^c+\rho_B\left[v_i^c(0)+v_{Bi}^d(0)\right]\delta X_i^c\Big\}\mathrm{d}V+F_{Bi}*\delta X_i^c-$$

$$\sum_{i=1}^{N}\iiint\limits_{V}\Big\{\rho\left[v_i^c+e_{ijk}\omega_j x_k^0+v_i^h+e_{ijk}(\omega_j+\Omega_j+\omega_j^r)x_k^r+v_i^d\right]*\delta v_i^c-\rho\Big[v_i^c(0)+$$

$$e_{ijk}\omega_j(0)x_k^0+v_i^h(0)+e_{ijk}\left[\omega_j(0)+\Omega_j(0)+\omega_j^r(0)\right]x_k^r+v_i^d(0)\Big]\delta X_i^C\Big\}\mathrm{d}V+$$

$$\sum_{i=1}^{N}F_i*\delta X_i^c+\iiint\limits_{V_B}\Big\{-\rho_B e_{ijk}\left[v_j^c(0)+e_{jlm}\omega_l(0)x_{Bm}+v_{Bj}^d(0)\right]u_{Bk}(0)\delta\theta_i\Big\}\mathrm{d}V+$$

$$\iiint\limits_{V_B}\left[\rho_B(e_{ijk}v_{Bj}^d x_{Bk})*\delta\omega_i-\rho_B e_{ijk}v_{Bj}^d(0)x_{Bk}\delta\theta_i\right]\mathrm{d}V+M_{Bi}*\delta\theta_i-$$

$$J_{Bij}\omega_j*\delta\omega_i+J_{Bij}\omega_j(0)\delta\theta_i+\sum_{i=1}^{N}\iiint\limits_{V}\Big\{-\rho e_{ijk}\Big[v_j^c(0)+e_{jlm}\omega_l(0)x_m^0+$$

$$v_j^h(0)+e_{jlm}\left[\omega_l(0)+\Omega_l(0)+\omega_l^r(0)\right]x_m^r+v_j^d(0)\Big]\Delta_k(0)\delta\theta_i\Big\}\mathrm{d}V+$$

$$\sum_{i=1}^{N}\iiint_{V}\Big\{\rho e_{ijk}\left[v_j^c+e_{jlm}\omega_l x_m^0+v_j^h+e_{jlm}(\omega_l+\Omega_l+\omega_l^r)x_m^r+v_j^d\right]x_k^0*\delta\omega_i-$$

$$\rho e_{ijk}\Big[v_j^c(0)+e_{jlm}\omega_l(0)x_m^0+v_j^h(0)+e_{jlm}\left[\omega_l(0)+\Omega_l(0)+\omega_l^r(0)\right]x_m^r+$$

$$v_j^d(0)\Big]x_k^0\delta\theta_i\Big\}\mathrm{d}V-\iiint_{V_B}\Big\{\rho_B(v_i^c+e_{ijk}\omega_j x_{Bk}+v_{Bi}^d)*\delta v_{Bi}^d-\rho_B\left[v_i^c(0)+\right.$$

$$\left.e_{ijk}\omega_j(0)x_{Bk}+v_{Bi}^d(0)\right]\delta u_{Bi}\Big\}\mathrm{d}V-\iiint_{V_B}(a_{ijkl}\varepsilon_{Bkl}*\delta\varepsilon_{Bij}-f_i*\delta u_{Bi})\mathrm{d}V-$$

$$\sum_{i=1}^{N}\iiint_{V}\Big\{\rho\left[v_i^c+e_{ijk}\omega_j x_k^0+v_i^h+e_{ijk}(\omega_j+\Omega_j+\omega_j^r)x_k^r+v_i^d\right]*\delta v_i^h-$$

$$\rho\Big[v_i^c(0)+e_{ijk}\omega_j(0)x_k^0+v_i^h(0)+e_{ijk}\left[\omega_j(0)+\Omega_j(0)+\omega_j^r(0)\right]x_k^r+$$

$$v_i^d(0)\Big]\delta\Delta_i\Big\}\mathrm{d}V+\sum_{i=1}^{N}\iiint_{V}\Big\{\rho e_{ijk}\left[v_j^c+e_{jlm}\omega_l x_m^0+v_j^h+e_{jlm}(\omega_l+\Omega_l+\omega_l^r)x_m^r+\right.$$

$$\left.v_j^d\right]x_k^r*\delta(\omega_i+\Omega_i+\omega_i^r)-\rho e_{ijk}\Big[v_j^c(0)+e_{jlm}\omega_l(0)x_m^0+v_j^h(0)+$$

$$e_{jlm}\left[\omega_l(0)+\Omega_l(0)+\omega_l^r(0)\right]x_m^r+v_j^d(0)\Big]x_k^r\delta(\theta_i+\beta_i+\theta_i^r)\Big\}\mathrm{d}V+$$

$$\sum_{i=1}^{N}\iiint_{V}\Big\{-\rho e_{ijk}\Big[v_j^c(0)+e_{jlm}\omega_l(0)x_m^0+v_j^h(0)+e_{jlm}\left[\omega_l(0)+\Omega_l(0)+\right.$$

$$\left.\omega_l^r(0)\right]x_m^r+v_j^d(0)\Big]u_k(0)\delta(\theta_i+\beta_i+\theta_i^r)\Big\}\mathrm{d}V+\sum_{i=1}^{N}M_i*\delta(\theta_i+\beta_i+\theta_i^r)-$$

$$\sum_{i=1}^{N}\iiint_{V}\Big\{\rho\left[v_i^c+e_{ijk}\omega_j x_k^0+v_i^h+e_{ijk}(\omega_j+\Omega_j+\omega_j^r)x_k^r+v_i^d\right]*\delta v_i^d-$$

$$\rho\Big[v_i^c(0)+e_{ijk}\omega_j(0)x_k^0+v_i^h(0)+e_{ijk}\left[\omega_j(0)+\Omega_j(0)+\omega_j^r(0)\right]x_k^r+$$

$$v_i^d(0)\Big]\delta u_i\Big\}\mathrm{d}V-\sum_{i=1}^{N}\iiint_{V}(a_{ijkl}\varepsilon_{kl}*\delta\varepsilon_{ij}-f_i*\delta u_i)\mathrm{d}V+$$

$$\iint_{S_{B\sigma}}T_i*\delta u_{Bi}\mathrm{d}S+\sum_{i=1}^{N}\iint_{S_\sigma}T_i*\delta u_i\mathrm{d}S=0 \tag{6.128}$$

式(6.128)可以进一步表示为

$$\delta\Big\{\iiint_{V_B}\Big\{-\frac{1}{2}\rho_B v_i^c*v_i^c-\rho_B(v_i^c+e_{ijk}\omega_j x_{Bk})*v_{Bi}^d-\frac{1}{2}\rho_B v_{Bi}^d*v_{Bi}^d+$$

$$\rho_B\left[v_i^c(0)+v_{Bi}^d(0)\right]X_i^c+\rho_B\left[v_i^c(0)+e_{ijk}\omega_j(0)x_{Bk}+v_{Bi}^d(0)\right]u_{Bi}-$$

$$\rho_B e_{ijk}\left[v_j^c(0)+e_{jlm}\omega_l(0)x_{Bm}+v_{Bj}^d(0)\right]u_{Bk}(0)\theta_i-\rho_B e_{ijk}v_{Bj}^d(0)x_{Bk}\theta_i\Big\}\mathrm{d}V+$$

$$F_{Bi}*X_i^c+M_{Bi}*\theta_i-\frac{1}{2}J_{Bij}\omega_j*\omega_i+J_{Bij}\omega_j(0)\theta_i-$$

$$\iiint_{V_B}\left(\frac{1}{2}a_{ijkl}\varepsilon_{Bij}*\varepsilon_{Bkl}-f_i*u_{Bi}\right)\mathrm{d}V+\iint_{S_{B\sigma}}T_i*u_{Bi}\mathrm{d}S\Big\}-$$

$$X_i^c * \delta F_{Bi} - \theta_i * \delta M_{Bi} - \iiint_{V_B} u_{Bi} * \delta f_i \mathrm{d}V - \iint_{S_{B\sigma}} u_{Bi} * \delta T_i \mathrm{d}S +$$

$$\delta\Big\{\sum_{i=1}^{N}\iiint_{V}\Big\{-\frac{1}{2}\rho v_i^c * v_i^c - \frac{1}{2}\rho v_i^h * v_i^h + \frac{1}{2}\rho e_{ijk} e_{jlm} x_m^r x_k^r (\omega_l + \Omega_l + \omega_l^r) *$$

$$(\omega_i + \Omega_i + \omega_i^r) - \frac{1}{2}\rho v_i^d * v_i^d - \rho[e_{ijk}\omega_j x_k^0 + v_i^h + e_{ijk}(\omega_j + \Omega_j + \omega_j^r) x_k^r +$$

$$v_i^d] * v_i^c - \rho[e_{ijk}\omega_j x_k^0 + e_{ijk}(\omega_j + \Omega_j + \omega_j^r) x_k^r + v_i^d] * v_i^h + \rho e_{ijk}(e_{jlm}\omega_l x_m^0 +$$

$$v_j^d) x_k^r * (\omega_i + \Omega_i + \omega_i^r) - \rho e_{ijk}\omega_j x_k^0 * v_i^d + \frac{1}{2}\rho e_{ijk} e_{jlm} x_m^0 x_k^0 \omega_l * \omega_i +$$

$$\rho\Big[v_i^c(0) + e_{ijk}\omega_j(0) x_k^0 + v_i^h(0) + e_{ijk}[\omega_j(0) + \Omega_j(0) + \omega_j^r(0)] x_k^r +$$

$$v_i^d(0)\Big](X_i^c + u_i) - \rho e_{ijk}\Big[v_j^c(0) + e_{jlm}\omega_l(0) x_m^0 + v_j^h(0) +$$

$$e_{jlm}[\omega_l(0) + \Omega_l(0) + \omega_l^r(0)] x_m^r + v_j^d(0)\Big][\Delta_k(0) + x_k^0]\theta_i +$$

$$\rho\Big[v_i^c(0) + e_{ijk}\omega_j(0) x_k^0 + v_i^h(0) + e_{ijk}[\omega_j(0) + \Omega_j(0) + \omega_j^r(0)] x_k^r + v_i^d(0)\Big]\Delta_i -$$

$$\rho e_{ijk}\Big[v_j^c(0) + e_{jlm}\omega_l(0) x_m^0 + v_j^h(0) + e_{jlm}[\omega_l(0) + \Omega_l(0) + \omega_l^r(0)] x_m^r +$$

$$v_j^d(0)\Big][x_k^r + u_k(0)](\theta_i + \beta_i + \theta_i^r)\Big\}\mathrm{d}V + \sum_{i=1}^{N} F_i * X_i^c + \sum_{i=1}^{N} M_i * (\theta_i + \beta_i + \theta_i^r) -$$

$$\sum_{i=1}^{N}\iiint_{V}\Big(\frac{1}{2}a_{ijkl}\varepsilon_{ij} * \varepsilon_{kl} - f_i * u_i\Big)\mathrm{d}V + \sum_{i=1}^{N}\iint_{S_\sigma} T_i * u_i \mathrm{d}S\Big\} - \sum_{i=1}^{N} X_i^c * \delta F_i -$$

$$\sum_{i=1}^{N}(\theta_i + \beta_i + \theta_i^r) * \delta M_i - \sum_{i=1}^{N}\iiint_{V} u_i * \delta f_i \mathrm{d}V - \sum_{i=1}^{N}\iint_{S_\sigma} u_i * \delta T_i \mathrm{d}S = 0 \tag{6.129}$$

简记为

$$\begin{aligned} &\delta\Pi_H - \delta Q_H = 0 \\ &\Pi_H = \Pi_{BH} + \sum_{i=1}^{N}\Pi_{Hi} \\ &\delta Q_H = \delta Q_{BH} + \sum_{i=1}^{N}\delta Q_{Hi} \end{aligned} \tag{6.130}$$

式中

$$\Pi_{BH} = \iiint_{V_B}\Big\{-\frac{1}{2}\rho_B v_i^c * v_i^c - \rho_B(v_i^c + e_{ijk}\omega_j x_{Bk}) * v_{Bi}^d - \frac{1}{2}\rho_B v_{Bi}^d * v_{Bi}^d +$$

$$\rho_B[v_i^c(0) + v_{Bi}^d(0)] X_i^c + \rho_B[v_i^c(0) + e_{ijk}\omega_j(0) x_{Bk} + v_{Bi}^d(0)] u_{Bi} -$$

$$\rho_B e_{ijk}[v_j^c(0) + e_{jlm}\omega_l(0) x_{Bm} + v_{Bj}^d(0)] u_{Bk}(0)\theta_i - \rho_B e_{ijk} v_{Bj}^d(0) x_{Bk}\theta_i\Big\}\mathrm{d}V +$$

$$F_{Bi} * X_i^c + M_{Bi} * \theta_i - \frac{1}{2}J_{Bij}\omega_j * \omega_i + J_{Bij}\omega_j(0)\theta_i - \pi_B$$

$$\pi_B = \iiint_{V_B}\Big(\frac{1}{2}a_{ijkl}\varepsilon_{Bij} * \varepsilon_{Bkl} - f_i * u_{Bi}\Big)\mathrm{d}V - \iint_{S_{B\sigma}} T_i * u_{Bi}\mathrm{d}S$$

$$\delta Q_{BH}=X_i^c * \delta F_{Bi}+\theta_i * \delta M_{Bi}+\iiint_{V_B} u_{Bi} * \delta f_i \mathrm{d}V+\iint_{S_{B\sigma}} u_{Bi} * \delta T_i \mathrm{d}S$$

$$\begin{aligned}
\Pi_{Hi}=&\iiint_V \Big\{-\frac{1}{2}\rho v_i^c * v_i^c-\frac{1}{2}\rho v_i^h * v_i^h+\frac{1}{2}\rho e_{ijk}e_{jlm}x_m^r x_k^r(\omega_l+\Omega_l+\omega_l^r) * (\omega_i+\Omega_i+\omega_i^r)-\\
&\frac{1}{2}\rho v_i^d * v_i^d-\rho[e_{ijk}\omega_j x_k^0+v_i^h+e_{ijk}(\omega_j+\Omega_j+\omega_j^r)x_k^r+v_i^d] * v_i^c-\\
&\rho[e_{ijk}\omega_j x_k^0+e_{ijk}(\omega_j+\Omega_j+\omega_j^r)x_k^r+v_i^d] * v_i^h+\rho e_{ijk}(e_{jlm}\omega_l x_m^0+v_j^d)x_k^r *\\
&(\omega_i+\Omega_i+\omega_i^r)-\rho e_{ijk}\omega_j x_k^0 * v_i^d+\frac{1}{2}\rho e_{ijk}e_{jlm}x_m^0 x_k^0\omega_l * \omega_i+\\
&\rho\Big[v_i^c(0)+e_{ijk}\omega_j(0)x_k^0+v_i^h(0)+e_{ijk}[\omega_j(0)+\Omega_j(0)+\omega_j^r(0)]x_k^r+\\
&v_i^d(0)\Big](X_i^c+u_i)-\rho e_{ijk}\Big[v_j^c(0)+e_{jlm}\omega_l(0)x_m^0+v_j^h(0)+\\
&e_{jlm}[\omega_l(0)+\Omega_l(0)+\omega_l^r(0)]x_m^r+v_j^d(0)\Big][\Delta_k(0)+x_k^0]\theta_i+\\
&\rho\Big[v_i^c(0)+e_{ijk}\omega_j(0)x_k^0+v_i^h(0)+e_{ijk}[\omega_j(0)+\Omega_j(0)+\omega_j^r(0)]x_k^r+\\
&v_i^d(0)\Big]\Delta_i-\rho e_{ijk}\Big[v_j^c(0)+e_{jlm}\omega_l(0)x_m^0+v_j^h(0)+\\
&e_{jlm}[\omega_l(0)+\Omega_l(0)+\omega_l^r(0)]x_m^r+v_j^d(0)\Big][x_k^r+u_k(0)](\theta_i+\beta_i+\theta_i^r)\Big\}\mathrm{d}V+\\
&F_i * X_i^c+M_i * (\theta_i+\beta_i+\theta_i^r)-\pi
\end{aligned}$$

$$\pi=\iiint_V\left(\frac{1}{2}a_{ijkl}\varepsilon_{ij} * \varepsilon_{kl}-f_i * u_i\right)\mathrm{d}V-\iint_{S_\sigma}T_i * u_i\mathrm{d}S$$

$$\delta Q_{Hi}=X_i^c * \delta F_i+(\theta_i+\beta_i+\theta_i^r) * \delta M_i+\iiint_V u_i * \delta f_i\mathrm{d}V+\iint_{S_\sigma}u_i * \delta T_i\mathrm{d}S$$

其先决条件为式(6.91)～(6.101)，即

$$v_i^c-\frac{\mathrm{d}X_i^c}{\mathrm{d}t}=0$$

$$\omega_i-\frac{\mathrm{d}\theta_i}{\mathrm{d}t}=0$$

$$v_{Bi}^d-\frac{\mathrm{d}u_{Bi}}{\mathrm{d}t}=v_{Bi}^d-\left(\frac{\partial u_{Bi}}{\partial t}+e_{ijk}\frac{\mathrm{d}\theta_j}{\mathrm{d}t}u_{Bk}\right)=0$$

$$\varepsilon_{Bij}-\frac{1}{2}u_{Bi,j}-\frac{1}{2}u_{Bj,i}=0$$

$$v_i^h-\frac{\mathrm{d}\Delta_i}{\mathrm{d}t}=v_i^h-\left(\frac{\partial\Delta_i}{\partial t}+e_{ijk}\frac{\mathrm{d}\theta_j}{\mathrm{d}t}\Delta_k\right)=0$$

$$\Omega_i-\frac{\mathrm{d}\beta_i}{\mathrm{d}t}=0$$

$$\omega_i^r-\frac{\mathrm{d}\theta_i^r}{\mathrm{d}t}=0$$

$$v_i^d-\frac{\mathrm{d}u_i}{\mathrm{d}t}=v_i^d-\left(\frac{\partial u_i}{\partial t}+e_{ijk}\frac{\mathrm{d}(\theta_j+\beta_j+\theta_j^r)}{\mathrm{d}t}u_k\right)=0$$

$$\varepsilon_{ij}-\frac{1}{2}u_{i,j}-\frac{1}{2}u_{j,i}=0$$

$$u_{Bi}-\bar{u}_{Bi}=0$$

$$u_i-\bar{u}_i=0$$

式(6.130)即为带有转动附件多柔体系统动力学初值问题拟变分原理。其先决条件式(6.91)～(6.93)、式(6.95)～(6.98)为运动学条件,式(6.94)、式(6.99)为几何(或连续性)条件,式(6.100)、式(6.101)为位移边界条件。

6.3.4 拟驻值条件

本节将具体研究如何推导带有转动附件多柔体系统动力学初值问题拟变分原理的拟驻值条件。并以此为例,给出推导方法。

这里,将式(6.130)写成展开形式,可得式(6.129),即

$$\delta\left\{\iiint_{V_B}\left\{-\frac{1}{2}\rho_B v_i^c * v_i^c-\rho_B(v_i^c+e_{ijk}\omega_j x_{Bk}) * v_{Bi}^d-\frac{1}{2}\rho_B v_{Bi}^d * v_{Bi}^d+\right.\right.$$

$$\rho_B[v_i^c(0)+v_{Bi}^d(0)]X_i^c+\rho_B[v_i^c(0)+e_{ijk}\omega_j(0)x_{Bk}+v_{Bi}^d(0)]u_{Bi}-$$

$$\left.\rho_B e_{ijk}[v_j^c(0)+e_{jlm}\omega_l(0)x_{Bm}+v_{Bj}^d(0)]u_{Bk}(0)\theta_i-\rho_B e_{ijk}v_{Bj}^d(0)x_{Bk}\theta_i\right\}dV+$$

$$F_{Bi} * X_i^c+M_{Bi} * \theta_i-\frac{1}{2}J_{Bij}\omega_j * \omega_i+J_{Bij}\omega_j(0)\theta_i-$$

$$\left.\iiint_{V_B}\left(\frac{1}{2}a_{ijkl}\varepsilon_{Bij} * \varepsilon_{Bkl}-f_i * u_{Bi}\right)dV+\iint_{S_{B\sigma}}T_i * u_{Bi}dS\right\}-$$

$$X_i^c * \delta F_{Bi}-\theta_i * \delta M_{Bi}-\iiint_{V_B}u_{Bi} * \delta f_i dV-\iint_{S_{B\sigma}}u_{Bi} * \delta T_i dS+$$

$$\delta\left\{\sum_{i=1}^{N}\iiint_{V}\left\{-\frac{1}{2}\rho v_i^c * v_i^c-\frac{1}{2}\rho v_i^h * v_i^h+\frac{1}{2}\rho e_{ijk}e_{jlm}x_m^r x_k^r(\omega_l+\Omega_l+\omega_l^r) *\right.\right.$$

$$(\omega_i+\Omega_i+\omega_i^r)-\frac{1}{2}\rho v_i^d * v_i^d-\rho[e_{ijk}\omega_j x_k^0+v_i^h+e_{ijk}(\omega_j+\Omega_j+\omega_j^r)x_k^r+$$

$$v_i^d] * v_i^c-\rho[e_{ijk}\omega_j x_k^0+e_{ijk}(\omega_j+\Omega_j+\omega_j^r)x_k^r+v_i^d] * v_i^h+\rho e_{ijk}(e_{jlm}\omega_l x_m^0+$$

$$v_j^d)x_k^r * (\omega_i+\Omega_i+\omega_i^r)-\rho e_{ijk}\omega_j x_k^0 * v_i^d+\frac{1}{2}\rho e_{ijk}e_{jlm}x_m^0 x_k^0\omega_l * \omega_i+$$

$$\rho\Big[v_i^c(0)+e_{ijk}\omega_j(0)x_k^0+v_i^h(0)+e_{ijk}[\omega_j(0)+\Omega_j(0)+\omega_j^r(0)]x_k^r+$$

$$v_i^d(0)\Big](X_i^c+u_i)-\rho e_{ijk}\Big[v_j^c(0)+e_{jlm}\omega_l(0)x_m^0+v_j^h(0)+$$

$$e_{jlm}[\omega_l(0)+\Omega_l(0)+\omega_l^r(0)]x_m^r+v_j^d(0)\Big][\Delta_k(0)+x_k^0]\theta_i+$$

$$\rho\Big[v_i^c(0)+e_{ijk}\omega_j(0)x_k^0+v_i^h(0)+e_{ijk}[\omega_j(0)+\Omega_j(0)+\omega_j^r(0)]x_k^r+v_i^d(0)\Big]\Delta_i-$$

$$\rho e_{ijk}\Big[v_j^c(0)+e_{jlm}\omega_l(0)x_m^0+v_j^h(0)+e_{jlm}[\omega_l(0)+\Omega_l(0)+\omega_l^r(0)]x_m^r+$$

$$v_j^d(0)\Big]\left[x_k^r+u_k(0)\right](\theta_i+\beta_i+\theta_i^r)\Big\}\mathrm{d}V+\sum_{i=1}^{N}F_i*X_i^c+\sum_{i=1}^{N}M_i*(\theta_i+\beta_i+\theta_i^r)-$$

$$\sum_{i=1}^{N}\iiint\limits_{V}\left(\frac{1}{2}a_{ijkl}\varepsilon_{ij}*\varepsilon_{kl}-f_i*u_i\right)\mathrm{d}V+\sum_{i=1}^{N}\iint\limits_{S_\sigma}T_i*u_i\mathrm{d}S\Big\}-\sum_{i=1}^{N}X_i^c*\delta F_i-$$

$$\sum_{i=1}^{N}(\theta_i+\beta_i+\theta_i^r)*\delta M_i-\sum_{i=1}^{N}\iiint\limits_{V}u_i*\delta f_i\mathrm{d}V-\sum_{i=1}^{N}\iint\limits_{S_\sigma}u_i*\delta T_i\mathrm{d}S=0$$

上式可以进一步表示为式(6.128)，即

$$\iiint\limits_{V_B}\Big\{-\rho_B(v_i^c+v_{Bi}^d)*\delta v_i^c+\rho_B\left[v_i^c(0)+v_{Bi}^d(0)\right]\delta X_i^c\Big\}\mathrm{d}V+F_{Bi}*\delta X_i^c-$$

$$\sum_{i=1}^{N}\iiint\limits_{V}\Big\{\rho\left[v_i^c+e_{ijk}\omega_j x_k^0+v_i^h+e_{ijk}(\omega_j+\Omega_j+\omega_j^r)x_k^r+v_i^d\right]*\delta v_i^c-\rho\Big[v_i^c(0)+$$

$$e_{ijk}\omega_j(0)x_k^0+v_i^h(0)+e_{ijk}\left[\omega_j(0)+\Omega_j(0)+\omega_j^r(0)\right]x_k^r+v_i^d(0)\Big]\delta X_i^C\Big\}\mathrm{d}V+$$

$$\sum_{i=1}^{N}F_i*\delta X_i^c+\iiint\limits_{V_B}\Big\{-\rho_B e_{ijk}\left[v_j^c(0)+e_{jlm}\omega_l(0)x_{Bm}+v_{Bj}^d(0)\right]u_{Bk}(0)\delta\theta_i\Big\}\mathrm{d}V+$$

$$\iiint\limits_{V_B}\left[\rho_B(e_{ijk}v_{Bj}^d x_{Bk})*\delta\omega_i-\rho_B e_{ijk}v_{Bj}^d(0)x_{Bk}\delta\theta_i\right]\mathrm{d}V+M_{Bi}*\delta\theta_i-$$

$$J_{Bij}\omega_j*\delta\omega_i+J_{Bij}\omega_j(0)\delta\theta_i+\sum_{i=1}^{N}\iiint\limits_{V}\Big\{-\rho e_{ijk}\Big[v_j^c(0)+e_{jlm}\omega_l(0)x_m^0+$$

$$v_j^h(0)+e_{jlm}\left[\omega_l(0)+\Omega_l(0)+\omega_l^r(0)\right]x_m^r+v_j^d(0)\Big]\Delta_k(0)\delta\theta_i\Big\}\mathrm{d}V+$$

$$\sum_{i=1}^{N}\iiint\limits_{V}\Big\{\rho e_{ijk}\left[v_j^c+e_{jlm}\omega_l x_m^0+v_j^h+e_{jlm}(\omega_l+\Omega_l+\omega_l^r)x_m^r+v_j^d\right]x_k^0*\delta\omega_i-$$

$$\rho e_{ijk}\Big[v_j^c(0)+e_{jlm}\omega_l(0)x_m^0+v_j^h(0)+e_{jlm}\left[\omega_l(0)+\Omega_l(0)+\omega_l^r(0)\right]x_m^r+$$

$$v_j^d(0)\Big]x_k^0\delta\theta_i\Big\}\mathrm{d}V-\iiint\limits_{V_B}\Big\{\rho_B(v_i^c+e_{ijk}\omega_j x_{Bk}+v_{Bi}^d)*\delta v_{Bi}^d-\rho_B\left[v_i^c(0)+\right.$$

$$\left.e_{ijk}\omega_j(0)x_{Bk}+v_{Bi}^d(0)\right]\delta u_{Bi}\Big\}\mathrm{d}V-\iiint\limits_{V_B}(a_{ijkl}\varepsilon_{Bkl}*\delta\varepsilon_{Bij}-f_i*\delta u_{Bi})\mathrm{d}V-$$

$$\sum_{i=1}^{N}\iiint\limits_{V}\Big\{\rho\left[v_i^c+e_{ijk}\omega_j x_k^0+v_i^h+e_{ijk}(\omega_j+\Omega_j+\omega_j^r)x_k^r+v_i^d\right]*\delta v_i^h-$$

$$\rho\Big[v_i^c(0)+e_{ijk}\omega_j(0)x_k^0+v_i^h(0)+e_{ijk}\left[\omega_j(0)+\Omega_j(0)+\omega_j^r(0)\right]x_k^r+$$

$$v_i^d(0)\Big]\delta\Delta_i\Big\}\mathrm{d}V+\sum_{i=1}^{N}\iiint\limits_{V}\Big\{\rho e_{ijk}\left[v_j^c+e_{jlm}\omega_l x_m^0+v_j^h+e_{jlm}(\omega_l+\Omega_l+\omega_l^r)x_m^r+\right.$$

$$\left.v_j^d\right]x_k^r*\delta(\omega_i+\Omega_i+\omega_i^r)-\rho e_{ijk}\Big[v_j^c(0)+e_{jlm}\omega_l(0)x_m^0+v_j^h(0)+$$

$$e_{jlm}\left[\omega_l(0)+\Omega_l(0)+\omega_l^r(0)\right]x_m^r+v_j^d(0)\Big]x_k^r\delta(\theta_i+\beta_i+\theta_i^r)\Big\}\mathrm{d}V+$$

$$\sum_{i=1}^{N}\iiint_{V}\Big\{-\rho e_{ijk}\Big[v_j^c(0)+e_{jlm}\omega_l(0)x_m^0+v_j^h(0)+e_{jlm}[\omega_l(0)+\Omega_l(0)+$$

$$\omega_l^r(0)]x_m^r+v_j^d(0)\Big]u_k(0)\delta(\theta_i+\beta_i+\theta_i^r)\Big\}\mathrm{d}V+\sum_{i=1}^{N}M_i*\delta(\theta_i+\beta_i+\theta_i^r)-$$

$$\sum_{i=1}^{N}\iiint_{V}\Big\{\rho[v_i^c+e_{ijk}\omega_jx_k^0+v_i^h+e_{ijk}(\omega_j+\Omega_j+\omega_j^r)x_k^r+v_i^d]*\delta v_i^d-$$

$$\rho\Big[v_i^c(0)+e_{ijk}\omega_j(0)x_k^0+v_i^h(0)+e_{ijk}[\omega_j(0)+\Omega_j(0)+\omega_j^r(0)]x_k^r+$$

$$v_i^d(0)\Big]\delta u_i\Big\}\mathrm{d}V-\sum_{i=1}^{N}\iiint_{V}(a_{ijkl}\varepsilon_{kl}*\delta\varepsilon_{ij}-f_i*\delta u_i)\mathrm{d}V+$$

$$\iint_{S_{B\sigma}}T_i*\delta u_{Bi}\mathrm{d}S+\sum_{i=1}^{N}\iint_{S_\sigma}T_i*\delta u_i\mathrm{d}S=0$$

将先决条件式(6.91)～(6.101)代入式(6.128),并考虑到式(6.127)～(6.125),即

$$\begin{aligned}\delta\frac{\mathrm{d}u_i}{\mathrm{d}t}&=\delta\left(\frac{\partial u_i}{\partial t}+e_{ijk}\frac{\mathrm{d}(\theta_j+\beta_j+\theta_j^r)}{\mathrm{d}t}u_k\right)\\&=\frac{\partial}{\partial t}(\delta u_i)+e_{ijk}\frac{\mathrm{d}(\theta_j+\beta_j+\theta_j^r)}{\mathrm{d}t}\delta u_k+e_{ijk}\delta\frac{\mathrm{d}(\theta_j+\beta_j+\theta_j^r)}{\mathrm{d}t}u_k\\&=\frac{\mathrm{d}}{\mathrm{d}t}(\delta u_i)+e_{ijk}u_k\delta\frac{\mathrm{d}(\theta_j+\beta_j+\theta_j^r)}{\mathrm{d}t}\end{aligned}$$

$$\begin{aligned}\delta\frac{\mathrm{d}\Delta_i}{\mathrm{d}t}&=\delta\left(\frac{\partial\Delta_i}{\partial t}+e_{ijk}\frac{\mathrm{d}\theta_j}{\mathrm{d}t}\Delta_k\right)\\&=\frac{\partial}{\partial t}(\delta\Delta_i)+e_{ijk}\frac{\mathrm{d}\theta_j}{\mathrm{d}t}\delta\Delta_k+e_{ijk}\delta\frac{\mathrm{d}\theta_j}{\mathrm{d}t}\Delta_k\\&=\frac{\mathrm{d}}{\mathrm{d}t}(\delta\Delta_i)+e_{ijk}\Delta_k\delta\frac{\mathrm{d}\theta_j}{\mathrm{d}t}\end{aligned}$$

$$\begin{aligned}\delta\frac{\mathrm{d}u_{Bi}}{\mathrm{d}t}&=\delta\left(\frac{\partial u_{Bi}}{\partial t}+e_{ijk}\frac{\mathrm{d}\theta_j}{\mathrm{d}t}u_{Bk}\right)\\&=\frac{\partial}{\partial t}(\delta u_{Bi})+e_{ijk}\frac{\mathrm{d}\theta_j}{\mathrm{d}t}\delta u_{Bk}+e_{ijk}\delta\frac{\mathrm{d}\theta_j}{\mathrm{d}t}u_{Bk}\\&=\frac{\mathrm{d}}{\mathrm{d}t}(\delta u_{Bi})+e_{ijk}u_{Bk}\delta\frac{\mathrm{d}\theta_j}{\mathrm{d}t}\end{aligned}$$

可得式(6.124),即

$$\iiint_{V_B}\Big\{-\rho_B(v_i^c+v_{Bi}^d)*\delta\frac{\mathrm{d}X_i^c}{\mathrm{d}t}+\rho_B[v_i^c(0)+v_{Bi}^d(0)]\delta X_i^c\Big\}\mathrm{d}V+F_{Bi}*\delta X_i^c-$$

$$\sum_{i=1}^{N}\iiint_{V}\Big\{\rho[v_i^c+e_{ijk}\omega_jx_k^0+v_i^h+e_{ijk}(\omega_j+\Omega_j+\omega_j^r)x_k^r+v_i^d]*\delta\frac{\mathrm{d}X_i^c}{\mathrm{d}t}-$$

$$\rho\Big[v_i^c(0)+e_{ijk}\omega_j(0)x_k^0+v_i^h(0)+e_{ijk}[\omega_j(0)+\Omega_j(0)+\omega_j^r(0)]x_k^r+$$

$$v_i^d(0)\Big]\delta X_i^c\Big\}\mathrm{d}V+\sum_{i=1}^{N}F_i*\delta X_i^c+\iiint_{V_B}\Big\{\rho_Be_{ijk}(v_j^c+e_{jlm}\omega_lx_{Bm}+v_{Bj}^d)u_{Bk}*\delta\frac{\mathrm{d}\theta_i}{\mathrm{d}t}-$$

$$\rho_B e_{ijk}\left[v_j^c(0)+e_{jlm}\omega_l(0)x_{Bm}+v_{Bj}^d(0)\right]u_{Bk}(0)\delta\theta_i\Big\}\mathrm{d}V+$$

$$\iiint_{V_B}\left[\rho_B(e_{ijk}v_{Bj}^d x_{Bk})*\delta\frac{\mathrm{d}\theta_i}{\mathrm{d}t}-\rho_B e_{ijk}v_{Bj}^d(0)x_{Bk}\delta\theta_i\right]\mathrm{d}V+$$

$$M_{Bi}*\delta\theta_i-J_{Bij}\omega_j*\delta\frac{\mathrm{d}\theta_i}{\mathrm{d}t}+J_{Bij}\omega_j(0)\delta\theta_i+$$

$$\sum_{i=1}^{N}\iiint_V\Big\{\rho e_{ijk}\left[v_j^c+e_{jlm}\omega_l x_m^0+v_j^h+e_{jlm}(\omega_l+\Omega_l+\omega_l^r)x_m^r+v_j^d\right]\Delta_k*\delta\frac{\mathrm{d}\theta_i}{\mathrm{d}t}-$$

$$\rho e_{ijk}\Big[v_j^c(0)+e_{jlm}\omega_l(0)x_m^0+v_j^h(0)+e_{jlm}\left[\omega_l(0)+\Omega_l(0)+\omega_l^r(0)\right]x_m^r+$$

$$v_j^d(0)\Big]\Delta_k(0)\delta\theta_i\Big\}\mathrm{d}V+\sum_{i=1}^{N}\iiint_V\Big\{\rho e_{ijk}\left[v_j^c+e_{jlm}\omega_l x_m^0+v_j^h+\right.$$

$$\left.e_{jlm}(\omega_l+\Omega_l+\omega_l^r)x_m^r+v_j^d\right]x_k^0*\delta\frac{\mathrm{d}\theta_i}{\mathrm{d}t}-\rho e_{ijk}\Big[v_j^c(0)+e_{jlm}\omega_l(0)x_m^0+$$

$$v_j^h(0)+e_{jlm}\left[\omega_l(0)+\Omega_l(0)+\omega_l^r(0)\right]x_m^r+v_j^d(0)\Big]x_k^0\delta\theta_i\Big\}\mathrm{d}V-$$

$$\iiint_{V_B}\Big\{\rho_B(v_i^c+e_{ijk}\omega_j x_{Bk}+v_{Bi}^d)*\frac{\mathrm{d}}{\mathrm{d}t}(\delta u_{Bi})-$$

$$\rho_B\left[v_i^c(0)+e_{ijk}\omega_j(0)x_{Bk}+v_{Bi}^d(0)\right]\delta u_{Bi}\Big\}\mathrm{d}V+$$

$$\iint_{S_{B\sigma}+S_{Bu}}a_{ijkl}\varepsilon_{Bkl}n_j*\delta u_{Bi}\mathrm{d}S-\iiint_{V_B}(a_{ijkl}\varepsilon_{Bkl}*\delta u_{Bi,j}-f_i*\delta u_{Bi})\mathrm{d}V-$$

$$\sum_{i=1}^{N}\iiint_V\Big\{\rho\left[v_i^c+e_{ijk}\omega_j x_k^0+v_i^h+e_{ijk}(\omega_j+\Omega_j+\omega_j^r)x_k^r+v_i^d\right]*\frac{\mathrm{d}}{\mathrm{d}t}(\delta\Delta_i)-$$

$$\rho\Big[v_i^c(0)+e_{ijk}\omega_j(0)x_k^0+v_i^h(0)+e_{ijk}\left[\omega_j(0)+\Omega_j(0)+\omega_j^r(0)\right]x_k^r+$$

$$v_i^d(0)\Big]\delta\Delta_i\Big\}\mathrm{d}V+\sum_{i=1}^{N}\iiint_V\Big\{\rho e_{ijk}\left[v_j^c+e_{jlm}\omega_l x_m^0+v_j^h+e_{jlm}(\omega_l+\Omega_l+\omega_l^r)x_m^r+\right.$$

$$\left.v_j^d\right]x_k^r*\delta\frac{\mathrm{d}(\theta_i+\beta_i+\theta_i^r)}{\mathrm{d}t}-\rho e_{ijk}\Big[v_j^c(0)+e_{jlm}\omega_l(0)x_m^0+v_j^h(0)+$$

$$e_{jlm}\left[\omega_l(0)+\Omega_l(0)+\omega_l^r(0)\right]x_m^r+v_j^d(0)\Big]x_k^r\delta(\theta_i+\beta_i+\theta_i^r)\Big\}\mathrm{d}V+$$

$$\sum_{i=1}^{N}\iiint_V\Big\{\rho e_{ijk}\left[v_j^c+e_{jlm}\omega_l x_m^0+v_j^h+e_{jlm}(\omega_l+\Omega_l+\omega_l^r)x_m^r+v_j^d\right]u_k*$$

$$\delta\frac{\mathrm{d}(\theta_i+\beta_i+\theta_i^r)}{\mathrm{d}t}-\rho e_{ijk}\Big[v_j^c(0)+e_{jlm}\omega_l(0)x_m^0+v_j^h(0)+$$

$$e_{jlm}\left[\omega_l(0)+\Omega_l(0)+\omega_l^r(0)\right]x_m^r+v_j^d(0)\Big]u_k(0)\delta(\theta_i+\beta_i+\theta_i^r)\Big\}\mathrm{d}V+$$

$$\sum_{i=1}^{N}M_i*\delta(\theta_i+\beta_i+\theta_i^r)-\sum_{i=1}^{N}\iiint_V\Big\{\rho\left[v_i^c+e_{ijk}\omega_j x_k^0+v_i^h+\right.$$

$$\left.e_{ijk}(\omega_j+\Omega_j+\omega_j^r)x_k^r+v_i^d\right]*\frac{\mathrm{d}}{\mathrm{d}t}(\delta u_i)-\rho\Big[v_i^c(0)+e_{ijk}\omega_j(0)x_k^0+v_i^h(0)+$$

$$e_{ijk}\left[\omega_j(0)+\Omega_j(0)+\omega_j^r(0)\right]x_k^r+v_i^d(0)\Big]\delta u_i\Big\}\mathrm{d}V+$$

$$\sum_{i=1}^{N}\iint_{S_\sigma+S_u}a_{ijkl}\varepsilon_{kl}n_j*\delta u_i\mathrm{d}S-\sum_{i=1}^{N}\iiint_V(a_{ijkl}\varepsilon_{kl}*\delta u_{i,j}-f_i*\delta u_i)\mathrm{d}V-$$

$$\iint_{S_{B\sigma}}(a_{ijkl}\varepsilon_{Bkl}n_j-T_i)*\delta u_{Bi}\mathrm{d}S-\sum_{i=1}^{N}\iint_{S_\sigma}(a_{ijkl}\varepsilon_{kl}n_j-T_i)*\delta u_i\mathrm{d}S=0$$

应用 Green 定理，有式(6.123)、式(6.122)，即

$$\sum_{i=1}^{N}\iiint_V(a_{ijkl}\varepsilon_{kl})_{,j}*\delta u_i\mathrm{d}V=\sum_{i=1}^{N}\iint_{S_\sigma+S_u}a_{ijkl}\varepsilon_{kl}n_j*\delta u_i\mathrm{d}S-\sum_{i=1}^{N}\iiint_V a_{ijkl}\varepsilon_{kl}*\delta u_{i,j}\mathrm{d}V$$

$$\iiint_{V_B}(a_{ijkl}\varepsilon_{Bkl})_{,j}*\delta u_{Bi}\mathrm{d}V=\iint_{S_{B\sigma}+S_{Bu}}a_{ijkl}\varepsilon_{Bkl}n_j*\delta u_{Bi}\mathrm{d}S-\iiint_{V_B}a_{ijkl}\varepsilon_{Bkl}*\delta u_{Bi,j}\mathrm{d}V$$

应用 Laplace 变换中的卷积理论的分部积分公式，有式(6.121) ~ (6.110)，即

$$\sum_{i=1}^{N}\iiint_V\rho\frac{\mathrm{d}}{\mathrm{d}t}(v_i^c+e_{ijk}\omega_jx_k^0+v_i^h+e_{ijk}(\omega_j+\Omega_j+\omega_j^r)x_k^r+v_i^d)*\delta u_i\mathrm{d}V=$$

$$\sum_{i=1}^{N}\iiint_V\Big\{\rho\left[v_i^c+e_{ijk}\omega_jx_k^0+v_i^h+e_{ijk}(\omega_j+\Omega_j+\omega_j^r)x_k^r+v_i^d\right]*\frac{\mathrm{d}}{\mathrm{d}t}(\delta u_i)-$$

$$\rho\Big[v_i^c(0)+e_{ijk}\omega_j(0)x_k^0+v_i^h(0)+e_{ijk}\left[\omega_j(0)+\Omega_j(0)+\omega_j^r(0)\right]x_k^r+$$

$$v_i^d(0)\Big]\delta u_i\Big\}\mathrm{d}V$$

$$\sum_{i=1}^{N}\iiint_V\rho\frac{\mathrm{d}}{\mathrm{d}t}\left[e_{ijk}(v_j^c+e_{jlm}\omega_lx_m^0+v_j^h+e_{jlm}(\omega_l+\Omega_l+\omega_l^r)x_m^r+v_j^d)u_k\right]*\delta(\theta_i+\beta_i+\theta_i^r)\mathrm{d}V=$$

$$\sum_{i=1}^{N}\iiint_V\Big\{\rho e_{ijk}\left[v_j^c+e_{jlm}\omega_lx_m^0+v_j^h+e_{jlm}(\omega_l+\Omega_l+\omega_l^r)x_m^r+v_j^d\right]u_k*\delta\frac{\mathrm{d}(\theta_i+\beta_i+\theta_i^r)}{\mathrm{d}t}-$$

$$\rho e_{ijk}\Big[v_j^c(0)+e_{jlm}\omega_l(0)x_m^0+v_j^h(0)+e_{jlm}\left[\omega_l(0)+\Omega_l(0)+\omega_l^r(0)\right]x_m^r+$$

$$v_j^d(0)\Big]u_k(0)\delta(\theta_i+\beta_i+\theta_i^r)\Big\}\mathrm{d}V$$

$$\sum_{i=1}^{N}\iiint_V\rho\frac{\mathrm{d}}{\mathrm{d}t}\left[e_{ijk}(v_j^c+e_{jlm}\omega_lx_m^0+v_j^h+e_{jlm}(\omega_l+\Omega_l+\omega_l^r)x_m^r+v_j^d)x_k^r\right]*\delta(\theta_i+\beta_i+\theta_i^r)\mathrm{d}V=$$

$$\sum_{i=1}^{N}\iiint_V\Big\{\rho e_{ijk}\left[v_j^c+e_{jlm}\omega_lx_m^0+v_j^h+e_{jlm}(\omega_l+\Omega_l+\omega_l^r)x_m^r+v_j^d\right]x_k^r*\delta\frac{\mathrm{d}(\theta_i+\beta_i+\theta_i^r)}{\mathrm{d}t}-$$

$$\rho e_{ijk}\Big[v_j^c(0)+e_{jlm}\omega_l(0)x_m^0+v_j^h(0)+e_{jlm}\left[\omega_l(0)+\Omega_l(0)+\omega_l^r(0)\right]x_m^r+$$

$$v_j^d(0)\Big]x_k^r\delta(\theta_i+\beta_i+\theta_i^r)\Big\}\mathrm{d}V$$

$$\sum_{i=1}^{N}\iiint_V\rho\frac{\mathrm{d}}{\mathrm{d}t}(v_i^c+e_{ijk}\omega_jx_k^0+v_i^h+e_{ijk}(\omega_j+\Omega_j+\omega_j^r)x_k^r+v_i^d)*\delta\Delta_i\mathrm{d}V=$$

$$\sum_{i=1}^{N}\iiint_V\Big\{\rho\left[v_i^c+e_{ijk}\omega_jx_k^0+v_i^h+e_{ijk}(\omega_j+\Omega_j+\omega_j^r)x_k^r+v_i^d\right]*\frac{\mathrm{d}}{\mathrm{d}t}(\delta\Delta_i)-$$

$$\rho\Big[v_i^c(0)+e_{ijk}\omega_j(0)x_k^0+v_i^h(0)+e_{ijk}[\omega_j(0)+\Omega_j(0)+\omega_j^r(0)]x_k^r+ v_i^d(0)\Big]\delta\Delta_i\Big\}\mathrm{d}V$$

$$\iiint_{V_B}\rho_B\frac{\mathrm{d}}{\mathrm{d}t}(v_i^c+e_{ijk}\omega_jx_{Bk}+v_{Bi}^d)*\delta u_{Bi}\mathrm{d}V=\iiint_{V_B}\Big\{\rho_B(v_i^c+e_{ijk}\omega_jx_{Bk}+v_{Bi}^d)*\frac{\mathrm{d}}{\mathrm{d}t}(\delta u_{Bi})- \rho_B[v_i^c(0)+e_{ijk}\omega_j(0)x_{Bk}+v_{Bi}^d(0)]\delta u_{Bi}\Big\}\mathrm{d}V$$

$$\sum_{i=1}^N\iiint_V\rho\frac{\mathrm{d}}{\mathrm{d}t}[e_{ijk}(v_j^c+e_{jlm}\omega_lx_m^0+v_j^h+e_{jlm}(\omega_l+\Omega_l+\omega_l^r)x_m^r+v_j^d)x_k^0]*\delta\theta_i\mathrm{d}V=$$

$$\sum_{i=1}^N\iiint_V\Big\{\rho e_{ijk}[v_j^c+e_{jlm}\omega_lx_m^0+v_j^h+e_{jlm}(\omega_l+\Omega_l+\omega_l^r)x_m^r+v_j^d]x_k^0*\delta\frac{\mathrm{d}\theta_i}{\mathrm{d}t}- \rho e_{ijk}\Big[v_j^c(0)+e_{jlm}\omega_l(0)x_m^0+v_j^h(0)+e_{jlm}[\omega_l(0)+\Omega_l(0)+\omega_l^r(0)]x_m^r+ v_j^d(0)\Big]x_k^0\delta\theta_i\Big\}\mathrm{d}V$$

$$\sum_{i=1}^N\iiint_V\rho\frac{\mathrm{d}}{\mathrm{d}t}[e_{ijk}(v_j^c+e_{jlm}\omega_lx_m^0+v_j^h+e_{jlm}(\omega_l+\Omega_l+\omega_l^r)x_m^r+v_j^d)\Delta_k]*\delta\theta_i\mathrm{d}V=$$

$$\sum_{i=1}^N\iiint_V\Big\{\rho e_{ijk}[v_j^c+e_{jlm}\omega_lx_m^0+v_j^h+e_{jlm}(\omega_l+\Omega_l+\omega_l^r)x_m^r+v_j^d]\Delta_k*\delta\frac{\mathrm{d}\theta_i}{\mathrm{d}t}- \rho e_{ijk}\Big[v_j^c(0)+e_{jlm}\omega_l(0)x_m^0+v_j^h(0)+e_{jlm}[\omega_l(0)+\Omega_l(0)+\omega_l^r(0)]x_m^r+ v_j^d(0)\Big]\Delta_k(0)\delta\theta_i\Big\}\mathrm{d}V$$

$$\frac{\mathrm{d}}{\mathrm{d}t}(J_{Bij}\omega_j)*\delta\theta_i=J_{Bij}\omega_j*\delta\frac{\mathrm{d}\theta_i}{\mathrm{d}t}-J_{Bij}\omega_j(0)\delta\theta_i$$

$$\iiint_{V_B}\rho_B\frac{\mathrm{d}}{\mathrm{d}t}(e_{ijk}v_{Bj}^dx_{Bk})*\delta\theta_i\mathrm{d}V=\iiint_{V_B}\Big[\rho_B(e_{ijk}v_{Bj}^dx_{Bk})*\delta\frac{\mathrm{d}\theta_i}{\mathrm{d}t}- \rho_Be_{ijk}v_{Bj}^d(0)x_{Bk}\delta\theta_i\Big]\mathrm{d}V$$

$$\iiint_{V_B}\rho_B\frac{\mathrm{d}}{\mathrm{d}t}[e_{ijk}(v_j^c+e_{jlm}\omega_lx_{Bm}+v_{Bj}^d)u_{Bk}]*\delta\theta_i\mathrm{d}V=\iiint_{V_B}\Big\{\rho_Be_{ijk}(v_j^c+e_{jlm}\omega_lx_{Bm}+ v_{Bj}^d)u_{Bk}*\delta\frac{\mathrm{d}\theta_i}{\mathrm{d}t}-\rho_Be_{ijk}[v_j^c(0)+e_{jlm}\omega_l(0)x_{Bm}+v_{Bj}^d(0)]u_{Bk}(0)\delta\theta_i\Big\}\mathrm{d}V$$

$$\sum_{i=1}^N\iiint_V\rho\frac{\mathrm{d}}{\mathrm{d}t}(v_i^c+e_{ijk}\omega_jx_k^0+v_i^h+e_{ijk}(\omega_j+\Omega_j+\omega_j^r)x_k^r+v_i^d)*\delta X_i^c\mathrm{d}V=$$

$$\sum_{i=1}^N\iiint_V\Big\{\rho[v_i^c+e_{ijk}\omega_jx_k^0+v_i^h+e_{ijk}(\omega_j+\Omega_j+\omega_j^r)x_k^r+v_i^d]*\delta\frac{\mathrm{d}X_i^c}{\mathrm{d}t}- \rho\Big[v_i^c(0)+e_{ijk}\omega_j(0)x_k^0+v_i^h(0)+e_{ijk}[\omega_j(0)+\Omega_j(0)+\omega_j^r(0)]x_k^r+ v_i^d(0)\Big]\delta X_i^c\Big\}\mathrm{d}V$$

$$\iiint_{V_B}\rho_B\frac{\mathrm{d}}{\mathrm{d}t}(v_i^c+v_{Bi}^d)*\delta X_i^C\mathrm{d}V=\iiint_{V_B}\Big\{\rho_B(v_i^c+v_{Bi}^d)*\delta\frac{\mathrm{d}X_i^c}{\mathrm{d}t}-$$
$$\rho_B[v_i^c(0)+v_{Bi}^d(0)]\delta X_i^c\Big\}\mathrm{d}V$$

将式(6.123)～(6.110)代入式(6.124)，可得式(6.109)，即

$$\Big\{-\iiint_{V_B}\rho_B\frac{\mathrm{d}}{\mathrm{d}t}(v_i^c+v_{Bi}^d)\mathrm{d}V+F_{Bi}-\sum_{i=1}^{N}\Big[\iiint_V\rho\frac{\mathrm{d}}{\mathrm{d}t}(v_i^c+e_{ijk}\omega_jx_k^0+v_i^h+$$
$$e_{ijk}(\omega_j+\Omega_j+\omega_j^r)x_k^r+v_i^d)\mathrm{d}V-F_i\Big]\Big\}*\delta X_i^c+\Big\{\iiint_{V_B}\rho_B\Big[\frac{\mathrm{d}}{\mathrm{d}t}[e_{ijk}(v_j^c+$$
$$e_{jlm}\omega_lx_{Bm}+v_{Bj}^d)u_{Bk}]+\frac{\mathrm{d}}{\mathrm{d}t}(e_{ijk}v_{Bj}^dx_{Bk})\Big]\mathrm{d}V+M_{Bi}-\frac{\mathrm{d}}{\mathrm{d}t}(J_{Bij}\omega_j)+$$
$$\sum_{i=1}^{N}\iiint_V\rho\Big[\frac{\mathrm{d}}{\mathrm{d}t}[e_{ijk}(v_j^c+e_{jlm}\omega_lx_m^0+v_j^h+e_{jlm}(\omega_l+\Omega_l+\omega_l^r)x_m^r+v_j^d)\Delta_k]+$$
$$\frac{\mathrm{d}}{\mathrm{d}t}[e_{ijk}(v_j^c+e_{jlm}\omega_lx_m^0+v_j^h+e_{jlm}(\omega_l+\Omega_l+\omega_l^r)x_m^r+v_j^d)x_k^0]\Big]\mathrm{d}V\Big\}*\delta\theta_i+$$
$$\iiint_{V_B}\Big[-\rho_B\frac{\mathrm{d}}{\mathrm{d}t}(v_i^c+e_{ijk}\omega_jx_{Bk}+v_{Bi}^d)+(a_{ijkl}\varepsilon_{Bkl})_{,j}+f_i\Big]*\delta u_{Bi}\mathrm{d}V+$$
$$\sum_{i=1}^{N}\iiint_V-\rho\frac{\mathrm{d}}{\mathrm{d}t}(v_i^c+e_{ijk}\omega_jx_k^0+v_i^h+e_{ijk}(\omega_j+\Omega_j+\omega_j^r)x_k^r+v_i^d)*\delta\Delta_i\mathrm{d}V+$$
$$\sum_{i=1}^{N}\Big\{\iiint_V\rho\Big[\frac{\mathrm{d}}{\mathrm{d}t}[e_{ijk}(v_j^c+e_{jlm}\omega_lx_m^0+v_j^h+e_{jlm}(\omega_l+\Omega_l+\omega_l^r)x_m^r+v_j^d)x_k^r]+$$
$$\frac{\mathrm{d}}{\mathrm{d}t}[e_{ijk}(v_j^c+e_{jlm}\omega_lx_m^0+v_j^h+e_{jlm}(\omega_l+\Omega_l+\omega_l^r)x_m^r+v_j^d)u_k]\Big]\mathrm{d}V+M_i\Big\}*$$
$$\delta(\theta_i+\beta_i+\theta_i^r)+\sum_{i=1}^{N}\iiint_V\Big[-\rho\frac{\mathrm{d}}{\mathrm{d}t}(v_i^c+e_{ijk}\omega_jx_k^0+v_i^h+$$
$$e_{ijk}(\omega_j+\Omega_j+\omega_j^r)x_k^r+v_i^d)+(a_{ijkl}\varepsilon_{kl})_{,j}+f_i\Big]*\delta u_i\mathrm{d}V-$$
$$\iint_{S_{B\sigma}}(a_{ijkl}\varepsilon_{Bkl}n_j-T_i)*\delta u_{Bi}\mathrm{d}S-\sum_{i=1}^{N}\iint_{S_\sigma}(a_{ijkl}\varepsilon_{kl}n_j-T_i)*\delta u_i\mathrm{d}S=0$$

由于δX_i^c、$\delta\theta_i$、δu_{Bi}、$\delta\Delta_i$、$\delta(\theta_i+\beta_i+\theta_i^r)$、$\delta u_i$的任意性，有式(6.90)～(6.83)，即

$$\sum_{i=1}^{N}(a_{ijkl}\varepsilon_{kl}n_j-T_i)=0\quad(\text{在 }S_\sigma\text{ 上})$$
$$a_{ijkl}\varepsilon_{Bkl}n_j-T_i=0\quad(\text{在 }S_{B\sigma}\text{ 上})$$
$$\sum_{i=1}^{N}\Big[-\rho\frac{\mathrm{d}}{\mathrm{d}t}(v_i^c+e_{ijk}\omega_jx_k^0+v_i^h+e_{ijk}(\omega_j+\Omega_j+\omega_j^r)x_k^r+v_i^d)+(a_{ijkl}\varepsilon_{kl})_{,j}+f_i\Big]=0$$
$$(\text{在 }V\text{ 中})$$
$$\sum_{i=1}^{N}\Big\{\iiint_V\rho\Big[\frac{\mathrm{d}}{\mathrm{d}t}[e_{ijk}(v_j^c+e_{jlm}\omega_lx_m^0+v_j^h+e_{jlm}(\omega_l+\Omega_l+\omega_l^r)x_m^r+v_j^d)x_k^r]+$$
$$\frac{\mathrm{d}}{\mathrm{d}t}[e_{ijk}(v_j^c+e_{jlm}\omega_lx_m^0+v_j^h+e_{jlm}(\omega_l+\Omega_l+\omega_l^r)x_m^r+v_j^d)u_k]\Big]\mathrm{d}V+M_i\Big\}=0$$

$$\sum_{i=1}^{N} -\rho \frac{\mathrm{d}}{\mathrm{d}t}(v_i^c + e_{ijk}\omega_j x_k^0 + v_i^h + e_{ijk}(\omega_j + \Omega_j + \omega_j^r)x_k^r + v_i^d) = 0 \quad (\text{在 } V \text{ 中})$$

$$-\rho_B \frac{\mathrm{d}}{\mathrm{d}t}(v_i^c + e_{ijk}\omega_j x_{Bk} + v_{Bi}^d) + (a_{ijkl}\varepsilon_{Bkl})_{,j} + f_i = 0 \quad (\text{在 } V_B \text{ 中})$$

$$\iiint_{V_B} \rho_B \left[\frac{\mathrm{d}}{\mathrm{d}t}[e_{ijk}(v_j^c + e_{jlm}\omega_l x_{Bm} + v_{Bj}^d)u_{Bk}] + \frac{\mathrm{d}}{\mathrm{d}t}(e_{ijk}v_{Bj}^d x_{Bk})\right]\mathrm{d}V + M_{Bi} - \frac{\mathrm{d}}{\mathrm{d}t}(J_{Bij}\omega_j) +$$

$$\sum_{i=1}^{N}\iiint_{V}\rho\left[\frac{\mathrm{d}}{\mathrm{d}t}[e_{ijk}(v_j^c + e_{jlm}\omega_l x_m^0 + v_j^h + e_{jlm}(\omega_l + \Omega_l + \omega_l^r)x_m^r + v_j^d)\Delta_k] + \right.$$

$$\left.\frac{\mathrm{d}}{\mathrm{d}t}[e_{ijk}(v_j^c + e_{jlm}\omega_l x_m^0 + v_j^h + e_{jlm}(\omega_l + \Omega_l + \omega_l^r)x_m^r + v_j^d)x_k^0]\right]\mathrm{d}V = 0$$

$$-\iiint_{V_B}\rho_B \frac{\mathrm{d}}{\mathrm{d}t}(v_i^c + v_{Bi}^d)\mathrm{d}V + F_{Bi} - \sum_{i=1}^{N}\left[\iiint_{V}\rho \frac{\mathrm{d}}{\mathrm{d}t}(v_i^c + e_{ijk}\omega_j x_k^0 + v_i^h + \right.$$

$$\left. e_{ijk}(\omega_j + \Omega_j + \omega_j^r)x_k^r + v_i^d)\mathrm{d}V - F_i\right] = 0$$

式(6.90) ～ 式(6.83)即为带有转动附件多柔体系统动力学初值问题拟变分原理的拟驻值条件，与其先决条件式(6.91) ～ 式(6.101)一起构成封闭的微分方程组。明显可见，推导拟驻值条件的过程正是建立拟变分原理的逆过程，这也正说明变积运算是变分运算的逆运算。

6.4　附件既可伸展平动又转动的多柔体系统动力学初值问题拟变分原理

6.4.1　运动学关系

如图 6.3 所示，坐标系 $e=(e_1, e_2, e_3)$ 为定坐标系；建立在附件既可伸展平动又转动的多柔体系统质心 C 上的坐标系 $b=(b_1, b_2, b_3)$ 为动坐标系，质心 C 的运动可以代表多柔体系统的整体运动；$a=(a_1, a_2, a_3)$ 是附件 A_i 的连体坐标系，原点建立在根体 B 与附件 A_i 的铰链 h_i 处，也是动坐标系。对于附件既可伸展平动又转动的多柔体系统，有如下关系式：

$$r_{Bi} = X_i^c + x_{Bi} + u_{Bi} \tag{6.131}$$

$$R_i = X_i^c + x_i^0 + \Delta_i + L_i^r + u_i \tag{6.132}$$

式中　r_{Bi} —— 根体 B 上微元质量 $\mathrm{d}m$ 的矢径；

X_i^c —— 附件既可伸展平动又转动的多柔体系统质心 C 到定坐标系原点的矢径；

x_{Bi} —— 把柔性根体 B 视为刚体时由根体 B 微元质量 $\mathrm{d}m$ 到附件既可伸展平动又转动的多柔体系统质心 C 的矢径；

u_{Bi} —— 根体 B 微元质量 $\mathrm{d}m$ 的弹性位移；

R_i —— 第 i 附件 A_i 上微元质量 $\mathrm{d}m$ 相对定坐标系的矢径；

x_i^0 —— 把柔性根体 B 视为刚体时由铰链 h_i 到附件既可伸展平动又转动的多柔体系统质心 C 的矢径；

Δ_i —— 柔性根体 B 外铰 h_i 相对质心 C 的弹性位移；

L_i^r —— 把柔性附件 A_i 视为刚体时由附件 A_i 中微元质量 $\mathrm{d}m$ 到铰链 h_i 的矢径，即既可伸展平动又转动的附件 A_i 的变化长度；

u_i —— 附件 A_i 微元质量 $\mathrm{d}m$ 的弹性位移。

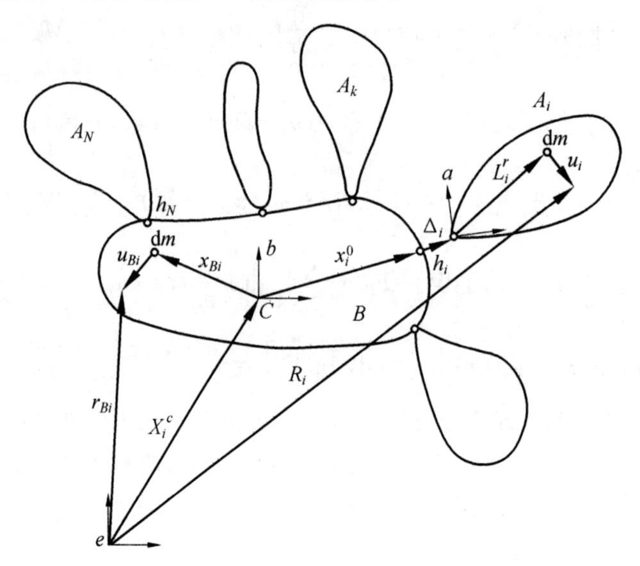

图 6.3　附件既可伸展平动又转动的多柔体系统向量关系

将式(6.131)对时间求导，有

$$\frac{\mathrm{d}r_{Bi}}{\mathrm{d}t}=\frac{\mathrm{d}X_i^c}{\mathrm{d}t}+\frac{\mathrm{d}x_{Bi}}{\mathrm{d}t}+\frac{\mathrm{d}u_{Bi}}{\mathrm{d}t} \tag{6.133}$$

式中　$\frac{\mathrm{d}r_{Bi}}{\mathrm{d}t}$ —— 根体 B 上微元质量 $\mathrm{d}m$ 的矢径在定坐标系内的时间导数；

$\frac{\mathrm{d}X_i^c}{\mathrm{d}t}$ —— 附件既可伸展平动又转动的多柔体系统质心 C 到定坐标系原点的矢径在定坐标系内的时间导数；

$\frac{\mathrm{d}x_{Bi}}{\mathrm{d}t}$ —— 把柔性根体 B 视为刚体时由根体 B 微元质量 $\mathrm{d}m$ 到附件既可伸展平动又转动的多柔体系统质心 C 的矢径在定坐标系内的时间导数；

$\frac{\mathrm{d}u_{Bi}}{\mathrm{d}t}$ —— 根体 B 微元质量 $\mathrm{d}m$ 的弹性位移在定坐标系内的时间导数。

这里，认为 θ_i 满足小角定理，并且考虑到变形体速度与刚体转动的交联，进而有

$$\frac{\mathrm{d}u_{Bi}}{\mathrm{d}t}=\frac{\partial u_{Bi}}{\partial t}+e_{ijk}\frac{\mathrm{d}\theta_j}{\mathrm{d}t}u_{Bk} \tag{6.134}$$

式中　$\frac{\partial u_{Bi}}{\partial t}$ —— 根体 B 微元质量 $\mathrm{d}m$ 的弹性位移在动坐标系内的时间导数；

e_{ijk} —— 置换符号；

θ_i —— 附件既可伸展平动又转动的多柔体系统视为多刚体系统时根体 B 的转角。

应用 Coriolis 转动定理，有

$$\frac{\mathrm{d}x_{Bi}}{\mathrm{d}t}=\frac{\partial x_{Bi}}{\partial t}+e_{ijk}\frac{\mathrm{d}\theta_j}{\mathrm{d}t}x_{Bk} \tag{6.135}$$

式中　$\frac{\partial x_{Bi}}{\partial t}$ —— 把柔性根体 B 视为刚体时由根体 B 微元质量 $\mathrm{d}m$ 到附件既可伸展平动又转动的多柔体系统质心 C 的矢径在动坐标系内的时间导数。

在力学模型中，x_{Bi} 是根体 B 上微元质量 $\mathrm{d}m$ 到质心 C 的距离，而刚体中任意两点间的距离都是常量，因此得

$$\frac{\partial x_{Bi}}{\partial t}=0 \tag{6.136}$$

故有

$$\frac{\mathrm{d}x_{Bi}}{\mathrm{d}t}=e_{ijk}\frac{\mathrm{d}\theta_j}{\mathrm{d}t}x_{Bk} \tag{6.137}$$

将式(6.134)、式(6.137)代入式(6.133)，可得根体 B 上微元质量 $\mathrm{d}m$ 的速度为

$$\frac{\mathrm{d}r_{Bi}}{\mathrm{d}t}=\frac{\mathrm{d}X_i^c}{\mathrm{d}t}+e_{ijk}\frac{\mathrm{d}\theta_j}{\mathrm{d}t}x_{Bk}+\frac{\partial u_{Bi}}{\partial t}+e_{ijk}\frac{\mathrm{d}\theta_j}{\mathrm{d}t}u_{Bk} \tag{6.138}$$

将式(6.132)对时间求导，有

$$\frac{\mathrm{d}R_i}{\mathrm{d}t}=\frac{\mathrm{d}X_i^c}{\mathrm{d}t}+\frac{\mathrm{d}x_i^0}{\mathrm{d}t}+\frac{\mathrm{d}\Delta_i}{\mathrm{d}t}+\frac{\mathrm{d}L_i^r}{\mathrm{d}t}+\frac{\mathrm{d}u_i}{\mathrm{d}t} \tag{6.139}$$

式中　$\frac{\mathrm{d}R_i}{\mathrm{d}t}$ —— 第 i 附件 A_i 上微元质量 $\mathrm{d}m$ 相对定坐标系的矢径在定坐标系内的时间导数；

$\frac{\mathrm{d}x_i^0}{\mathrm{d}t}$ —— 把柔性根体 B 视为刚体时由铰链 h_i 到附件既可伸展平动又转动的多柔体系统质心 C 的矢径在定坐标系内的时间导数；

$\frac{\mathrm{d}\Delta_i}{\mathrm{d}t}$ —— 柔性根体 B 在铰链 h_i 处弹性位移在定坐标系内的时间导数；

$\frac{\mathrm{d}L_i^r}{\mathrm{d}t}$ —— 把柔性附件 A_i 视为刚体时由附件 A_i 中微元质量 $\mathrm{d}m$ 到铰链 h_i 的矢径在定坐标系内的时间导数；

$\frac{\mathrm{d}u_i}{\mathrm{d}t}$ —— 附件 A_i 微元质量 $\mathrm{d}m$ 的弹性位移在定坐标系内的时间导数。

这里，认为 θ_i 满足小角定理，并且考虑到变形体速度与刚体转动的交联，故有

$$\frac{\mathrm{d}u_i}{\mathrm{d}t}=\frac{\partial u_i}{\partial t}+e_{ijk}\frac{\mathrm{d}(\theta_j+\beta_j+\theta_j^r)}{\mathrm{d}t}u_k \tag{6.140}$$

$$\frac{\mathrm{d}\Delta_i}{\mathrm{d}t}=\frac{\partial\Delta_i}{\partial t}+e_{ijk}\frac{\mathrm{d}\theta_j}{\mathrm{d}t}\Delta_k \tag{6.141}$$

式中　$\frac{\partial u_i}{\partial t}$ —— 附件 A_i 微元质量 $\mathrm{d}m$ 的弹性位移在动坐标系内的时间导数；

$\frac{\partial\Delta_i}{\partial t}$ —— 柔性根体 B 在铰链 h_i 处弹性位移在动坐标系内的时间导数；

β_i —— 根体 B 在铰链 h_i 处的弹性角位移；

θ_i^r —— 附件 A_i 的相对转角。

应用 Coriolis 转动定理，有

$$\frac{\mathrm{d}L_i^r}{\mathrm{d}t}=\frac{\partial L_i^r}{\partial t}+e_{ijk}\frac{\mathrm{d}(\theta_j+\beta_j+\theta_j^r)}{\mathrm{d}t}L_k^r \tag{6.142}$$

$$\frac{\mathrm{d}x_i^0}{\mathrm{d}t}=\frac{\partial x_i^0}{\partial t}+e_{ijk}\frac{\mathrm{d}\theta_j}{\mathrm{d}t}x_k^0 \tag{6.143}$$

式中 $\frac{\partial L_i^r}{\partial t}$ —— 把柔性附件 A_i 视为刚体时由附件 A_i 中微元质量 $\mathrm{d}m$ 到铰链 h_i 的矢径在动坐标系内的时间导数；

$\frac{\partial x_i^0}{\partial t}$ —— 把柔性根体 B 视为刚体时由铰链 h_i 到附件既可伸展平动又转动的多柔体系统质心 C 的矢径在动坐标系内的时间导数。

在力学模型中，x_i^0 是铰链 h_i 到质心 C 的距离，而刚体中任意两点间的距离都是常量，因此得

$$\frac{\partial x_i^0}{\partial t}=0 \tag{6.144}$$

故有

$$\frac{\mathrm{d}x_i^0}{\mathrm{d}t}=e_{ijk}\frac{\mathrm{d}\theta_j}{\mathrm{d}t}x_k^0 \tag{6.145}$$

将式(6.140) ~ (6.142)、式(6.145) 代入式(6.139)，可得附件 A_i 上微元质量 $\mathrm{d}m$ 的速度为

$$\begin{aligned}\frac{\mathrm{d}R_i}{\mathrm{d}t}=&\frac{\mathrm{d}X_i^c}{\mathrm{d}t}+e_{ijk}\frac{\mathrm{d}\theta_j}{\mathrm{d}t}x_k^0+\frac{\partial\Delta_i}{\partial t}+e_{ijk}\frac{\mathrm{d}\theta_j}{\mathrm{d}t}\Delta_k+\\&\frac{\partial L_i^r}{\partial t}+e_{ijk}\frac{\mathrm{d}(\theta_j+\beta_j+\theta_j^r)}{\mathrm{d}t}L_k^r+\frac{\partial u_i}{\partial t}+e_{ijk}\frac{\mathrm{d}(\theta_j+\beta_j+\theta_j^r)}{\mathrm{d}t}u_k\end{aligned} \tag{6.146}$$

6.4.2 基本方程

对于附件既可伸展平动又转动的多柔体系统，这里认为作用在变形体上的外力(包括体积力和面积力) 为非保守力，导致刚体运动的力(即作用于质心的主矢和主矩) 也为非保守力。根据上述运动学关系分析，以及文献[228] 对附件既可伸展平动又转动的多柔体系统动力学拟变分原理的拟驻值条件的研究，可知附件既可伸展平动又转动的多柔体系统动力学的基本方程为

$$\begin{aligned}&-\iiint_{V_B}\rho_B\frac{\mathrm{d}}{\mathrm{d}t}(v_i^c+v_{Bi}^d)\,\mathrm{d}V+F_{Bi}-\\&\sum_{i=1}^{N}\left[\iiint_{V}\rho\frac{\mathrm{d}}{\mathrm{d}t}(v_i^c+e_{ijk}\omega_j x_k^0+v_i^h+v_i^L+v_i^d)\,\mathrm{d}V-F_i\right]=0\end{aligned} \tag{6.147}$$

$$\iiint_{V_B}\rho_B\left[\frac{\mathrm{d}}{\mathrm{d}t}\left[e_{ijk}(v_j^c+e_{jlm}\omega_l x_{Bm}+v_{Bj}^d)u_{Bk}\right]+\frac{\mathrm{d}}{\mathrm{d}t}(e_{ijk}v_{Bj}^d x_{Bk})\right]\mathrm{d}V+M_{Bi}-$$

$$\frac{\mathrm{d}}{\mathrm{d}t}(J_{\mathrm{B}ij}\omega_j)+\sum_{i=1}^{N}\iiint_V\rho\left[\frac{\mathrm{d}}{\mathrm{d}t}[e_{ijk}(v_j^c+e_{jlm}\omega_l x_m^0+v_j^h+v_j^L+v_j^d)\Delta_k]+\right.$$
$$\left.\frac{\mathrm{d}}{\mathrm{d}t}[e_{ijk}(v_j^c+e_{jlm}\omega_l x_m^0+v_j^h+v_j^L+v_j^d)x_k^0]\right]\mathrm{d}V=0 \tag{6.148}$$

$$-\rho_{\mathrm{B}}\frac{\mathrm{d}}{\mathrm{d}t}(v_i^c+e_{ijk}\omega_j x_{\mathrm{B}k}+v_{\mathrm{B}i}^d)+(a_{ijkl}\varepsilon_{\mathrm{B}kl})_{,j}+f_i=0\quad(\text{在 } V_{\mathrm{B}} \text{ 中}) \tag{6.149}$$

$$\sum_{i=1}^{N}-\rho\frac{\mathrm{d}}{\mathrm{d}t}(v_i^c+e_{ijk}\omega_j x_k^0+v_i^h+v_i^L+v_i^d)=0\quad(\text{在 } V \text{ 中}) \tag{6.150}$$

$$\sum_{i=1}^{N}\left\{\iiint_V\rho\left[\frac{\mathrm{d}}{\mathrm{d}t}[e_{ijk}(v_j^c+e_{jlm}\omega_l x_m^0+v_j^h+v_j^L+v_j^d)L_k^r]+\right.\right.$$
$$\left.\left.\frac{\mathrm{d}}{\mathrm{d}t}[e_{ijk}(v_j^c+e_{jlm}\omega_l x_m^0+v_j^h+v_j^L+v_j^d)u_k]\right]\mathrm{d}V+M_i\right\}=0 \tag{6.151}$$

$$\sum_{i=1}^{N}\left[-\rho\frac{\mathrm{d}}{\mathrm{d}t}(v_i^c+e_{ijk}\omega_j x_k^0+v_i^h+v_i^L+v_i^d)+(a_{ijkl}\varepsilon_{kl})_{,j}+f_i\right]=0\quad(\text{在 } V \text{ 中}) \tag{6.152}$$

$$a_{ijkl}\varepsilon_{\mathrm{B}kl}n_j-T_i=0\quad(\text{在 } S_{\mathrm{B}\sigma} \text{ 上}) \tag{6.153}$$

$$\sum_{i=1}^{N}(a_{ijkl}\varepsilon_{kl}n_j-T_i)=0\quad(\text{在 } S_\sigma \text{ 上}) \tag{6.154}$$

$$v_i^c-\frac{\mathrm{d}X_i^c}{\mathrm{d}t}=0 \tag{6.155}$$

$$\omega_i-\frac{\mathrm{d}\theta_i}{\mathrm{d}t}=0 \tag{6.156}$$

$$v_{\mathrm{B}i}^d-\frac{\mathrm{d}u_{\mathrm{B}i}}{\mathrm{d}t}=v_{\mathrm{B}i}^d-\left(\frac{\partial u_{\mathrm{B}i}}{\partial t}+e_{ijk}\frac{\mathrm{d}\theta_j}{\mathrm{d}t}u_{\mathrm{B}k}\right)=0 \tag{6.157}$$

$$\varepsilon_{\mathrm{B}ij}-\frac{1}{2}u_{\mathrm{B}i,j}-\frac{1}{2}u_{\mathrm{B}j,i}=0 \tag{6.158}$$

$$v_i^h-\frac{\mathrm{d}\Delta_i}{\mathrm{d}t}=v_i^h-\left(\frac{\partial\Delta_i}{\partial t}+e_{ijk}\frac{\mathrm{d}\theta_j}{\mathrm{d}t}\Delta_k\right)=0 \tag{6.159}$$

$$v_i^L-\frac{\mathrm{d}L_i^r}{\mathrm{d}t}=v_i^L-\left(\frac{\partial L_i^r}{\partial t}+e_{ijk}\frac{\mathrm{d}(\theta_j+\beta_j+\theta_j^r)}{\mathrm{d}t}L_k^r\right)=0 \tag{6.160}$$

$$v_i^d-\frac{\mathrm{d}u_i}{\mathrm{d}t}=v_i^d-\left(\frac{\partial u_i}{\partial t}+e_{ijk}\frac{\mathrm{d}(\theta_j+\beta_j+\theta_j^r)}{\mathrm{d}t}u_k\right)=0 \tag{6.161}$$

$$\varepsilon_{ij}-\frac{1}{2}u_{i,j}-\frac{1}{2}u_{j,i}=0 \tag{6.162}$$

$$u_{\mathrm{B}i}-\bar{u}_{\mathrm{B}i}=0 \tag{6.163}$$

$$u_i-\bar{u}_i=0 \tag{6.164}$$

初值条件为

$$X_i^c\big|_{t=0}=X_i^c(0),\quad \left.\frac{\mathrm{d}X_i^c}{\mathrm{d}t}\right|_{t=0}=\dot{X}_i^c(0) \tag{6.165}$$

$$\theta_i\big|_{t=0}=\theta_i(0),\quad \left.\frac{\mathrm{d}\theta_i}{\mathrm{d}t}\right|_{t=0}=\dot{\theta}_i(0) \tag{6.166}$$

$$u_{Bi}\big|_{t=0}=u_{Bi}(0),\quad \left.\frac{\mathrm{d}u_{Bi}}{\mathrm{d}t}\right|_{t=0}=\dot{u}_{Bi}(0) \tag{6.167}$$

$$\Delta_i\big|_{t=0}=\Delta_i(0),\quad \left.\frac{\mathrm{d}\Delta_i}{\mathrm{d}t}\right|_{t=0}=\dot{\Delta}_i(0) \tag{6.168}$$

$$L_i^r\big|_{t=0}=L_i^r(0),\quad \left.\frac{\mathrm{d}L_i^r}{\mathrm{d}t}\right|_{t=0}=\dot{L}_i^r(0) \tag{6.169}$$

$$u_i\big|_{t=0}=u_i(0),\quad \left.\frac{\mathrm{d}u_i}{\mathrm{d}t}\right|_{t=0}=\dot{u}_i(0) \tag{6.170}$$

式中 ρ_B —— 根体 B 的质量密度；

ρ —— 附件 A_i 的质量密度；

V_B —— 根体 B 的体积；

V —— 附件 A_i 的体积；

$S_{B\sigma}$ —— 根体 B 的应力边界面；

S_σ —— 附件 A_i 的应力边界面；

F_{Bi} —— 作用于根体 B 的质心 C 点的外力主矢，包括附件对根体 B 在铰接点的约束力；

F_i —— 作用于附件 A_i 的外力主矢，简化中心为 C 点，包括根体 B 对附件在铰接点的反约束力；

M_{Bi} —— 作用于根体 B 的质心 C 点的外力主矩，包括附件对根体 B 在铰接点的约束力矩；

M_i —— 作用于附件 A_i 的外力主矩，简化中心为 C 点，包括根体 B 对附件在铰接点的反约束力矩；

f_i —— 作用于多柔体系统的体积力；

T_i —— 作用于多柔体系统的面积力；

ε_{Bij} —— 柔性根体 B 的应变；

ε_{ij} —— 附件 A_i 的应变；

a_{ijkl} —— 刚度系数；

n_j —— 表面法线方向数；

J_{Bij} —— 根体 B 对附件既可伸展平动又转动的多柔体系统质心 C 的转动惯量；

v_i^c —— 把附件既可伸展平动又转动的多柔体系统视为多刚体系统时质心 C 的速度矢量；

v_{Bi}^d —— 柔性根体 B 变形时的速度；

v_i^h —— 柔性根体 B 在铰链 h_i 处的弹性速度；

v_i^L —— 既可伸展平动又转动附件 A_i 的绝对速度；

v_i^d —— 附件 A_i 变形时的速度；

ω_i —— 把附件既可伸展平动又转动的多柔体系统视为多刚体系统时根体 B 转动角速度矢量；

$\bar{u}_{Bi}$ —— 根体 B 微元质量 $\mathrm{d}m$ 的边界位移；

$\bar{u}_i$ —— 附件 A_i 微元质量 $\mathrm{d}m$ 的边界位移；

“·”—— 空间坐标变量对时间 t 的导数。

6.4.3　拟变分原理

应用卷变积方法，按照广义力和广义位移的对应关系，将式(6.147) 卷乘 δX_i^c，将式(6.148) 卷乘 $\delta\theta_i$，将式(6.149) 卷乘 δu_{Bi}，将式(6.150) 分别卷乘 $\delta\Delta_i$、δL_i^r，将式(6.151) 卷乘 $\delta(\theta_i+\beta_i+\theta_i^r)$，将式(6.152) 卷乘 δu_i，将式(6.153) 卷乘 δu_{Bi}，将式(6.154) 卷乘 δu_i，并代数相加，可得

$$\begin{aligned}
&\Big\{-\iiint_{V_B}\rho_B\frac{\mathrm{d}}{\mathrm{d}t}(v_i^c+v_{Bi}^d)\,\mathrm{d}V+F_{Bi}-\sum_{i=1}^{N}\Big[\iiint_V\rho\frac{\mathrm{d}}{\mathrm{d}t}(v_i^c+e_{ijk}\omega_j x_k^0+v_i^h+v_i^L+\\
&v_i^d)\,\mathrm{d}V-F_i\Big]\Big\}*\delta X_i^C+\Big\{\iiint_{V_B}\rho_B\Big[\frac{\mathrm{d}}{\mathrm{d}t}[e_{ijk}(v_j^c+e_{jlm}\omega_l x_{Bm}+v_{Bj}^d)u_{Bk}]+\\
&\frac{\mathrm{d}}{\mathrm{d}t}(e_{ijk}v_{Bj}^d x_{Bk})\Big]\mathrm{d}V+M_{Bi}-\frac{\mathrm{d}}{\mathrm{d}t}(J_{Bij}\omega_j)+\sum_{i=1}^{N}\iiint_V\rho\Big[\frac{\mathrm{d}}{\mathrm{d}t}[e_{ijk}(v_j^c+e_{jlm}\omega_l x_m^0+\\
&v_j^h+v_j^L+v_j^d)\Delta_k]+\frac{\mathrm{d}}{\mathrm{d}t}[e_{ijk}(v_j^c+e_{jlm}\omega_l x_m^0+v_j^h+v_j^L+v_j^d)x_k^0]\Big]\mathrm{d}V\Big\}*\delta\theta_i+\\
&\iiint_{V_B}\Big[-\rho_B\frac{\mathrm{d}}{\mathrm{d}t}(v_i^c+e_{ijk}\omega_j x_{Bk}+v_{Bi}^d)+(a_{ijkl}\varepsilon_{Bkl})_{,j}+f_i\Big]*\delta u_{Bi}\,\mathrm{d}V+\\
&\sum_{i=1}^{N}\iiint_V-\rho\frac{\mathrm{d}}{\mathrm{d}t}(v_i^c+e_{ijk}\omega_j x_k^0+v_i^h+v_i^L+v_i^d)*\delta\Delta_i\,\mathrm{d}V+\\
&\sum_{i=1}^{N}\iiint_V-\rho\frac{\mathrm{d}}{\mathrm{d}t}(v_i^c+e_{ijk}\omega_j x_k^0+v_i^h+v_i^L+v_i^d)*\delta L_i^r\,\mathrm{d}V+\\
&\sum_{i=1}^{N}\Big\{\iiint_V\rho\Big[\frac{\mathrm{d}}{\mathrm{d}t}[e_{ijk}(v_j^c+e_{jlm}\omega_l x_m^0+v_j^h+v_j^L+v_j^d)L_k^r]+\\
&\frac{\mathrm{d}}{\mathrm{d}t}[e_{ijk}(v_j^c+e_{jlm}\omega_l x_m^0+v_j^h+v_j^L+v_j^d)u_k]\Big]\mathrm{d}V+M_i\Big\}*\delta(\theta_i+\beta_i+\theta_i^r)+\\
&\sum_{i=1}^{N}\iiint_V\Big[-\rho\frac{\mathrm{d}}{\mathrm{d}t}(v_i^c+e_{ijk}\omega_j x_k^0+v_i^h+v_i^L+v_i^d)+(a_{ijkl}\varepsilon_{kl})_{,j}+f_i\Big]*\delta u_i\,\mathrm{d}V-\\
&\iint_{S_{B\sigma}}(a_{ijkl}\varepsilon_{Bkl}n_j-T_i)*\delta u_{Bi}\,\mathrm{d}S-\sum_{i=1}^{N}\iint_{S_\sigma}(a_{ijkl}\varepsilon_{kl}n_j-T_i)*\delta u_i\,\mathrm{d}S=0
\end{aligned}\tag{6.171}$$

应用 Laplace 变换中的卷积理论的分部积分公式，有

$$\begin{aligned}
&\iiint_{V_B}\rho_B\frac{\mathrm{d}}{\mathrm{d}t}(v_i^c+v_{Bi}^d)*\delta X_i^c\,\mathrm{d}V=\iiint_{V_B}\Big\{\rho_B(v_i^c+v_{Bi}^d)*\delta\frac{\mathrm{d}X_i^c}{\mathrm{d}t}-\\
&\rho_B[v_i^c(0)+v_{Bi}^d(0)]\delta X_i^c\Big\}\mathrm{d}V
\end{aligned}\tag{6.172}$$

$$\begin{aligned}
&\sum_{i=1}^{N}\iiint_V\rho\frac{\mathrm{d}}{\mathrm{d}t}(v_i^c+e_{ijk}\omega_j x_k^0+v_i^h+v_i^L+v_i^d)*\delta X_i^c\,\mathrm{d}V=\sum_{i=1}^{N}\iiint_V\Big\{\rho(v_i^c+e_{ijk}\omega_j x_k^0+v_i^h+\\
&v_i^L+v_i^d)*\delta\frac{\mathrm{d}X_i^c}{\mathrm{d}t}-\rho[v_i^c(0)+e_{ijk}\omega_j(0)x_k^0+v_i^h(0)+v_i^L(0)+v_i^d(0)]\delta X_i^C\Big\}\mathrm{d}V
\end{aligned}\tag{6.173}$$

$$\iiint_{V_B}\rho_B \frac{\mathrm{d}}{\mathrm{d}t}\left[e_{ijk}(v_j^c + e_{jlm}\omega_l x_{Bm} + v_{Bj}^d)u_{Bk}\right] * \delta\theta_i \mathrm{d}V = \iiint_{V_B}\Big\{\rho_B e_{ijk}(v_j^c + e_{jlm}\omega_l x_{Bm} + v_{Bj}^d)u_{Bk} * \delta\frac{\mathrm{d}\theta_i}{\mathrm{d}t} - \rho_B e_{ijk}\left[v_j^c(0) + e_{jlm}\omega_l(0)x_{Bm} + v_{Bj}^d(0)\right]u_{Bk}(0)\delta\theta_i\Big\}\mathrm{d}V \tag{6.174}$$

$$\iiint_{V_B}\rho_B \frac{\mathrm{d}}{\mathrm{d}t}(e_{ijk}v_{Bj}^d x_{Bk}) * \delta\theta_i \mathrm{d}V = \iiint_{V_B}\left[\rho_B(e_{ijk}v_{Bj}^d x_{Bk}) * \delta\frac{\mathrm{d}\theta_i}{\mathrm{d}t} - \rho_B e_{ijk}v_{Bj}^d(0)x_{Bk}\delta\theta_i\right]\mathrm{d}V \tag{6.175}$$

$$\frac{\mathrm{d}}{\mathrm{d}t}(J_{Bij}\omega_j) * \delta\theta_i = J_{Bij}\omega_j * \delta\frac{\mathrm{d}\theta_i}{\mathrm{d}t} - J_{Bij}\omega_j(0)\delta\theta_i \tag{6.176}$$

$$\sum_{i=1}^{N}\iiint_{V}\rho\frac{\mathrm{d}}{\mathrm{d}t}\left[e_{ijk}(v_j^c + e_{jlm}\omega_l x_m^0 + v_j^h + v_j^L + v_j^d)\Delta_k\right] * \delta\theta_i \mathrm{d}V = \sum_{i=1}^{N}\iiint_{V}\Big\{\rho e_{ijk}(v_j^c + e_{jlm}\omega_l x_m^0 + v_j^h + v_j^L + v_j^d)\Delta_k * \delta\frac{\mathrm{d}\theta_i}{\mathrm{d}t} - \rho e_{ijk}\left[v_j^c(0) + e_{jlm}\omega_l(0)x_m^0 + v_j^h(0) + v_j^L(0) + v_j^d(0)\right]\Delta_k(0)\delta\theta_i\Big\}\mathrm{d}V \tag{6.177}$$

$$\sum_{i=1}^{N}\iiint_{V}\rho\frac{\mathrm{d}}{\mathrm{d}t}\left[e_{ijk}(v_j^c + e_{jlm}\omega_l x_m^0 + v_j^h + v_j^L + v_j^d)x_k^0\right] * \delta\theta_i \mathrm{d}V = \sum_{i=1}^{N}\iiint_{V}\Big\{\rho e_{ijk}(v_j^c + e_{jlm}\omega_l x_m^0 + v_j^h + v_j^L + v_j^d)x_k^0 * \delta\frac{\mathrm{d}\theta_i}{\mathrm{d}t} - \rho e_{ijk}\left[v_j^c(0) + e_{jlm}\omega_l(0)x_m^0 + v_j^h(0) + v_j^L(0) + v_j^d(0)\right]x_k^0\delta\theta_i\Big\}\mathrm{d}V \tag{6.178}$$

$$\iiint_{V_B}\rho_B\frac{\mathrm{d}}{\mathrm{d}t}(v_i^c + e_{ijk}\omega_j x_{Bk} + v_{Bi}^d) * \delta u_{Bi}\mathrm{d}V = \iiint_{V_B}\Big\{\rho_B(v_i^c + e_{ijk}\omega_j x_{Bk} + v_{Bi}^d) * \frac{\mathrm{d}}{\mathrm{d}t}(\delta u_{Bi}) - \rho_B\left[v_i^c(0) + e_{ijk}\omega_j(0)x_{Bk} + v_{Bi}^d(0)\right]\delta u_{Bi}\Big\}\mathrm{d}V \tag{6.179}$$

$$\sum_{i=1}^{N}\iiint_{V}\rho\frac{\mathrm{d}}{\mathrm{d}t}(v_i^c + e_{ijk}\omega_j x_k^0 + v_i^h + v_i^L + v_i^d) * \delta\Delta_i\mathrm{d}V = \sum_{i=1}^{N}\iiint_{V}\Big\{\rho(v_i^c + e_{ijk}\omega_j x_k^0 + v_i^h + v_i^L + v_i^d) * \frac{\mathrm{d}}{\mathrm{d}t}(\delta\Delta_i) - \rho\left[v_i^c(0) + e_{ijk}\omega_j(0)x_k^0 + v_i^h(0) + v_i^L(0) + v_i^d(0)\right]\delta\Delta_i\Big\}\mathrm{d}V \tag{6.180}$$

$$\sum_{i=1}^{N}\iiint_{V}\rho\frac{\mathrm{d}}{\mathrm{d}t}(v_i^c + e_{ijk}\omega_j x_k^0 + v_i^h + v_i^L + v_i^d) * \delta L_i^r\mathrm{d}V = \sum_{i=1}^{N}\iiint_{V}\Big\{\rho(v_i^c + e_{ijk}\omega_j x_k^0 + v_i^h + v_i^L + v_i^d) * \frac{\mathrm{d}}{\mathrm{d}t}(\delta L_i^r) - \rho\left[v_i^c(0) + e_{ijk}\omega_j(0)x_k^0 + v_i^h(0) + v_i^L(0) + v_i^d(0)\right]\delta L_i^r\Big\}\mathrm{d}V \tag{6.181}$$

$$\sum_{i=1}^{N}\iiint_{V}\rho\frac{\mathrm{d}}{\mathrm{d}t}\left[e_{ijk}(v_j^c + e_{jlm}\omega_l x_m^0 + v_j^h + v_j^L + v_j^d)L_k^r\right] * \delta(\theta_i + \beta_i + \theta_i^r)\mathrm{d}V =$$

$$\sum_{i=1}^{N}\iiint_{V}\Big\{\rho e_{ijk}(v_j^c + e_{jlm}\omega_l x_m^0 + v_j^h + v_j^L + v_j^d)L_k^r * \delta\frac{\mathrm{d}(\theta_i + \beta_i + \theta_i^r)}{\mathrm{d}t} -$$

$$\rho e_{ijk}\left[v_j^c(0)+e_{jlm}\omega_l(0)x_m^0+v_j^h(0)+v_j^L(0)+v_j^d(0)\right]L_k^r(0)\delta(\theta_i+\beta_i+\theta_i^r)\Big\}\mathrm{d}V \tag{6.182}$$

$$\sum_{i=1}^{N}\iiint_V\rho\frac{\mathrm{d}}{\mathrm{d}t}\left[e_{ijk}(v_j^c+e_{jlm}\omega_l x_m^0+v_j^h+v_j^L+v_j^d)u_k\right]*\delta(\theta_i+\beta_i+\theta_i^r)\mathrm{d}V=$$
$$\sum_{i=1}^{N}\iiint_V\Big\{\rho e_{ijk}(v_j^c+e_{jlm}\omega_l x_m^0+v_j^h+v_j^L+v_j^d)u_k*\delta\frac{\mathrm{d}(\theta_i+\beta_i+\theta_i^r)}{\mathrm{d}t}-$$
$$\rho e_{ijk}\left[v_j^c(0)+e_{jlm}\omega_l(0)x_m^0+v_j^h(0)+v_j^L(0)+v_j^d(0)\right]u_k(0)\delta(\theta_i+\beta_i+\theta_i^r)\Big\}\mathrm{d}V \tag{6.183}$$

$$\sum_{i=1}^{N}\iiint_V\rho\frac{\mathrm{d}}{\mathrm{d}t}(v_i^c+e_{ijk}\omega_j x_k^0+v_i^h+v_i^L+v_i^d)*\delta u_i\mathrm{d}V=\sum_{i=1}^{N}\iiint_V\Big\{\rho(v_i^c+e_{ijk}\omega_j x_k^0+v_i^h+$$
$$v_i^L+v_i^d)*\frac{\mathrm{d}}{\mathrm{d}t}(\delta u_i)-\rho\left[v_i^c(0)+e_{ijk}\omega_j(0)x_k^0+v_i^h(0)+v_i^L(0)+v_i^d(0)\right]\delta u_i\Big\}\mathrm{d}V \tag{6.184}$$

应用 Green 定理，有

$$\iiint_{V_B}(a_{ijkl}\varepsilon_{Bkl})_{,j}*\delta u_{Bi}\mathrm{d}V=\iint_{S_{B\sigma}+S_{Bu}}a_{ijkl}\varepsilon_{Bkl}n_j*\delta u_{Bi}\mathrm{d}S-\iiint_{V_B}a_{ijkl}\varepsilon_{Bkl}*\delta u_{Bi,j}\mathrm{d}V \tag{6.185}$$

$$\sum_{i=1}^{N}\iiint_V(a_{ijkl}\varepsilon_{kl})_{,j}*\delta u_i\mathrm{d}V=\sum_{i=1}^{N}\iint_{S_\sigma+S_u}a_{ijkl}\varepsilon_{kl}n_j*\delta u_i\mathrm{d}S-\sum_{i=1}^{N}\iiint_V a_{ijkl}\varepsilon_{kl}*\delta u_{i,j}\mathrm{d}V \tag{6.186}$$

将式(6.172) ～ (6.186) 代入式(6.171)，可得

$$\iiint_{V_B}\Big\{-\rho_B(v_i^c+v_{Bi}^d)*\delta\frac{\mathrm{d}X_i^c}{\mathrm{d}t}+\rho_B\left[v_i^c(0)+v_{Bi}^d(0)\right]\delta X_i^c\Big\}\mathrm{d}V+F_{Bi}*\delta X_i^c-$$
$$\sum_{i=1}^{N}\iiint_V\Big\{\rho(v_i^c+e_{ijk}\omega_j x_k^0+v_i^h+v_i^L+v_i^d)*\delta\frac{\mathrm{d}X_i^c}{\mathrm{d}t}-$$
$$\rho\left[v_i^c(0)+e_{ijk}\omega_j(0)x_k^0+v_i^h(0)+v_i^L(0)+v_i^d(0)\right]\delta X_i^c\Big\}\mathrm{d}V+\sum_{i=1}^{N}F_i*\delta X_i^c+$$
$$\iiint_{V_B}\Big\{\rho_B e_{ijk}(v_j^c+e_{jlm}\omega_l x_{Bm}+v_{Bj}^d)u_{Bk}*\delta\frac{\mathrm{d}\theta_i}{\mathrm{d}t}-$$
$$\rho_B e_{ijk}\left[v_j^c(0)+e_{jlm}\omega_l(0)x_{Bm}+v_{Bj}^d(0)\right]u_{Bk}(0)\delta\theta_i\Big\}\mathrm{d}V+$$
$$\iiint_{V_B}\left[\rho_B(e_{ijk}v_{Bj}^d x_{Bk})*\delta\frac{\mathrm{d}\theta_i}{\mathrm{d}t}-\rho_B e_{ijk}v_{Bj}^d(0)x_{Bk}\delta\theta_i\right]\mathrm{d}V+$$
$$M_{Bi}*\delta\theta_i-J_{Bij}\omega_j*\delta\frac{\mathrm{d}\theta_i}{\mathrm{d}t}+J_{Bij}\omega_j(0)\delta\theta_i+$$
$$\sum_{i=1}^{N}\iiint_V\Big\{\rho e_{ijk}(v_j^c+e_{jlm}\omega_l x_m^0+v_j^h+v_j^L+v_j^d)\Delta_k*\delta\frac{\mathrm{d}\theta_i}{\mathrm{d}t}-$$
$$\rho e_{ijk}\left[v_j^c(0)+e_{jlm}\omega_l(0)x_m^0+v_j^h(0)+v_j^L(0)+v_j^d(0)\right]\Delta_k(0)\delta\theta_i\Big\}\mathrm{d}V+$$

$$\sum_{i=1}^{N}\iiint_{V}\Big\{\rho e_{ijk}(v_j^c+e_{jlm}\omega_l x_m^0+v_j^h+v_j^L+v_j^d)x_k^0*\delta\frac{\mathrm{d}\theta_i}{\mathrm{d}t}-$$

$$\rho e_{ijk}[v_j^c(0)+e_{jlm}\omega_l(0)x_m^0+v_j^h(0)+v_j^L(0)+v_j^d(0)]x_k^0\delta\theta_i\Big\}\mathrm{d}V-$$

$$\iiint_{V_B}\Big\{\rho_B(v_i^c+e_{ijk}\omega_j x_{Bk}+v_{Bi}^d)*\frac{\mathrm{d}}{\mathrm{d}t}(\delta u_{Bi})-$$

$$\rho_B[v_i^c(0)+e_{ijk}\omega_j(0)x_{Bk}+v_{Bi}^d(0)]\delta u_{Bi}\Big\}\mathrm{d}V+$$

$$\iint_{S_{B\sigma}+S_{Bu}}a_{ijkl}\varepsilon_{Bkl}n_j*\delta u_{Bi}\mathrm{d}S-\iiint_{V_B}(a_{ijkl}\varepsilon_{Bkl}*\delta u_{Bi,j}-f_i*\delta u_{Bi})\mathrm{d}V-$$

$$\sum_{i=1}^{N}\iiint_{V}\Big\{\rho(v_i^c+e_{ijk}\omega_j x_k^0+v_i^h+v_i^L+v_i^d)*\frac{\mathrm{d}}{\mathrm{d}t}(\delta\Delta_i)-$$

$$\rho[v_i^c(0)+e_{ijk}\omega_j(0)x_k^0+v_i^h(0)+v_i^L(0)+v_i^d(0)]\delta\Delta_i\Big\}\mathrm{d}V-$$

$$\sum_{i=1}^{N}\iiint_{V}\Big\{\rho(v_i^c+e_{ijk}\omega_j x_k^0+v_i^h+v_i^L+v_i^d)*\frac{\mathrm{d}}{\mathrm{d}t}(\delta L_i^r)-$$

$$\rho[v_i^c(0)+e_{ijk}\omega_j(0)x_k^0+v_i^h(0)+v_i^L(0)+v_i^d(0)]\delta L_i^r\Big\}\mathrm{d}V+$$

$$\sum_{i=1}^{N}\iiint_{V}\Big\{\rho e_{ijk}(v_j^c+e_{jlm}\omega_l x_m^0+v_j^h+v_j^L+v_j^d)L_k^r*\delta\frac{\mathrm{d}(\theta_i+\beta_i+\theta_i^r)}{\mathrm{d}t}-$$

$$\rho e_{ijk}[v_j^c(0)+e_{jlm}\omega_l(0)x_m^0+v_j^h(0)+v_j^L(0)+v_j^d(0)]L_k^r(0)\delta(\theta_i+\beta_i+\theta_i^r)\Big\}\mathrm{d}V+$$

$$\sum_{i=1}^{N}\iiint_{V}\Big\{\rho e_{ijk}(v_j^c+e_{jlm}\omega_l x_m^0+v_j^h+v_j^L+v_j^d)u_k*\delta\frac{\mathrm{d}(\theta_i+\beta_i+\theta_i^r)}{\mathrm{d}t}-$$

$$\rho e_{ijk}[v_j^c(0)+e_{jlm}\omega_l(0)x_m^0+v_j^h(0)+v_j^L(0)+v_j^d(0)]u_k(0)\delta(\theta_i+\beta_i+\theta_i^r)\Big\}\mathrm{d}V+$$

$$\sum_{i=1}^{N}M_i*\delta(\theta_i+\beta_i+\theta_i^r)-\sum_{i=1}^{N}\iiint_{V}\Big\{\rho(v_i^c+e_{ijk}\omega_j x_k^0+v_i^h+v_i^L+v_i^d)*\frac{\mathrm{d}}{\mathrm{d}t}(\delta u_i)-$$

$$\rho[v_i^c(0)+e_{ijk}\omega_j(0)x_k^0+v_i^h(0)+v_i^L(0)+v_i^d(0)]\delta u_i\Big\}\mathrm{d}V+$$

$$\sum_{i=1}^{N}\iint_{S_\sigma+S_u}a_{ijkl}\varepsilon_{kl}n_j*\delta u_i\mathrm{d}S-\sum_{i=1}^{N}\iiint_{V}(a_{ijkl}\varepsilon_{kl}*\delta u_{i,j}-f_i*\delta u_i)\mathrm{d}V-$$

$$\iint_{S_{B\sigma}}(a_{ijkl}\varepsilon_{Bkl}n_j-T_i)*\delta u_{Bi}\mathrm{d}S-\sum_{i=1}^{N}\iint_{S_\sigma}(a_{ijkl}\varepsilon_{kl}n_j-T_i)*\delta u_i\mathrm{d}S=0 \tag{6.187}$$

将式(6.155)～(6.164)代入式(6.187),并考虑到

$$\begin{aligned}\delta\frac{\mathrm{d}u_{Bi}}{\mathrm{d}t}&=\delta\left(\frac{\partial u_{Bi}}{\partial t}+e_{ijk}\frac{\mathrm{d}\theta_j}{\mathrm{d}t}u_{Bk}\right)\\&=\frac{\partial}{\partial t}(\delta u_{Bi})+e_{ijk}\frac{\mathrm{d}\theta_j}{\mathrm{d}t}\delta u_{Bk}+e_{ijk}\delta\frac{\mathrm{d}\theta_j}{\mathrm{d}t}u_{Bk}\\&=\frac{\mathrm{d}}{\mathrm{d}t}(\delta u_{Bi})+e_{ijk}u_{Bk}\delta\frac{\mathrm{d}\theta_j}{\mathrm{d}t}\end{aligned} \tag{6.188}$$

$$\begin{aligned}
\delta\,\frac{\mathrm{d}\Delta_i}{\mathrm{d}t} &= \delta\left(\frac{\partial\Delta_i}{\partial t} + e_{ijk}\,\frac{\mathrm{d}\theta_j}{\mathrm{d}t}\Delta_k\right) \\
&= \frac{\partial}{\partial t}(\delta\Delta_i) + e_{ijk}\,\frac{\mathrm{d}\theta_j}{\mathrm{d}t}\delta\Delta_k + e_{ijk}\,\delta\,\frac{\mathrm{d}\theta_j}{\mathrm{d}t}\Delta_k \\
&= \frac{\mathrm{d}}{\mathrm{d}t}(\delta\Delta_i) + e_{ijk}\,\Delta_k\,\delta\,\frac{\mathrm{d}\theta_j}{\mathrm{d}t}
\end{aligned} \tag{6.189}$$

$$\begin{aligned}
\delta\,\frac{\mathrm{d}L_i^r}{\mathrm{d}t} &= \delta\left(\frac{\partial L_i^r}{\partial t} + e_{ijk}\,\frac{\mathrm{d}(\theta_j+\beta_j+\theta_j^r)}{\mathrm{d}t}L_k^r\right) \\
&= \frac{\partial}{\partial t}(\delta L_i^r) + e_{ijk}\,\frac{\mathrm{d}(\theta_j+\beta_j+\theta_j^r)}{\mathrm{d}t}\delta L_k^r + e_{ijk}\,\delta\,\frac{\mathrm{d}(\theta_j+\beta_j+\theta_j^r)}{\mathrm{d}t}L_k^r \\
&= \frac{\mathrm{d}}{\mathrm{d}t}(\delta L_i^r) + e_{ijk}L_k^r\,\delta\,\frac{\mathrm{d}(\theta_j+\beta_j+\theta_j^r)}{\mathrm{d}t}
\end{aligned} \tag{6.190}$$

$$\begin{aligned}
\delta\,\frac{\mathrm{d}u_i}{\mathrm{d}t} &= \delta\left(\frac{\partial u_i}{\partial t} + e_{ijk}\,\frac{\mathrm{d}(\theta_j+\beta_j+\theta_j^r)}{\mathrm{d}t}u_k\right) \\
&= \frac{\partial}{\partial t}(\delta u_i) + e_{ijk}\,\frac{\mathrm{d}(\theta_j+\beta_j+\theta_j^r)}{\mathrm{d}t}\delta u_k + e_{ijk}\,\delta\,\frac{\mathrm{d}(\theta_j+\beta_j+\theta_j^r)}{\mathrm{d}t}u_k \\
&= \frac{\mathrm{d}}{\mathrm{d}t}(\delta u_i) + e_{ijk}u_k\,\delta\,\frac{\mathrm{d}(\theta_j+\beta_j+\theta_j^r)}{\mathrm{d}t}
\end{aligned} \tag{6.191}$$

可得

$$\begin{aligned}
&\iiint\limits_{V_B}\left\{-\rho_B(v_i^c+v_{Bi}^d)*\delta v_i^c+\rho_B\left[v_i^c(0)+v_{Bi}^d(0)\right]\delta X_i^c\right\}\mathrm{d}V+F_{Bi}*\delta X_i^c- \\
&\sum_{i=1}^{N}\iiint\limits_{V}\left\{\rho(v_i^c+e_{ijk}\omega_j x_k^0+v_i^h+v_i^L+v_i^d)*\delta v_i^c-\right. \\
&\left.\rho\left[v_i^c(0)+e_{ijk}\omega_j(0)x_k^0+v_i^h(0)+v_i^L(0)+v_i^d(0)\right]\delta X_i^C\right\}\mathrm{d}V+\sum_{i=1}^{N}F_i*\delta X_i^c+ \\
&\iiint\limits_{V_B}\left\{-\rho_B e_{ijk}\left[v_j^c(0)+e_{jlm}\omega_l(0)x_{Bm}+v_{Bj}^d(0)\right]u_{Bk}(0)\delta\theta_i\right\}\mathrm{d}V+ \\
&\iiint\limits_{V_B}\left[\rho_B(e_{ijk}v_{Bj}^d x_{Bk})*\delta\omega_i-\rho_B e_{ijk}v_{Bj}^d(0)x_{Bk}\delta\theta_i\right]\mathrm{d}V+ \\
&M_{Bi}*\delta\theta_i-J_{Bij}\omega_j*\delta\omega_i+J_{Bij}\omega_j(0)\delta\theta_i+ \\
&\sum_{i=1}^{N}\iiint\limits_{V}\left\{-\rho e_{ijk}\left[v_j^c(0)+e_{jlm}\omega_l(0)x_m^0+v_j^h(0)+v_j^L(0)+v_j^d(0)\right]\Delta_k(0)\delta\theta_i\right\}\mathrm{d}V+ \\
&\sum_{i=1}^{N}\iiint\limits_{V}\left\{\rho e_{ijk}(v_j^c+e_{jlm}\omega_l x_m^0+v_j^h+v_j^L+v_j^d)x_k^0*\delta\omega_i-\right. \\
&\left.\rho e_{ijk}\left[v_j^c(0)+e_{jlm}\omega_l(0)x_m^0+v_j^h(0)+v_j^L(0)+v_j^d(0)\right]x_k^0\delta\theta_i\right\}\mathrm{d}V- \\
&\iiint\limits_{V_B}\left\{\rho_B(v_i^c+e_{ijk}\omega_j x_{Bk}+v_{Bi}^d)*\delta v_{Bi}^d-\right. \\
&\left.\rho_B\left[v_i^c(0)+e_{ijk}\omega_j(0)x_{Bk}+v_{Bi}^d(0)\right]\delta u_{Bi}\right\}\mathrm{d}V-
\end{aligned}$$

$$\iiint_{V_B}(a_{ijkl}\varepsilon_{Bkl}*\delta\varepsilon_{Bij}-f_i*\delta u_{Bi})\mathrm{d}V-$$

$$\sum_{i=1}^{N}\iiint_{V}\Big\{\rho(v_i^c+e_{ijk}\omega_j x_k^0+v_i^h+v_i^L+v_i^d)*\delta v_i^h-$$

$$\rho[v_i^c(0)+e_{ijk}\omega_j(0)x_k^0+v_i^h(0)+v_i^L(0)+v_i^d(0)]\delta\Delta_i\Big\}\mathrm{d}V-$$

$$\sum_{i=1}^{N}\iiint_{V}\Big\{\rho(v_i^c+e_{ijk}\omega_j x_k^0+v_i^h+v_i^L+v_i^d)*\delta v_i^L-$$

$$\rho[v_i^c(0)+e_{ijk}\omega_j(0)x_k^0+v_i^h(0)+v_i^L(0)+v_i^d(0)]\delta L_i^r\Big\}\mathrm{d}V+$$

$$\sum_{i=1}^{N}\iiint_{V}\Big\{-\rho e_{ijk}[v_j^c(0)+e_{jlm}\omega_l(0)x_m^0+v_j^h(0)+v_j^L(0)+$$

$$v_j^d(0)]L_k^r(0)\delta(\theta_i+\beta_i+\theta_i^r)\Big\}\mathrm{d}V+\sum_{i=1}^{N}\iiint_{V}\Big\{-\rho e_{ijk}[v_j^c(0)+e_{jlm}\omega_l(0)x_m^0+$$

$$v_j^h(0)+v_j^L(0)+v_j^d(0)]u_k(0)\delta(\theta_i+\beta_i+\theta_i^r)\Big\}\mathrm{d}V+\sum_{i=1}^{N}M_i*\delta(\theta_i+\beta_i+\theta_i^r)-$$

$$\sum_{i=1}^{N}\iiint_{V}\Big\{\rho(v_i^c+e_{ijk}\omega_j x_k^0+v_i^h+v_i^L+v_i^d)*\delta v_i^d-$$

$$\rho[v_i^c(0)+e_{ijk}\omega_j(0)x_k^0+v_i^h(0)+v_i^L(0)+v_i^d(0)]\delta u_i\Big\}\mathrm{d}V-$$

$$\sum_{i=1}^{N}\iiint_{V}(a_{ijkl}\varepsilon_{kl}*\delta\varepsilon_{ij}-f_i*\delta u_i)\mathrm{d}V+\iint_{S_{B\sigma}}T_i*\delta u_{Bi}\mathrm{d}S+\sum_{i=1}^{N}\iint_{S_\sigma}T_i*\delta u_i\mathrm{d}S=0 \tag{6.192}$$

上式可以进一步表示为

$$\delta\Big\{\iiint_{V_B}\Big\{-\frac{1}{2}\rho_B v_i^c*v_i^c-\rho_B(v_i^c+e_{ijk}\omega_j x_{Bk})*v_{Bi}^d-\frac{1}{2}\rho_B v_{Bi}^d*v_{Bi}^d+$$

$$\rho_B[v_i^c(0)+v_{Bi}^d(0)]X_i^c+\rho_B[v_i^c(0)+e_{ijk}\omega_j(0)x_{Bk}+v_{Bi}^d(0)]u_{Bi}-$$

$$\rho_B e_{ijk}[v_j^c(0)+e_{jlm}\omega_l(0)x_{Bm}+v_{Bj}^d(0)]u_{Bk}(0)\theta_i-\rho_B e_{ijk}v_{Bj}^d(0)x_{Bk}\theta_i\}\mathrm{d}V+$$

$$F_{Bi}*X_i^c+M_{Bi}*\theta_i-\frac{1}{2}J_{Bij}\omega_j*\omega_i+J_{Bij}\omega_j(0)\theta_i-$$

$$\iiint_{V_B}\Big(\frac{1}{2}a_{ijkl}\varepsilon_{Bij}*\varepsilon_{Bkl}-f_i*u_{Bi}\Big)\mathrm{d}V+\iint_{S_{B\sigma}}T_i*u_{Bi}\mathrm{d}S\Big\}-$$

$$X_i^c*\delta F_{Bi}-\theta_i*\delta M_{Bi}-\iiint_{V_B}u_{Bi}*\delta f_i\mathrm{d}V-\iint_{S_{B\sigma}}u_{Bi}*\delta T_i\mathrm{d}S+$$

$$\delta\Big\{\sum_{i=1}^{N}\iiint_{V}\Big\{-\frac{1}{2}\rho v_i^c*v_i^c-\frac{1}{2}\rho v_i^h*v_i^h-\frac{1}{2}\rho v_i^L*v_i^L-\frac{1}{2}\rho v_i^d*v_i^d-$$

$$\rho(e_{ijk}\omega_j x_k^0+v_i^h+v_i^L+v_i^d)*v_i^c-\rho(e_{ijk}\omega_j x_k^0+v_i^L+v_i^d)*v_i^h-$$

$$\rho(e_{ijk}\omega_j x_k^0+v_i^d)*v_i^L-\rho e_{ijk}\omega_j x_k^0*v_i^d+\frac{1}{2}\rho e_{ijk}e_{jlm}x_m^0 x_k^0\omega_l*\omega_i+$$

$$\rho[v_i^c(0)+e_{ijk}\omega_j(0)x_k^0+v_i^h(0)+v_i^L(0)+v_i^d(0)](X_i^c+u_i)-$$

$$\rho e_{ijk}[v_j^c(0)+e_{jlm}\omega_l(0)x_m^0+v_j^h(0)+v_j^L(0)+v_j^d(0)][\Delta_k(0)+x_k^0]\theta_i+$$
$$\rho[v_i^c(0)+e_{ijk}\omega_j(0)x_k^0+v_i^h(0)+v_i^L(0)+v_i^d(0)](\Delta_i+L_i^r)-$$
$$\rho e_{ijk}[v_j^c(0)+e_{jlm}\omega_l(0)x_m^0+v_j^h(0)+v_j^L(0)+v_j^d(0)][L_k^r(0)+$$
$$u_k(0)](\theta_i+\beta_i+\theta_i^r)\Big\}dV+\sum_{i=1}^{N}F_i*X_i^c+\sum_{i=1}^{N}M_i*(\theta_i+\beta_i+\theta_i^r)-$$
$$\sum_{i=1}^{N}\iiint_V\left(\frac{1}{2}a_{ijkl}\varepsilon_{ij}*\varepsilon_{kl}-f_i*u_i\right)dV+\sum_{i=1}^{N}\iint_{S_\sigma}T_i*u_i dS\Big\}-\sum_{i=1}^{N}X_i^c*\delta F_i-$$
$$\sum_{i=1}^{N}(\theta_i+\beta_i+\theta_i^r)*\delta M_i-\sum_{i=1}^{N}\iiint_V u_i*\delta f_i dV-\sum_{i=1}^{N}\iint_{S_\sigma}u_i*\delta T_i dS=0 \tag{6.193}$$

简记为

$$\begin{gathered}\delta\Pi_H-\delta Q_H=0\\ \Pi_H=\Pi_{BH}+\sum_{i=1}^{N}\Pi_{Hi}\\ \delta Q_H=\delta Q_{BH}+\sum_{i=1}^{N}\delta Q_{Hi}\end{gathered} \tag{6.194}$$

式中

$$\Pi_{BH}=\iiint_{V_B}\Big\{-\frac{1}{2}\rho_B v_i^c*v_i^c-\rho_B(v_i^c+e_{ijk}\omega_j x_{Bk})*v_{Bi}^d-\frac{1}{2}\rho_B v_{Bi}^d*v_{Bi}^d+$$
$$\rho_B[v_i^c(0)+v_{Bi}^d(0)]X_i^c+\rho_B[v_i^c(0)+e_{ijk}\omega_j(0)x_{Bk}+v_{Bi}^d(0)]u_{Bi}-$$
$$\rho_B e_{ijk}[v_j^c(0)+e_{jlm}\omega_l(0)x_{Bm}+v_{Bj}^d(0)]u_{Bk}(0)\theta_i-\rho_B e_{ijk}v_{Bj}^d(0)x_{Bk}\theta_i\Big\}dV+$$
$$F_{Bi}*X_i^c+M_{Bi}*\theta_i-\frac{1}{2}J_{Bij}\omega_j*\omega_i+J_{Bij}\omega_j(0)\theta_i-\pi_B$$

$$\pi_B=\iiint_{V_B}\left(\frac{1}{2}a_{ijkl}\varepsilon_{Bij}*\varepsilon_{Bkl}-f_i*u_{Bi}\right)dV-\iint_{S_{B\sigma}}T_i*u_{Bi}dS$$

$$\delta Q_{BH}=X_i^c*\delta F_{Bi}+\theta_i*\delta M_{Bi}+\iiint_{V_B}u_{Bi}*\delta f_i dV+\iint_{S_{B\sigma}}u_{Bi}*\delta T_i dS$$

$$\Pi_{Hi}=\iiint_V\Big\{-\frac{1}{2}\rho v_i^c*v_i^c-\frac{1}{2}\rho v_i^h*v_i^h-\frac{1}{2}\rho v_i^L*v_i^L-\frac{1}{2}\rho v_i^d*v_i^d-$$
$$\rho(e_{ijk}\omega_j x_k^0+v_i^h+v_i^L+v_i^d)*v_i^c-\rho(e_{ijk}\omega_j x_k^0+v_i^L+v_i^d)*v_i^h-$$
$$\rho(e_{ijk}\omega_j x_k^0+v_i^d)*v_i^L-\rho e_{ijk}\omega_j x_k^0*v_i^d+\frac{1}{2}\rho e_{ijk}e_{jlm}x_m^0 x_k^0\omega_l*\omega_i+$$
$$\rho[v_i^c(0)+e_{ijk}\omega_j(0)x_k^0+v_i^h(0)+v_i^L(0)+v_i^d(0)](X_i^c+u_i)-$$
$$\rho e_{ijk}[v_j^c(0)+e_{jlm}\omega_l(0)x_m^0+v_j^h(0)+v_j^L(0)+v_j^d(0)][\Delta_k(0)+x_k^0]\theta_i+$$
$$\rho[v_i^c(0)+e_{ijk}\omega_j(0)x_k^0+v_i^h(0)+v_i^L(0)+v_i^d(0)](\Delta_i+L_i^r)-$$
$$\rho e_{ijk}[v_j^c(0)+e_{jlm}\omega_l(0)x_m^0+v_j^h(0)+v_j^L(0)+v_j^d(0)][L_k^r(0)+$$
$$u_k(0)](\theta_i+\beta_i+\theta_i^r)\Big\}dV+F_i*X_i^c+M_i*(\theta_i+\beta_i+\theta_i^r)-\pi$$

$$\pi=\iiint_V\left(\frac{1}{2}a_{ijkl}\varepsilon_{ij}*\varepsilon_{kl}-f_i*u_i\right)\mathrm{d}V-\iint_{S_\sigma}T_i*u_i\mathrm{d}S$$

$$\delta Q_{Hi}=X_i^c*\delta F_i+(\theta_i+\beta_i+\theta_i^r)*\delta M_i+\iiint_V u_i*\delta f_i\mathrm{d}V+\iint_{S_\sigma}u_i*\delta T_i\mathrm{d}S$$

其先决条件为式(6.155)～(6.164),即

$$v_i^c-\frac{\mathrm{d}X_i^c}{\mathrm{d}t}=0$$

$$\omega_i-\frac{\mathrm{d}\theta_i}{\mathrm{d}t}=0$$

$$v_{Bi}^d-\frac{\mathrm{d}u_{Bi}}{\mathrm{d}t}=v_{Bi}^d-\left(\frac{\partial u_{Bi}}{\partial t}+e_{ijk}\frac{\mathrm{d}\theta_j}{\mathrm{d}t}u_{Bk}\right)=0$$

$$\varepsilon_{Bij}-\frac{1}{2}u_{Bi,j}-\frac{1}{2}u_{Bj,i}=0$$

$$v_i^h-\frac{\mathrm{d}\Delta_i}{\mathrm{d}t}=v_i^h-\left(\frac{\partial\Delta_i}{\partial t}+e_{ijk}\frac{\mathrm{d}\theta_j}{\mathrm{d}t}\Delta_k\right)=0$$

$$v_i^L-\frac{\mathrm{d}L_i^r}{\mathrm{d}t}=v_i^L-\left(\frac{\partial L_i^r}{\partial t}+e_{ijk}\frac{\mathrm{d}(\theta_j+\beta_j+\theta_j^r)}{\mathrm{d}t}L_k^r\right)=0$$

$$v_i^d-\frac{\mathrm{d}u_i}{\mathrm{d}t}=v_i^d-\left(\frac{\partial u_i}{\partial t}+e_{ijk}\frac{\mathrm{d}(\theta_j+\beta_j+\theta_j^r)}{\mathrm{d}t}u_k\right)=0$$

$$\varepsilon_{ij}-\frac{1}{2}u_{i,j}-\frac{1}{2}u_{j,i}=0$$

$$u_{Bi}-\bar{u}_{Bi}=0$$

$$u_i-\bar{u}_i=0$$

式(6.194)即为附件既可伸展平动又转动的多柔体系统动力学初值问题拟变分原理。其先决条件式(6.155)～(6.157)、式(6.159)～(6.161)为运动学条件,式(6.158)、式(6.162)为几何(或连续性)条件,式(6.163)、式(6.164)为位移边界条件。

6.4.4 拟驻值条件

本节将具体研究如何推导附件既可伸展平动又转动的多柔体系统动力学初值问题拟变分原理的拟驻值条件。并以此为例,给出推导方法。

将式(6.194)写成展开形式,可得式(6.193),即

$$\delta\Bigg\{\iiint_{V_B}\Big\{-\frac{1}{2}\rho_B v_i^c*v_i^c-\rho_B(v_i^c+e_{ijk}\omega_j x_{Bk})*v_{Bi}^d-\frac{1}{2}\rho_B v_{Bi}^d*v_{Bi}^d+$$

$$\rho_B\left[v_i^c(0)+v_{Bi}^d(0)\right]X_i^c+\rho_B\left[v_i^c(0)+e_{ijk}\omega_j(0)x_{Bk}+v_{Bi}^d(0)\right]u_{Bi}-$$

$$\rho_B e_{ijk}\left[v_j^c(0)+e_{jlm}\omega_l(0)x_{Bm}+v_{Bj}^d(0)\right]u_{Bk}(0)\theta_i-\rho_B e_{ijk}v_{Bj}^d(0)x_{Bk}\theta_i\Big\}\mathrm{d}V+$$

$$F_{Bi}*X_i^c+M_{Bi}*\theta_i-\frac{1}{2}J_{Bij}\omega_j*\omega_i+J_{Bij}\omega_j(0)\theta_i-$$

$$\iiint_{V_B}\left(\frac{1}{2}a_{ijkl}\varepsilon_{Bij}*\varepsilon_{Bkl}-f_i*u_{Bi}\right)\mathrm{d}V+\iint_{S_{B\sigma}}T_i*u_{Bi}\mathrm{d}S\Bigg\}-$$

$$X_i^c * \delta F_{Bi} - \theta_i * \delta M_{Bi} - \iiint_{V_B} u_{Bi} * \delta f_i \mathrm{d}V - \iint_{S_{B\sigma}} u_{Bi} * \delta T_i \mathrm{d}S +$$

$$\delta\Big\{\sum_{i=1}^{N}\iiint_V \Big\{-\frac{1}{2}\rho v_i^c * v_i^c - \frac{1}{2}\rho v_i^h * v_i^h - \frac{1}{2}\rho v_i^L * v_i^L - \frac{1}{2}\rho v_i^d * v_i^d -$$

$$\rho(e_{ijk}\omega_j x_k^0 + v_i^h + v_i^L + v_i^d) * v_i^c - \rho(e_{ijk}\omega_j x_k^0 + v_i^L + v_i^d) * v_i^h -$$

$$\rho(e_{ijk}\omega_j x_k^0 + v_i^d) * v_i^L - \rho e_{ijk}\omega_j x_k^0 * v_i^d + \frac{1}{2}\rho e_{ijk} e_{jlm} x_m^0 x_k^0 \omega_l * \omega_i +$$

$$\rho[v_i^c(0) + e_{ijk}\omega_j(0)x_k^0 + v_i^h(0) + v_i^L(0) + v_i^d(0)](X_i^c + u_i) -$$

$$\rho e_{ijk}[v_j^c(0) + e_{jlm}\omega_l(0)x_m^0 + v_j^h(0) + v_j^L(0) + v_j^d(0)][\Delta_k(0) + x_k^0]\theta_i +$$

$$\rho[v_i^c(0) + e_{ijk}\omega_j(0)x_k^0 + v_i^h(0) + v_i^L(0) + v_i^d(0)](\Delta_i + L_i^r) -$$

$$\rho e_{ijk}[v_j^c(0) + e_{jlm}\omega_l(0)x_m^0 + v_j^h(0) + v_j^L(0) + v_j^d(0)][L_k^r(0) +$$

$$u_k(0)](\theta_i + \beta_i + \theta_i^r)\Big\}\mathrm{d}V + \sum_{i=1}^{N} F_i * X_i^c + \sum_{i=1}^{N} M_i * (\theta_i + \beta_i + \theta_i^r) -$$

$$\sum_{i=1}^{N}\iiint_V\Big(\frac{1}{2}a_{ijkl}\varepsilon_{ij} * \varepsilon_{kl} - f_i * u_i\Big)\mathrm{d}V + \sum_{i=1}^{N}\iint_{S_\sigma} T_i * u_i \mathrm{d}S\Big\} - \sum_{i=1}^{N} X_i^c * \delta F_i -$$

$$\sum_{i=1}^{N}(\theta_i + \beta_i + \theta_i^r) * \delta M_i - \sum_{i=1}^{N}\iiint_V u_i * \delta f_i \mathrm{d}V - \sum_{i=1}^{N}\iint_{S_\sigma} u_i * \delta T_i \mathrm{d}S = 0$$

上式可以进一步表示为式(6.192),即

$$\iiint_{V_B}\Big\{-\rho_B(v_i^c + v_{Bi}^d) * \delta v_i^c + \rho_B[v_i^c(0) + v_{Bi}^d(0)]\delta X_i^c\Big\}\mathrm{d}V + F_{Bi} * \delta X_i^c -$$

$$\sum_{i=1}^{N}\iiint_V\Big\{\rho(v_i^c + e_{ijk}\omega_j x_k^0 + v_i^h + v_i^L + v_i^d) * \delta v_i^c -$$

$$\rho[v_i^c(0) + e_{ijk}\omega_j(0)x_k^0 + v_i^h(0) + v_i^L(0) + v_i^d(0)]\delta X_i^C\Big\}\mathrm{d}V + \sum_{i=1}^{N} F_i * \delta X_i^c +$$

$$\iiint_{V_B}\Big\{-\rho_B e_{ijk}[v_j^c(0) + e_{jlm}\omega_l(0)x_{Bm} + v_{Bj}^d(0)]u_{Bk}(0)\delta\theta_i\Big\}\mathrm{d}V +$$

$$\iiint_{V_B}[\rho_B(e_{ijk}v_{Bj}^d x_{Bk}) * \delta\omega_i - \rho_B e_{ijk}v_{Bj}^d(0)x_{Bk}\delta\theta_i]\mathrm{d}V +$$

$$M_{Bi} * \delta\theta_i - J_{Bij}\omega_j * \delta\omega_i + J_{Bij}\omega_j(0)\delta\theta_i +$$

$$\sum_{i=1}^{N}\iiint_V\Big\{-\rho e_{ijk}[v_j^c(0) + e_{jlm}\omega_l(0)x_m^0 + v_j^h(0) + v_j^L(0) + v_j^d(0)]\Delta_k(0)\delta\theta_i\Big\}\mathrm{d}V +$$

$$\sum_{i=1}^{N}\iiint_V\Big\{\rho e_{ijk}(v_j^c + e_{jlm}\omega_l x_m^0 + v_j^h + v_j^L + v_j^d)x_k^0 * \delta\omega_i -$$

$$\rho e_{ijk}[v_j^c(0) + e_{jlm}\omega_l(0)x_m^0 + v_j^h(0) + v_j^L(0) + v_j^d(0)]x_k^0\delta\theta_i\Big\}\mathrm{d}V -$$

$$\iiint_{V_B}\Big\{\rho_B(v_i^c + e_{ijk}\omega_j x_{Bk} + v_{Bi}^d) * \delta v_{Bi}^d -$$

$$\rho_B[v_i^c(0) + e_{ijk}\omega_j(0)x_{Bk} + v_{Bi}^d(0)]\delta u_{Bi}\Big\}\mathrm{d}V -$$

$$\iiint_{V_B}(a_{ijkl}\varepsilon_{Bkl} * \delta\varepsilon_{Bij} - f_i * \delta u_{Bi})\,\mathrm{d}V -$$

$$\sum_{i=1}^{N}\iiint_{V}\Big\{\rho(v_i^c + e_{ijk}\omega_j x_k^0 + v_i^h + v_i^L + v_i^d) * \delta v_i^h -$$

$$\rho[v_i^c(0) + e_{ijk}\omega_j(0)x_k^0 + v_i^h(0) + v_i^L(0) + v_i^d(0)]\delta\Delta_i\Big\}\mathrm{d}V -$$

$$\sum_{i=1}^{N}\iiint_{V}\Big\{\rho(v_i^c + e_{ijk}\omega_j x_k^0 + v_i^h + v_i^L + v_i^d) * \delta v_i^L -$$

$$\rho[v_i^c(0) + e_{ijk}\omega_j(0)x_k^0 + v_i^h(0) + v_i^L(0) + v_i^d(0)]\delta L_i^r\Big\}\mathrm{d}V +$$

$$\sum_{i=1}^{N}\iiint_{V}\Big\{-\rho e_{ijk}[v_j^c(0) + e_{jlm}\omega_l(0)x_m^0 + v_j^h(0) + v_j^L(0) +$$

$$v_j^d(0)]L_k^r(0)\delta(\theta_i + \beta_i + \theta_i^r)\Big\}\mathrm{d}V + \sum_{i=1}^{N}\iiint_{V}\Big\{-\rho e_{ijk}[v_j^c(0) + e_{jlm}\omega_l(0)x_m^0 +$$

$$v_j^h(0) + v_j^L(0) + v_j^d(0)]u_k(0)\delta(\theta_i + \beta_i + \theta_i^r)\Big\}\mathrm{d}V + \sum_{i=1}^{N}M_i * \delta(\theta_i + \beta_i + \theta_i^r) -$$

$$\sum_{i=1}^{N}\iiint_{V}\Big\{\rho(v_i^c + e_{ijk}\omega_j x_k^0 + v_i^h + v_i^L + v_i^d) * \delta v_i^d -$$

$$\rho[v_i^c(0) + e_{ijk}\omega_j(0)x_k^0 + v_i^h(0) + v_i^L(0) + v_i^d(0)]\delta u_i\Big\}\mathrm{d}V -$$

$$\sum_{i=1}^{N}\iiint_{V}(a_{ijkl}\varepsilon_{kl} * \delta\varepsilon_{ij} - f_i * \delta u_i)\,\mathrm{d}V + \iint_{S_{B\sigma}}T_i * \delta u_{Bi}\,\mathrm{d}S + \sum_{i=1}^{N}\iint_{S_\sigma}T_i * \delta u_i\,\mathrm{d}S = 0$$

将先决条件式(6.155) ～ (6.164) 代入式(6.192),并考虑到式(6.191) ～ (6.188),即

$$\begin{aligned}\delta\frac{\mathrm{d}u_i}{\mathrm{d}t} &= \delta\left(\frac{\partial u_i}{\partial t} + e_{ijk}\frac{\mathrm{d}(\theta_j + \beta_j + \theta_j^r)}{\mathrm{d}t}u_k\right)\\ &= \frac{\partial}{\partial t}(\delta u_i) + e_{ijk}\frac{\mathrm{d}(\theta_j + \beta_j + \theta_j^r)}{\mathrm{d}t}\delta u_k + e_{ijk}\delta\frac{\mathrm{d}(\theta_j + \beta_j + \theta_j^r)}{\mathrm{d}t}u_k\\ &= \frac{\mathrm{d}}{\mathrm{d}t}(\delta u_i) + e_{ijk}u_k\delta\frac{\mathrm{d}(\theta_j + \beta_j + \theta_j^r)}{\mathrm{d}t}\end{aligned}$$

$$\begin{aligned}\delta\frac{\mathrm{d}L_i^r}{\mathrm{d}t} &= \delta\left(\frac{\partial L_i^r}{\partial t} + e_{ijk}\frac{\mathrm{d}(\theta_j + \beta_j + \theta_j^r)}{\mathrm{d}t}L_k^r\right)\\ &= \frac{\partial}{\partial t}(\delta L_i^r) + e_{ijk}\frac{\mathrm{d}(\theta_j + \beta_j + \theta_j^r)}{\mathrm{d}t}\delta L_k^r + e_{ijk}\delta\frac{\mathrm{d}(\theta_j + \beta_j + \theta_j^r)}{\mathrm{d}t}L_k^r\\ &= \frac{\mathrm{d}}{\mathrm{d}t}(\delta L_i^r) + e_{ijk}L_k^r\delta\frac{\mathrm{d}(\theta_j + \beta_j + \theta_j^r)}{\mathrm{d}t}\end{aligned}$$

$$\begin{aligned}\delta\frac{\mathrm{d}\Delta_i}{\mathrm{d}t} &= \delta\left(\frac{\partial\Delta_i}{\partial t} + e_{ijk}\frac{\mathrm{d}\theta_j}{\mathrm{d}t}\Delta_k\right)\\ &= \frac{\partial}{\partial t}(\delta\Delta_i) + e_{ijk}\frac{\mathrm{d}\theta_j}{\mathrm{d}t}\delta\Delta_k + e_{ijk}\delta\frac{\mathrm{d}\theta_j}{\mathrm{d}t}\Delta_k\\ &= \frac{\mathrm{d}}{\mathrm{d}t}(\delta\Delta_i) + e_{ijk}\Delta_k\delta\frac{\mathrm{d}\theta_j}{\mathrm{d}t}\end{aligned}$$

$$\delta\frac{\mathrm{d}u_{Bi}}{\mathrm{d}t}=\delta\left(\frac{\partial u_{Bi}}{\partial t}+e_{ijk}\frac{\mathrm{d}\theta_j}{\mathrm{d}t}u_{Bk}\right)$$
$$=\frac{\partial}{\partial t}(\delta u_{Bi})+e_{ijk}\frac{\mathrm{d}\theta_j}{\mathrm{d}t}\delta u_{Bk}+e_{ijk}\delta\frac{\mathrm{d}\theta_j}{\mathrm{d}t}u_{Bk}$$
$$=\frac{\mathrm{d}}{\mathrm{d}t}(\delta u_{Bi})+e_{ijk}u_{Bk}\delta\frac{\mathrm{d}\theta_j}{\mathrm{d}t}$$

可得式(6.187)，即

$$\iiint\limits_{V_B}\left\{-\rho_B(v_i^c+v_{Bi}^d)*\delta\frac{\mathrm{d}X_i^c}{\mathrm{d}t}+\rho_B[v_i^c(0)+v_{Bi}^d(0)]\delta X_i^c\right\}\mathrm{d}V+F_{Bi}*\delta X_i^c-$$
$$\sum_{i=1}^{N}\iiint\limits_{V}\left\{\rho(v_i^c+e_{ijk}\omega_jx_k^0+v_i^h+v_i^L+v_i^d)*\delta\frac{\mathrm{d}X_i^c}{\mathrm{d}t}-\right.$$
$$\left.\rho[v_i^c(0)+e_{ijk}\omega_j(0)x_k^0+v_i^h(0)+v_i^L(0)+v_i^d(0)]\delta X_i^c\right\}\mathrm{d}V+\sum_{i=1}^{N}F_i*\delta X_i^c+$$
$$\iiint\limits_{V_B}\left\{\rho_Be_{ijk}(v_j^c+e_{jlm}\omega_lx_{Bm}+v_{Bj}^d)u_{Bk}*\delta\frac{\mathrm{d}\theta_i}{\mathrm{d}t}-\right.$$
$$\left.\rho_Be_{ijk}[v_j^c(0)+e_{jlm}\omega_l(0)x_{Bm}+v_{Bj}^d(0)]u_{Bk}(0)\delta\theta_i\right\}\mathrm{d}V+$$
$$\iiint\limits_{V_B}\left[\rho_B(e_{ijk}v_{Bj}^dx_{Bk})*\delta\frac{\mathrm{d}\theta_i}{\mathrm{d}t}-\rho_Be_{ijk}v_{Bj}^d(0)x_{Bk}\delta\theta_i\right]\mathrm{d}V+$$
$$M_{Bi}*\delta\theta_i-J_{Bij}\omega_j*\delta\frac{\mathrm{d}\theta_i}{\mathrm{d}t}+J_{Bij}\omega_j(0)\delta\theta_i+$$
$$\sum_{i=1}^{N}\iiint\limits_{V}\left\{\rho e_{ijk}(v_j^c+e_{jlm}\omega_lx_m^0+v_j^h+v_j^L+v_j^d)\Delta_k*\delta\frac{\mathrm{d}\theta_i}{\mathrm{d}t}-\right.$$
$$\left.\rho e_{ijk}[v_j^c(0)+e_{jlm}\omega_l(0)x_m^0+v_j^h(0)+v_j^L(0)+v_j^d(0)]\Delta_k(0)\delta\theta_i\right\}\mathrm{d}V+$$
$$\sum_{i=1}^{N}\iiint\limits_{V}\left\{\rho e_{ijk}(v_j^c+e_{jlm}\omega_lx_m^0+v_j^h+v_j^L+v_j^d)x_k^0*\delta\frac{\mathrm{d}\theta_i}{\mathrm{d}t}-\right.$$
$$\left.\rho e_{ijk}[v_j^c(0)+e_{jlm}\omega_l(0)x_m^0+v_j^h(0)+v_j^L(0)+v_j^d(0)]x_k^0\delta\theta_i\right\}\mathrm{d}V-$$
$$\iiint\limits_{V_B}\left\{\rho_B(v_i^c+e_{ijk}\omega_jx_{Bk}+v_{Bi}^d)*\frac{\mathrm{d}}{\mathrm{d}t}(\delta u_{Bi})-\right.$$
$$\left.\rho_B[v_i^c(0)+e_{ijk}\omega_j(0)x_{Bk}+v_{Bi}^d(0)]\delta u_{Bi}\right\}\mathrm{d}V+$$
$$\iint\limits_{S_{B\sigma}+S_{Bu}}a_{ijkl}\varepsilon_{Bkl}n_j*\delta u_{Bi}\mathrm{d}S-\iiint\limits_{V_B}(a_{ijkl}\varepsilon_{Bkl}*\delta u_{Bi,j}-f_i*\delta u_{Bi})\mathrm{d}V-$$
$$\sum_{i=1}^{N}\iiint\limits_{V}\left\{\rho(v_i^c+e_{ijk}\omega_jx_k^0+v_i^h+v_i^L+v_i^d)*\frac{\mathrm{d}}{\mathrm{d}t}(\delta\Delta_i)-\right.$$
$$\left.\rho[v_i^c(0)+e_{ijk}\omega_j(0)x_k^0+v_i^h(0)+v_i^L(0)+v_i^d(0)]\delta\Delta_i\right\}\mathrm{d}V-$$
$$\sum_{i=1}^{N}\iiint\limits_{V}\left\{\rho(v_i^c+e_{ijk}\omega_jx_k^0+v_i^h+v_i^L+v_i^d)*\frac{\mathrm{d}}{\mathrm{d}t}(\delta L_i^r)-\right.$$

$$\rho[v_i^c(0)+e_{ijk}\omega_j(0)x_k^0+v_i^h(0)+v_i^L(0)+v_i^d(0)]\delta L_i^r\Big\}\mathrm{d}V+$$

$$\sum_{i=1}^N\iiint_V\Big\{\rho e_{ijk}(v_j^c+e_{jlm}\omega_l x_m^0+v_j^h+v_j^L+v_j^d)L_k^r*\delta\frac{\mathrm{d}(\theta_i+\beta_i+\theta_i^r)}{\mathrm{d}t}-$$

$$\rho e_{ijk}[v_j^c(0)+e_{jlm}\omega_l(0)x_m^0+v_j^h(0)+v_j^L(0)+v_j^d(0)]L_k^r(0)\delta(\theta_i+\beta_i+\theta_i^r)\Big\}\mathrm{d}V+$$

$$\sum_{i=1}^N\iiint_V\Big\{\rho e_{ijk}(v_j^c+e_{jlm}\omega_l x_m^0+v_j^h+v_j^L+v_j^d)u_k*\delta\frac{\mathrm{d}(\theta_i+\beta_i+\theta_i^r)}{\mathrm{d}t}-$$

$$\rho e_{ijk}[v_j^c(0)+e_{jlm}\omega_l(0)x_m^0+v_j^h(0)+v_j^L(0)+v_j^d(0)]u_k(0)\delta(\theta_i+\beta_i+\theta_i^r)\Big\}\mathrm{d}V+$$

$$\sum_{i=1}^N M_i*\delta(\theta_i+\beta_i+\theta_i^r)-\sum_{i=1}^N\iiint_V\Big\{\rho(v_i^c+e_{ijk}\omega_j x_k^0+v_i^h+v_i^L+v_i^d)*\frac{\mathrm{d}}{\mathrm{d}t}(\delta u_i)-$$

$$\rho[v_i^c(0)+e_{ijk}\omega_j(0)x_k^0+v_i^h(0)+v_i^L(0)+v_i^d(0)]\delta u_i\Big\}\mathrm{d}V+$$

$$\sum_{i=1}^N\iint_{S_\sigma+S_u}a_{ijkl}\varepsilon_{kl}n_j*\delta u_i\mathrm{d}S-\sum_{i=1}^N\iiint_V(a_{ijkl}\varepsilon_{kl}*\delta u_{i,j}-f_i*\delta u_i)\mathrm{d}V-$$

$$\iint_{S_{B\sigma}}(a_{ijkl}\varepsilon_{Bkl}n_j-T_i)*\delta u_{Bi}\mathrm{d}S-\sum_{i=1}^N\iint_{S_\sigma}(a_{ijkl}\varepsilon_{kl}n_j-T_i)*\delta u_i\mathrm{d}S=0$$

应用 Green 定理,有式(6.186)、式(6.185),即

$$\sum_{i=1}^N\iiint_V(a_{ijkl}\varepsilon_{kl})_{,j}*\delta u_i\mathrm{d}V=\sum_{i=1}^N\iint_{S_\sigma+S_u}a_{ijkl}\varepsilon_{kl}n_j*\delta u_i\mathrm{d}S-\sum_{i=1}^N\iiint_V a_{ijkl}\varepsilon_{kl}*\delta u_{i,j}\mathrm{d}V$$

$$\iiint_{V_B}(a_{ijkl}\varepsilon_{Bkl})_{,j}*\delta u_{Bi}\mathrm{d}V=\iint_{S_{B\sigma}+S_{Bu}}a_{ijkl}\varepsilon_{Bkl}n_j*\delta u_{Bi}\mathrm{d}S-\iiint_{V_B}a_{ijkl}\varepsilon_{Bkl}*\delta u_{Bi,j}\mathrm{d}V$$

应用 Laplace 变换中的卷积理论的分部积分公式,有式(6.184)~(6.172),即

$$\sum_{i=1}^N\iiint_V\rho\frac{\mathrm{d}}{\mathrm{d}t}(v_i^c+e_{ijk}\omega_j x_k^0+v_i^h+v_i^L+v_i^d)*\delta u_i\mathrm{d}V=\sum_{i=1}^N\iiint_V\Big\{\rho(v_i^c+e_{ijk}\omega_j x_k^0+v_i^h+$$

$$v_i^L+v_i^d)*\frac{\mathrm{d}}{\mathrm{d}t}(\delta u_i)-\rho[v_i^c(0)+e_{ijk}\omega_j(0)x_k^0+v_i^h(0)+v_i^L(0)+v_i^d(0)]\delta u_i\Big\}\mathrm{d}V$$

$$\sum_{i=1}^N\iiint_V\rho\frac{\mathrm{d}}{\mathrm{d}t}[e_{ijk}(v_j^c+e_{jlm}\omega_l x_m^0+v_j^h+v_j^L+v_j^d)u_k]*\delta(\theta_i+\beta_i+\theta_i^r)\mathrm{d}V=$$

$$\sum_{i=1}^N\iiint_V\Big\{\rho e_{ijk}(v_j^c+e_{jlm}\omega_l x_m^0+v_j^h+v_j^L+v_j^d)u_k*\delta\frac{\mathrm{d}(\theta_i+\beta_i+\theta_i^r)}{\mathrm{d}t}-$$

$$\rho e_{ijk}[v_j^c(0)+e_{jlm}\omega_l(0)x_m^0+v_j^h(0)+v_j^L(0)+v_j^d(0)]u_k(0)\delta(\theta_i+\beta_i+\theta_i^r)\Big\}\mathrm{d}V$$

$$\sum_{i=1}^N\iiint_V\rho\frac{\mathrm{d}}{\mathrm{d}t}[e_{ijk}(v_j^c+e_{jlm}\omega_l x_m^0+v_j^h+v_j^L+v_j^d)L_k^r]*\delta(\theta_i+\beta_i+\theta_i^r)\mathrm{d}V=$$

$$\sum_{i=1}^N\iiint_V\Big\{\rho e_{ijk}(v_j^c+e_{jlm}\omega_l x_m^0+v_j^h+v_j^L+v_j^d)L_k^r*\delta\frac{\mathrm{d}(\theta_i+\beta_i+\theta_i^r)}{\mathrm{d}t}-$$

$$\rho e_{ijk}[v_j^c(0)+e_{jlm}\omega_l(0)x_m^0+v_j^h(0)+v_j^L(0)+v_j^d(0)]L_k^r(0)\delta(\theta_i+\beta_i+\theta_i^r)\Big\}\mathrm{d}V$$

$$\sum_{i=1}^{N}\iiint_{V}\rho\,\frac{\mathrm{d}}{\mathrm{d}t}(v_i^c+e_{ijk}\omega_j x_k^0+v_i^h+v_i^L+v_i^d)*\delta L_i^r\mathrm{d}V=\sum_{i=1}^{N}\iiint_{V}\Big\{\rho(v_i^c+e_{ijk}\omega_j x_k^0+v_i^h+v_i^L+v_i^d)*\frac{\mathrm{d}}{\mathrm{d}t}(\delta L_i^r)-\rho[v_i^c(0)+e_{ijk}\omega_j(0)x_k^0+v_i^h(0)+v_i^L(0)+v_i^d(0)]\delta L_i^r\Big\}\mathrm{d}V$$

$$\sum_{i=1}^{N}\iiint_{V}\rho\,\frac{\mathrm{d}}{\mathrm{d}t}(v_i^c+e_{ijk}\omega_j x_k^0+v_i^h+v_i^L+v_i^d)*\delta\Delta_i\mathrm{d}V=\sum_{i=1}^{N}\iiint_{V}\Big\{\rho(v_i^c+e_{ijk}\omega_j x_k^0+v_i^h+v_i^L+v_i^d)*\frac{\mathrm{d}}{\mathrm{d}t}(\delta\Delta_i)-\rho[v_i^c(0)+e_{ijk}\omega_j(0)x_k^0+v_i^h(0)+v_i^L(0)+v_i^d(0)]\delta\Delta_i\Big\}\mathrm{d}V$$

$$\iiint_{V_B}\rho_B\,\frac{\mathrm{d}}{\mathrm{d}t}(v_i^c+e_{ijk}\omega_j x_{Bk}+v_{Bi}^d)*\delta u_{Bi}\mathrm{d}V=\iiint_{V_B}\Big\{\rho_B(v_i^c+e_{ijk}\omega_j x_{Bk}+v_{Bi}^d)*\frac{\mathrm{d}}{\mathrm{d}t}(\delta u_{Bi})-\rho_B[v_i^c(0)+e_{ijk}\omega_j(0)x_{Bk}+v_{Bi}^d(0)]\delta u_{Bi}\Big\}\mathrm{d}V$$

$$\sum_{i=1}^{N}\iiint_{V}\rho\,\frac{\mathrm{d}}{\mathrm{d}t}[e_{ijk}(v_j^c+e_{jlm}\omega_l x_m^0+v_j^h+v_j^L+v_j^d)x_k^0]*\delta\theta_i\mathrm{d}V=\sum_{i=1}^{N}\iiint_{V}\Big\{\rho e_{ijk}(v_j^c+e_{jlm}\omega_l x_m^0+v_j^h+v_j^L+v_j^d)x_k^0*\delta\frac{\mathrm{d}\theta_i}{\mathrm{d}t}-\rho e_{ijk}[v_j^c(0)+e_{jlm}\omega_l(0)x_m^0+v_j^h(0)+v_j^L(0)+v_j^d(0)]x_k^0\delta\theta_i\Big\}\mathrm{d}V$$

$$\sum_{i=1}^{N}\iiint_{V}\rho\,\frac{\mathrm{d}}{\mathrm{d}t}[e_{ijk}(v_j^c+e_{jlm}\omega_l x_m^0+v_j^h+v_j^L+v_j^d)\Delta_k]*\delta\theta_i\mathrm{d}V=\sum_{i=1}^{N}\iiint_{V}\Big\{\rho e_{ijk}(v_j^c+e_{jlm}\omega_l x_m^0+v_j^h+v_j^L+v_j^d)\Delta_k*\delta\frac{\mathrm{d}\theta_i}{\mathrm{d}t}-\rho e_{ijk}[v_j^c(0)+e_{jlm}\omega_l(0)x_m^0+v_j^h(0)+v_j^L(0)+v_j^d(0)]\Delta_k(0)\delta\theta_i\Big\}\mathrm{d}V$$

$$\frac{\mathrm{d}}{\mathrm{d}t}(J_{Bij}\omega_j)*\delta\theta_i=J_{Bij}\omega_j*\delta\frac{\mathrm{d}\theta_i}{\mathrm{d}t}-J_{Bij}\omega_j(0)\delta\theta_i$$

$$\iiint_{V_B}\rho_B\,\frac{\mathrm{d}}{\mathrm{d}t}(e_{ijk}v_{Bj}^d x_{Bk})*\delta\theta_i\mathrm{d}V=\iiint_{V_B}\Big[\rho_B(e_{ijk}v_{Bj}^d x_{Bk})*\delta\frac{\mathrm{d}\theta_i}{\mathrm{d}t}-\rho_B e_{ijk}v_{Bj}^d(0)x_{Bk}\delta\theta_i\Big]\mathrm{d}V$$

$$\iiint_{V_B}\rho_B\,\frac{\mathrm{d}}{\mathrm{d}t}[e_{ijk}(v_j^c+e_{jlm}\omega_l x_{Bm}+v_{Bj}^d)u_{Bk}]*\delta\theta_i\mathrm{d}V=\iiint_{V_B}\Big\{\rho_B e_{ijk}(v_j^c+e_{jlm}\omega_l x_{Bm}+v_{Bj}^d)u_{Bk}*\delta\frac{\mathrm{d}\theta_i}{\mathrm{d}t}-\rho_B e_{ijk}[v_j^c(0)+e_{jlm}\omega_l(0)x_{Bm}+v_{Bj}^d(0)]u_{Bk}(0)\delta\theta_i\Big\}\mathrm{d}V$$

$$\sum_{i=1}^{N}\iiint_{V}\rho\,\frac{\mathrm{d}}{\mathrm{d}t}(v_i^c+e_{ijk}\omega_j x_k^0+v_i^h+v_i^L+v_i^d)*\delta X_i^c\mathrm{d}V=\sum_{i=1}^{N}\iiint_{V}\Big\{\rho(v_i^c+e_{ijk}\omega_j x_k^0+v_i^h+v_i^L+v_i^d)*\delta\frac{\mathrm{d}X_i^c}{\mathrm{d}t}-\rho[v_i^c(0)+e_{ijk}\omega_j(0)x_k^0+v_i^h(0)+v_i^L(0)+v_i^d(0)]\delta X_i^C\Big\}\mathrm{d}V$$

$$\iiint_{V_B}\rho_B\,\frac{\mathrm{d}}{\mathrm{d}t}(v_i^c+v_{Bi}^d)*\delta X_i^c\mathrm{d}V=\iiint_{V_B}\Big\{\rho_B(v_i^c+v_{Bi}^d)*\delta\frac{\mathrm{d}X_i^c}{\mathrm{d}t}-\rho_B[v_i^c(0)+v_{Bi}^d(0)]\delta X_i^c\Big\}\mathrm{d}V$$

将式(6.186) ～ (6.172) 代入式(6.187)，可得式(6.171)，即

$$\left\{-\iiint_{V_B}\rho_B \frac{\mathrm{d}}{\mathrm{d}t}(v_i^c + v_{Bi}^d)\,\mathrm{d}V + F_{Bi} - \sum_{i=1}^{N}\left[\iiint_V \rho \frac{\mathrm{d}}{\mathrm{d}t}(v_i^c + e_{ijk}\omega_j x_k^0 + v_i^h + v_i^L + v_i^d)\,\mathrm{d}V - F_i\right]\right\} * \delta X_i^C + \left\{\iiint_{V_B}\rho_B\left[\frac{\mathrm{d}}{\mathrm{d}t}[e_{ijk}(v_j^c + e_{jlm}\omega_l x_{Bm} + v_{Bj}^d)u_{Bk}] + \frac{\mathrm{d}}{\mathrm{d}t}(e_{ijk}v_{Bj}^d x_{Bk})\right]\mathrm{d}V + M_{Bi} - \frac{\mathrm{d}}{\mathrm{d}t}(J_{Bij}\omega_j) + \sum_{i=1}^{N}\iiint_V \rho\left[\frac{\mathrm{d}}{\mathrm{d}t}[e_{ijk}(v_j^c + e_{jlm}\omega_l x_m^0 + v_j^h + v_j^L + v_j^d)\Delta_k] + \frac{\mathrm{d}}{\mathrm{d}t}[e_{ijk}(v_j^c + e_{jlm}\omega_l x_m^0 + v_j^h + v_j^L + v_j^d)x_k^0]\right]\mathrm{d}V\right\} * \delta\theta_i +$$

$$\iiint_{V_B}\left[-\rho_B \frac{\mathrm{d}}{\mathrm{d}t}(v_i^c + e_{ijk}\omega_j x_{Bk} + v_{Bi}^d) + (a_{ijkl}\varepsilon_{Bkl})_{,j} + f_i\right] * \delta u_{Bi}\,\mathrm{d}V +$$

$$\sum_{i=1}^{N}\iiint_V -\rho \frac{\mathrm{d}}{\mathrm{d}t}(v_i^c + e_{ijk}\omega_j x_k^0 + v_i^h + v_i^L + v_i^d) * \delta\Delta_i\,\mathrm{d}V +$$

$$\sum_{i=1}^{N}\iiint_V -\rho \frac{\mathrm{d}}{\mathrm{d}t}(v_i^c + e_{ijk}\omega_j x_k^0 + v_i^h + v_i^L + v_i^d) * \delta L_i^r\,\mathrm{d}V +$$

$$\sum_{i=1}^{N}\left\{\iiint_V \rho\left[\frac{\mathrm{d}}{\mathrm{d}t}[e_{ijk}(v_j^c + e_{jlm}\omega_l x_m^0 + v_j^h + v_j^L + v_j^d)L_k^r] + \frac{\mathrm{d}}{\mathrm{d}t}[e_{ijk}(v_j^c + e_{jlm}\omega_l x_m^0 + v_j^h + v_j^L + v_j^d)u_k]\right]\mathrm{d}V + M_i\right\} * \delta(\theta_i + \beta_i + \theta_i^r) +$$

$$\sum_{i=1}^{N}\iiint_V\left[-\rho \frac{\mathrm{d}}{\mathrm{d}t}(v_i^c + e_{ijk}\omega_j x_k^0 + v_i^h + v_i^L + v_i^d) + (a_{ijkl}\varepsilon_{kl})_{,j} + f_i\right] * \delta u_i\,\mathrm{d}V -$$

$$\iint_{S_{B\sigma}}(a_{ijkl}\varepsilon_{Bkl}n_j - T_i) * \delta u_{Bi}\,\mathrm{d}S - \sum_{i=1}^{N}\iint_{S_\sigma}(a_{ijkl}\varepsilon_{kl}n_j - T_i) * \delta u_i\,\mathrm{d}S = 0$$

由于 δX_i^c、$\delta\theta_i$、δu_{Bi}、$\delta\Delta_i$、δL_i、$\delta(\theta_i + \beta_i + \theta_i^r)$、$\delta u_i$ 的任意性，有式(6.154)～(6.147)，即

$$\sum_{i=1}^{N}(a_{ijkl}\varepsilon_{kl}n_j - T_i) = 0 \quad (\text{在 } S_\sigma \text{ 上})$$

$$a_{ijkl}\varepsilon_{Bkl}n_j - T_i = 0 \quad (\text{在 } S_{B\sigma} \text{ 上})$$

$$\sum_{i=1}^{N}\left[-\rho \frac{\mathrm{d}}{\mathrm{d}t}(v_i^c + e_{ijk}\omega_j x_k^0 + v_i^h + v_i^L + v_i^d) + (a_{ijkl}\varepsilon_{kl})_{,j} + f_i\right] = 0 \quad (\text{在 } V \text{ 中})$$

$$\sum_{i=1}^{N}\left\{\iiint_V \rho\left[\frac{\mathrm{d}}{\mathrm{d}t}[e_{ijk}(v_j^c + e_{jlm}\omega_l x_m^0 + v_j^h + v_j^L + v_j^d)L_k^r] + \frac{\mathrm{d}}{\mathrm{d}t}[e_{ijk}(v_j^c + e_{jlm}\omega_l x_m^0 + v_j^h + v_j^L + v_j^d)u_k]\right]\mathrm{d}V + M_i\right\} = 0$$

$$\sum_{i=1}^{N} -\rho \frac{\mathrm{d}}{\mathrm{d}t}(v_i^c + e_{ijk}\omega_j x_k^0 + v_i^h + v_i^L + v_i^d) = 0 \quad (\text{在 } V \text{ 中})$$

$$-\rho_B \frac{\mathrm{d}}{\mathrm{d}t}(v_i^c + e_{ijk}\omega_j x_{Bk} + v_{Bi}^d) + (a_{ijkl}\varepsilon_{Bkl})_{,j} + f_i = 0 \quad (\text{在 } V_B \text{ 中})$$

$$\iiint_{V_B}\rho_B\left[\frac{\mathrm{d}}{\mathrm{d}t}[e_{ijk}(v_j^c + e_{jlm}\omega_l x_{Bm} + v_{Bj}^d)u_{Bk}] + \frac{\mathrm{d}}{\mathrm{d}t}(e_{ijk}v_{Bj}^d x_{Bk})\right]\mathrm{d}V + M_{Bi} -$$

$$\frac{\mathrm{d}}{\mathrm{d}t}(J_{Bij}\omega_j)+\sum_{i=1}^{N}\iiint_V\rho\left[\frac{\mathrm{d}}{\mathrm{d}t}[e_{ijk}(v_j^c+e_{jlm}\omega_l x_m^0+v_j^h+v_j^L+v_j^d)\Delta_k]+\right.$$

$$\left.\frac{\mathrm{d}}{\mathrm{d}t}[e_{ijk}(v_j^c+e_{jlm}\omega_l x_m^0+v_j^h+v_j^L+v_j^d)x_k^0]\right]\mathrm{d}V=0$$

$$-\iiint_{V_B}\rho_B\frac{\mathrm{d}}{\mathrm{d}t}(v_i^c+v_{Bi}^d)\mathrm{d}V+F_{Bi}-$$

$$\sum_{i=1}^{N}\left[\iiint_V\rho\frac{\mathrm{d}}{\mathrm{d}t}(v_i^c+e_{ijk}\omega_j x_k^0+v_i^h+v_i^L+v_i^d)\mathrm{d}V-F_i\right]=0$$

式(6.154)～(6.147)即为附件既可伸展平动又转动的多柔体系统动力学初值问题拟变分原理的拟驻值条件，与其先决条件式(6.155)～(6.164)一起构成封闭的微分方程组。明显可见，推导拟驻值条件的过程正是建立拟变分原理的逆过程，这也正说明变积运算是变分运算的逆运算。

6.5　应用举例

以带柔性梁附件的航天器为研究对象，应用多柔体系统动力学初值问题拟变分原理进行研究。本节采用中心刚体与柔性附件简化模型，即把航天器主体结构看成刚体，附件结构处理为柔性体(伸展柔性梁)，连同坐标系 $o-xyz$(x 轴垂直于纸面)，其简化结构如图 6.4 所示。

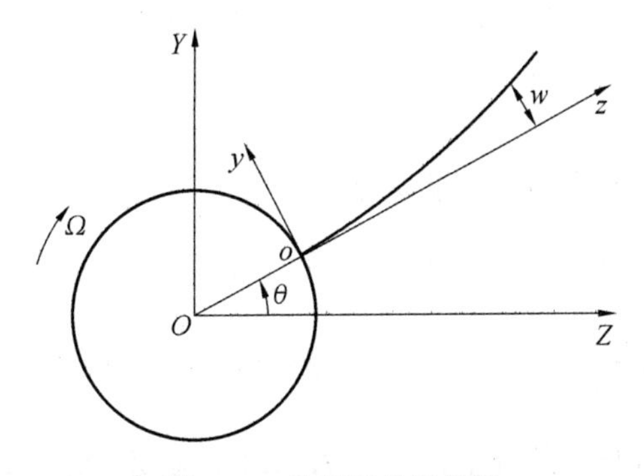

图 6.4　伸展柔性梁简图

1. 伸展柔性梁振动微分方程

设 $x_i(i=1,2,3)$ 中只有 $x_3=z$，z 满足 $0\leqslant z\leqslant L$。$L(t)=L_0+\int_0^t\dot{z}(t)\mathrm{d}t$ 是运动的边界，而 L_0 是伸展柔性梁的初始长度。角速度 $\Omega=\frac{\mathrm{d}\theta_x}{\mathrm{d}t}$ 和角加速度 $\dot{\Omega}=\frac{\mathrm{d}^2\theta_x}{\mathrm{d}t^2}$ 是已知的，此时 $\frac{\mathrm{d}\theta_y}{\mathrm{d}t}=\frac{\mathrm{d}\theta_z}{\mathrm{d}t}=0$，$\frac{\mathrm{d}^2\theta_y}{\mathrm{d}t^2}=\frac{\mathrm{d}^2\theta_z}{\mathrm{d}t^2}=0$。设沿 y 方向的挠度为 $w=w(y,t)$，x 方向的刚度很大，其相应挠度很小，可以忽略不计。

根据飞行器结构受力和运动情况，应用带有可伸展平动附件多柔体系统动力学初值问题拟变分原理的拟驻值条件建立伸展柔性梁振动微分方程。

将先决条件式(6.25)及式(6.26)、运动学条件式(6.29)～(6.31)、几何条件式(6.32)代入拟驻值条件式(6.22)中,可得

$$\sum_{i=1}^{N}\left\{-\rho\frac{\mathrm{d}}{\mathrm{d}t}\left(\frac{\mathrm{d}X_i^c}{\mathrm{d}t}+e_{ijk}\frac{\mathrm{d}\theta_j}{\mathrm{d}t}x_k^0+\frac{\mathrm{d}\Delta_i}{\mathrm{d}t}+\frac{\mathrm{d}L_i}{\mathrm{d}t}+\frac{\mathrm{d}u_i}{\mathrm{d}t}\right)+\left[a_{ijkl}\left(\frac{1}{2}u_{k,l}+\frac{1}{2}u_{l,k}\right)\right]_{,j}+f_i\right\}=0$$

$$(\text{在}\ V\ \text{中}) \tag{6.195}$$

进一步展开,可得

$$\sum_{i=1}^{N}\left\{-\rho\frac{\mathrm{d}^2X_i^c}{\mathrm{d}t^2}-\rho e_{ijk}\frac{\mathrm{d}^2\theta_j}{\mathrm{d}t^2}x_k^0-\rho\frac{\partial^2\Delta_i}{\partial t^2}-2\rho e_{ijk}\frac{\mathrm{d}\theta_j}{\mathrm{d}t}\frac{\partial\Delta_k}{\partial t}-\rho e_{ijk}\frac{\mathrm{d}^2\theta_j}{\mathrm{d}t^2}\Delta_k-\right.$$
$$\rho e_{ijk}\frac{\mathrm{d}\theta_j}{\mathrm{d}t}e_{klm}\frac{\mathrm{d}\theta_l}{\mathrm{d}t}\Delta_m-\rho\frac{\partial^2L_i}{\partial t^2}-2\rho e_{ijk}\frac{\mathrm{d}(\theta_j+\beta_j)}{\mathrm{d}t}\frac{\partial L_k}{\partial t}-\rho e_{ijk}\frac{\mathrm{d}^2(\theta_j+\beta_j)}{\mathrm{d}t^2}L_k-$$
$$\rho e_{ijk}\frac{\mathrm{d}(\theta_j+\beta_j)}{\mathrm{d}t}e_{klm}\frac{\mathrm{d}(\theta_l+\beta_l)}{\mathrm{d}t}L_m-\rho\frac{\partial^2u_i}{\partial t^2}-2\rho e_{ijk}\frac{\mathrm{d}(\theta_j+\beta_j)}{\mathrm{d}t}\frac{\partial u_k}{\partial t}-$$
$$\rho e_{ijk}\frac{\mathrm{d}^2(\theta_j+\beta_j)}{\mathrm{d}t^2}u_k-\rho e_{ijk}\frac{\mathrm{d}(\theta_j+\beta_j)}{\mathrm{d}t}e_{klm}\frac{\mathrm{d}(\theta_l+\beta_l)}{\mathrm{d}t}u_m+$$
$$\left.\left[a_{ijkl}\left(\frac{1}{2}u_{k,l}+\frac{1}{2}u_{l,k}\right)\right]_{,j}+f_i\right\}=0\quad(\text{在}\ V\ \text{中}) \tag{6.196}$$

在本问题中,航天器根体为中心刚体,即 $\Delta_i=0$、$\beta_i=0$,则式(6.196)表示为

$$\sum_{i=1}^{N}\left\{-\rho\frac{\mathrm{d}^2X_i^c}{\mathrm{d}t^2}-\rho e_{ijk}\frac{\mathrm{d}^2\theta_j}{\mathrm{d}t^2}x_k^0-\rho\frac{\partial^2L_i}{\partial t^2}-2\rho e_{ijk}\frac{\mathrm{d}\theta_j}{\mathrm{d}t}\frac{\partial L_k}{\partial t}-\rho e_{ijk}\frac{\mathrm{d}^2\theta_j}{\mathrm{d}t^2}L_k-\right.$$
$$\rho e_{ijk}\frac{\mathrm{d}\theta_j}{\mathrm{d}t}e_{klm}\frac{\mathrm{d}\theta_l}{\mathrm{d}t}L_m-\rho\frac{\partial^2u_i}{\partial t^2}-2\rho e_{ijk}\frac{\mathrm{d}\theta_j}{\mathrm{d}t}\frac{\partial u_k}{\partial t}-\rho e_{ijk}\frac{\mathrm{d}^2\theta_j}{\mathrm{d}t^2}u_k-$$
$$\left.\rho e_{ijk}\frac{\mathrm{d}\theta_j}{\mathrm{d}t}e_{klm}\frac{\mathrm{d}\theta_l}{\mathrm{d}t}u_m+\left[a_{ijkl}\left(\frac{1}{2}u_{k,l}+\frac{1}{2}u_{l,k}\right)\right]_{,j}+f_i\right\}=0\quad(\text{在}\ V\ \text{中}) \tag{6.197}$$

式(6.197)各项的大小和方向分析如下。

(1) $-\rho\dfrac{\mathrm{d}^2X_i^c}{\mathrm{d}t^2}$,是与航天器质心绝对运动有关的惯性力,设航天器沿 x 方向飞行,则此惯性力沿 $-x$ 方向;$-\rho\dfrac{\partial^2L_i}{\partial t^2}$ 是与 z 方向的伸展运动有关的惯性力。

(2) $-2\rho e_{ijk}\dfrac{\mathrm{d}\theta_j}{\mathrm{d}t}\dfrac{\partial L_k}{\partial t}$,对应的分量为 $-2\bar{m}\Omega\dot{z}$,由于速度 $\dot{z}$ 沿着 z 方向,角速度 Ω 沿 x 方向,则 Coriolis 加速度沿 $-y$ 方向,Coriolis 惯性力沿 y 方向。其中 $\bar{m}$ 为柔性梁的单位长度质量,$\bar{m}=\rho A$(A 为梁的横截面积,以下同)。

(3) $-\rho e_{ijk}\dfrac{\mathrm{d}^2\theta_j}{\mathrm{d}t^2}L_k$,对应的分量为 $-\bar{m}\dot{\Omega}z$,设角加速度 $\dot{\Omega}$ 沿 x 方向,则切向加速度沿 $-y$ 方向,切向惯性力沿 y 方向。

(4) $-\rho e_{ijk}\dfrac{\mathrm{d}\theta_j}{\mathrm{d}t}e_{klm}\dfrac{\mathrm{d}\theta_l}{\mathrm{d}t}L_m$,对应的分量为 $-\bar{m}\Omega^2z$,向心加速度沿 $-z$ 方向,离心惯性力沿 z 方向。

(5) $-\rho\dfrac{\partial^2u_i}{\partial t^2}$,对应的分量为 $-\bar{m}\dfrac{\partial^2w}{\partial t^2}$,研究小挠度横向运动,设弹性位移沿 y 方向,一般认为加速度沿 y 方向,本问题中把该项视为梁结构的柔性运动。

(6) $-2\rho e_{ijk}\dfrac{\mathrm{d}\theta_j}{\mathrm{d}t}\dfrac{\partial u_k}{\partial t}$，对应的分量只有 $-2\bar{m}\Omega\dfrac{\partial w}{\partial t}$，研究小挠度情况，可认为速度$\dfrac{\partial w}{\partial t}$沿 y 方向，则 Coriolis 加速度沿 z 方向，Coriolis 惯性力沿 $-z$ 方向，这里应当注意梁的弯曲角速度也会引起 Coriolis 加速度。

(7) $-\rho e_{ijk}\dfrac{\mathrm{d}^2\theta_j}{\mathrm{d}t^2}u_k$，对应的分量只有 $-\bar{m}\dot{\Omega}w$，切向加速度沿 z 方向，切向惯性力沿 $-z$ 方向。

(8) $-\rho e_{ijk}\dfrac{\mathrm{d}\theta_j}{\mathrm{d}t}e_{klm}\dfrac{\mathrm{d}\theta_l}{\mathrm{d}t}u_m$，对应的分量只有 $-\bar{m}\Omega^2 w$，向心加速度沿 $-y$ 方向，离心惯性力沿 y 方向。

(9) $\left[a_{ijkl}\left(\dfrac{1}{2}u_{k,l}+\dfrac{1}{2}u_{l,k}\right)\right]_{,j}$，对应的分量只有 $EI\dfrac{\partial^4 w}{\partial z^4}$，忽略 Poisson 效应。

(10) 本问题中 f_i 为重力，重力 $\bar{m}g$ 沿 $-y$ 方向。

由以上分析可知，航天器附件沿 y 方向的动力学方程为

$$EI\frac{\partial^4 w}{\partial z^4}+2\bar{m}\dot{z}\frac{\partial^2 w}{\partial z\partial t}+\bar{m}\frac{\partial^2 w}{\partial t^2}-\bar{m}\Omega^2 w=-\bar{m}\dot{\Omega}z-2\bar{m}\Omega\dot{z}+\bar{m}g \tag{6.198}$$

其中，EI 为柔性梁的抗弯刚度（E 为梁的弹性模量、I 为梁的横截惯性矩）。

引入惯性力后，则方程(6.198)可简化为

$$EI\frac{\partial^4 w}{\partial z^4}+2\bar{m}\dot{z}\frac{\partial^2 w}{\partial z\partial t}+\bar{m}\frac{\partial^2 w}{\partial t^2}-\bar{m}\Omega^2 w=q(z,t) \tag{6.199}$$

其中，$q(z,t)$ 为等效外部干扰力，$q(z,t)=-\bar{m}\dot{\Omega}(t)z-2\bar{m}\Omega(t)\dot{z}+\bar{m}g$。

针对方程(6.199)，考虑如下形式振型函数的特解：

$$\varphi^{(4)}(z)=k^4(t)\varphi(z) \tag{6.200}$$

将式(6.200)代入方程(6.199)中，可得

$$\{\ddot{T}(t)+[b^2k^4(t)-\Omega^2(t)]T(t)\}\varphi(z)+2\dot{z}\dot{T}(t)\varphi(z)=f(z,t) \tag{6.201}$$

其中，$b^2=\dfrac{EI}{\bar{m}}$，$f(z,t)=-\dot{\Omega}(t)z-2\Omega(t)\dot{z}+g$。

2. 伸展柔性梁弯曲振动的稳定性

伸展柔性梁的边值条件可描述为

$$\begin{cases} w=0,\quad \dfrac{\partial w}{\partial z}=0 & 当\ z=0\ 时 \\ \dfrac{\partial^2 w}{\partial z^2}=0,\quad \dfrac{\partial^3 w}{\partial z^3}=0 & 当\ z=L(t)\ 时 \end{cases} \tag{6.202}$$

其中，$L(t)$ 为运动的边界，$L(t)=L_0+\int_0^t \dot{z}(t)\mathrm{d}t$（$L_0$ 为伸展柔性梁的初始长度）。

方程(6.202)的一般解为

$$\varphi(z)=C_1\cosh(kz)+C_2\sinh(kz)+C_3\cos(kz)+C_4\sin(kz) \tag{6.203}$$

将式(6.203)代入边界条件式(6.202)中，可得频散方程

$$1+\cos(kL)\cosh(kL)=0 \tag{6.204}$$

由方程(6.204)可确定无穷多个参变量 kL 的值。需要指出的是,由于梁的长度是时间的函数,也就是说本问题是运动边界问题,只能得到结构系统在任意时刻的固有频率和振型,导致梁结构是变频振动问题。

设方程(6.204)的解为

$$k_j L = k_j \left(L_0 + \int_0^t \dot{z}\mathrm{d}t\right) = K_j \quad (j = 1, 2, \cdots, \infty) \tag{6.205}$$

这样,可得弹性波波数的序列值为

$$k_j(t) = \frac{K_j}{\left(L_0 + \int_0^t \dot{z}\mathrm{d}t\right)} \quad (j = 1, 2, \cdots, \infty)$$

而结构系统相应的变频振动频率为

$$\omega_j^2(t) = b^2 k_j^4(t) - \Omega^2(t) = \frac{b^2 K_j^4}{\left(L_0 + \int_0^t \dot{z}\mathrm{d}t\right)^4} - \Omega^2(t)$$

对于匀速直线运动的悬臂梁,可有

$$\omega_j^2(t) = \frac{b^2 K_j^4}{(L_0 + \dot{z}t)^4} - \Omega^2(t) = \frac{b^2 K_j^4}{(L_0 + vt)^4} - \Omega^2(t)$$

不失一般性,变波长的振型函数 $\varphi(z)$ 的一般形式可取为

$$\begin{aligned}\varphi(z) = &[\sinh(kL) + \sin(kL)][\cosh(kz) - \cos(kz)] - \\ &[\cosh(kL) + \cos(kL)][\sinh(kz) - \sin(kz)]\end{aligned} \tag{6.206}$$

对于一系列本征值 $k_n = k_n/L$,可给出本征函数序列

$$\begin{aligned}\varphi_n(z) = &[\sinh(k_n L) + \sin(k_n L)][\cosh(k_n z) - \cos(k_n z)] - \\ &[\cosh(k_n L) + \cos(k_n L)][\sinh(k_n z) - \sin(k_n z)]\end{aligned} \tag{6.207}$$

将式(6.207)代入方程(6.201)中,可得

$$\begin{aligned}&\sum_{i=1}^{\infty}\left\{\ddot{T}_i(t) + [b^2 k_i^2(t) - \Omega^2(t)]T_i(t)\right\}\varphi_i(z)\varphi_j(z) + 2\dot{x}\dot{T}_i(t)\varphi_i(z)\varphi_j(z) = \\ &f(z,t)\varphi_j(z) \quad (j = 1, 2, \cdots, \infty)\end{aligned} \tag{6.208}$$

利用振型函数的正交性,可得广义坐标的如下方程:

$$\ddot{T}_n(t) + 2\dot{z}\dot{T}_n(t) + [b^2 k_n^4(t) - \Omega^2(t)]T_n(t) = f_n(t) \quad (n = 1, 2, \cdots, \infty) \tag{6.209}$$

其中,$f_n(t) = \int_0^{L(t)} f(z,t)\varphi_n(z)\mathrm{d}z \Big/ \int_0^{L(t)} \varphi_n^2(z)\mathrm{d}z$。

可见,方程(6.209)是周期变系数的常微分方程,属于参数激励系统。关于参数激励系统的稳定性问题,可采用小参数摄动方法。

不失问题的一般性,设伸展梁的移动速度为 $\dot{z} = \delta + 2\varepsilon\cos\omega t$,则伸展柔性梁的广义坐标方程为

$$\ddot{T}_n(t) + 2(\delta + 2\varepsilon\cos\omega t)\dot{T}_n(t) + [b^2 k_n^4(t) - \Omega^2(t)]T_n(t) = f_n(t) \quad (n = 1, 2, \cdots, \infty) \tag{6.210}$$

可采用关于时变系统的理论,分析研究此参数激励系统的稳定性。

3. 讨论

本例对航天器附件伸展柔性梁与主体结构姿态耦合问题建立了一种理论模型，即应用多柔体系统动力学初值问题拟变分原理及其拟驻值条件，给出了航天器伸展柔性梁结构的运动微分方程。

在以上工作的基础上，可以采用解析法求得伸展柔性梁附件与航天器姿态之间的耦合解。若采用数值法近似地研究这类问题，则可从不同的方面进行近似，可以对本章经过理论分析得到的微分方程进行近似计算，也可以应用变分直接方法进行近似计算，有限元素法是变分直接方法的进一步发展。无论应用哪种方法进行近似计算，类似本章的理论分析对建立计算模型都是有益的。由此可见，解析分析和数值分析是互补的。

参考文献

[1] 陆佑方.柔性多体系统动力学[M].北京:高等教育出版社,1996.

[2] 黄文虎,邵成勋,等.多柔体系统动力学[M].北京:科学出版社,1996.

[3] LIKINS P W. Spacecraft attitude dynamics and control—A personal perspective on early developments[J]. Journal of Guidance, Control, and Dynamics, 1986, 9(2): 129-134.

[4] HABLANI H B. Constrained and unconstrained modes—Some modeling aspects of flexible spacecraft[J]. Journal of Guidance, Control, and Dynamics, 1982, 5(2): 164-173.

[5] HABLANI H B. Modal identities for multibody elastic spacecraft[J]. Journal of Guidance,Control,and Dynamics,1991,14(2):294-303.

[6] SPANOS J T, TSUHA W. Selection of component modes for the simulation of flexible multi-body spacecraft[J]. Journal of Guidance, Control, and Dynamics, 1991,14(2):278- 286.

[7] HAMADA Y,OHTANI T,KIDA T,et al. Synthesis of a linearly interpolated gain scheduling controller for large flexible spacecraft ETS-VIII[J]. Control Engineering Practice,2011,19(6):611-625.

[8] 游斌弟,温建民,张广玉,等.航天器薄壳柔性附件展开耦合行为特性研究[J]. 宇航学报,2015,36(6):640-647.

[9] 程顺,沈振兴,崔涛 等. 带轴向运动柔性梁附件航天器的刚-柔耦合动力学分析[J]. 振动与冲击,2018,37(2):91-101+107.

[10] 葛东明,史纪鑫,邹元杰,等. 深空探测柔性太阳帆航天器动力学建模与姿态控制[J]. 控制理论与应用,2019,36(12):2019-2027.

[11] 孙杰,孙俊,刘付成,等.含间隙铰接的柔性航天器刚柔耦合动力学与控制研究[J]. 力学学报,2020,52(6):1569-1580.

[12] 孔嘉祥,王博洋,刘铸永,等.带 Stewart 平台的航天器刚柔耦合动力学建模与仿真分析[J].动力学与控制学报.2022.20(6):76-84.

[13] DWIVEDY S K, EBERHARD P. dynamic analysis of flexible manipulators, a literature review[J]. Mechanism and Machine Theory,2006,41(7):749-777.

[14] ZHANG X P,MILLS J K,CLEGHORN W L. Dynamic modeling and experimental validation of a 3-PRR parallel manipulator with flexible intermediate links[J]. Journal of Intelligent & Robotic Systems,2007,50(4):323-340.

[15] 韩清鹏,高培鑫.大范围运动条件下的刚柔混合机械臂动力学分析[J].机械设计,2013,30(2):27-31.

[16] 凌云,宋爱国,卢伟. 一种刚、柔机械臂组合的月壤取样器动力学分析[J]. 宇航学报,2014,35(7):770-776.

[17] 车仁炜,陆念力,薛渊. 基于 EFEM 的 5R 机械臂刚柔耦合动力学分析[J]. 哈尔滨工程大学学报,2015,36(11):1504-1508.

[18] 朱龙英,陆宝发,成磊,等. 刚柔耦合机器人仿真及振动分析[J]. 中国工程机械学报,2015,13(2):120-123.

[19] 高彤,袁立鹏,宫赤坤,等. 基于刚柔耦合的四足机器人动力性能研究[J]. 现代制造工程,2017,441(6):52-55.

[20] 盛连超,李威,王禹桥,等. 柔性平面 3-RRR 并联机器人耦合动力学及模态特性研究[J]. 振动与冲击,2018,37(16):1-6.

[21] 张青云,赵新华,刘凉,等. 空间刚柔耦合并联机器人动力学建模及仿真[J]. 机械设计,2020,37(4):61-66.

[22] 姚国林,王合闯,张文,等. 刚柔耦合关节 SCARA 机器人的双柔性动力学模型[J]. 组合机床与自动化加工技术,2023,591(5):58-63.

[23] 张士元,郑百林,凌云,等. 卫星微型雷达多柔性体传动机构运动仿真[J]. 工程力学,2007(2):183-187.

[24] 宣贺,华青松,程联军,等. 高速高精密机床进给系统的刚柔耦合建模分析[J]. 青岛大学学报(工程技术版),2017,32(3):109-113.

[25] 韩东,高正,王浩文,等. 直升机桨叶刚柔耦合特性及计算方法分析[J]. 航空动力学报,2006,21(1):36-40.

[26] 唐皓,赵永辉,黄锐. 刚弹耦合飞行器的机动载荷减缓[J]. 航空计算技术,2012,42(3):33-37.

[27] 郑彤,章定国,廖连芳,等. 航空发动机叶片刚柔耦合动力学分析[J]. 机械工程学报,2014,50(23):42-49.

[28] 李高胜,柳占立,林三春,等. 大尺度刚柔组合飞艇结构的静动态力学性能分析[J]. 工程力学,2015,32(7):219-228.

[29] 陈洋,王正杰,郭士钧. 柔性翼飞行器刚柔耦合动态特性研究[J]. 北京理工大学学报,2017,37(10):1061-1066.

[30] 张硕,王正杰,陈昊. 大展弦比飞翼刚柔强耦合飞行动力学与控制[J]. 北京理工大学学报,2020,40(2):157-162.

[31] 王培涵,吴志刚,杨超,等. 一种适用于弹性飞机飞行仿真的补丁方法[J]. 航空学报,2023,44(6):85-101.

[32] 徐道临,卢超,张海成. 海上浮动机场动力学建模及非线性动力响应特性[J]. 力学学报,2015,47(2):289-300.

[33] 苗海,李魁彬,孙炜,等. 超空泡航行体刚柔耦合动力响应有限元分析[J]. 海军工程大学学报,2015,27(2):20-23,56.

[34] 李楠,韦灼彬,何学军,等. 海上补给高架索刚柔混合动力学模型[J]. 海军工程大学学报,2016,28(2):15-19.

[35] 刘利琴，赵海祥，袁瑞，等. H型浮式垂直轴风力机刚-柔耦合多体动力学建模及仿真[J]. 海洋工程，2018，36(3)：1-9.

[36] AMBRÓSIO J A C，GONALVES J P C. Complex flexible multibody systems with application to vehicle dynamicst[J]. Multibody System Dynamics，2001，6(2)：163-182.

[37] CAI G P，LIM C W. Dynamics studies of a flexible hub - beam system with significant damping effect[J]. Journal of Sound and Vibration，2008，318(1-2)：1-17.

[38] 傅凯，朴明伟，岳耀倩，等. 转向架悬挂非线性及其对车体刚柔耦合振动影响研究[J]. 大连交通大学学报，2019，40(6)：42-48.

[39] 高辉，朴明伟，李特特，等. 轻型铁路货运车辆刚柔耦合振动非线性影响研究[J]. 大连交通大学学报，2020，41(2)：27-32.

[40] 姜培斌，凌亮，丁鑫，等. 考虑车体刚柔耦合振动的高速铁路轨道不平顺敏感波长研究[J]. 振动与冲击，2021，40(15)：79-89.

[41] 明鉴，石姗姗，陈秉智. 多柔体车辆耦合系统对动力学性能的影响[J]. 大连交通大学学报，2021，42(5)：35-40.

[42] 贾尚帅，王兴民，赵新利，等. 内燃动车动力包刚柔耦合系统动力学特性分析[J]. 机械设计与制造，2022，372(2)：57-61.

[43] ZHOU P，LIU X L，JIA Y，et al. Application of regression analysis of reliability research in off-center wearing on well tube and rod of oil sucker[J]. Advanced Materials Research，2010，136：135-139.

[44] 杨方飞，闫光，郝云霄，等. 基于刚柔耦合仿真模型的高地隙喷雾机转向机构特性[J]. 吉林大学学报(工学版)，2015，45(3)：857-863.

[45] 李杰，谢福贵，刘辛军，等. 机电-刚柔耦合特性作用下线性进给系统动力学分析[J]. 机械工程学报，2017，53(17)：60-69.

[46] 王昆鹏，肖晓华，朱海燕，等. 柔性牵引器刚柔耦合动力学特征及结构优化[J]. 中国机械工程，2020，31(8)：915-923，930.

[47] 赵修平，石艳，胥云，等. 大型立加机床进给系统刚柔耦合分析[J]. 机床与液压，2020，48(9)：140-144，69.

[48] 宜亚丽，赵腾，陈美宇，等. 基于刚柔耦合的复合滚柱活齿传动动态特性分析[J]. 振动与冲击，2023，42(4)：179-184.

[49] LIKINS P W. Dynamics and control of flexible space vehicles [R]. Washington D. C.：NASA，TR -32-1329，1970.

[50] LIKINS P W. Finite element appendage equations for hrbrid coordinate dynamic analysis [J]. International Journal of Solids and Structures，1972，8(7)：709-731.

[51] LIKINS P W. Dynamic analysis of a system of hinge-connected rigid bodies with nonrigid appendages [J]. International Journal of Solids and Structures，1973，9(12)：1473-1487.

[52] BOLAND P, SAMIN J C, WILLEMS P Y. Stability analysis of interconnected deformable bodies in topological tree[J]. AIAA Journal, 1974, 8(12): 1025-1032.

[53] BOLAND P. Stability analysis of interconnected deformable bodies with closed-loop configuration[J]. AIAA Journal, 1975, 13(7): 864-867.

[54] HUGHES P C. Dynamics of a chain of flexible bodies[J]. The Journal of the Astronautical Science, 1979, 27(4): 359-380.

[55] KANE T R, LEVINSON D A. Formulation of equations of motion for complex spacecraft[J]. Journal of Guidance, Control and Dynamics, 1980, 3(2): 99-112.

[56] KANE T R, LEVINSON D A. Multibody dynamics [J]. Journal of Applied Mechanics, 1983, 51(4): 1071-1078.

[57] ROBERSON R E, SCHWERTASSEK R. Dynamics of multibody systems[M]. Berlin: Springer-Verlag, 1988.

[58] CHAELNA B, AGRAWAL O P. Dynamic analysis of flexible multibody systems using mixed modal and tangent coordinates[J]. Computers and Structures, 1989, 31(6): 1041-1050.

[59] MEIROVITCH L, KWAK M. Dynamics and control of spacecraft with retargeting flexible antennas[J]. Journal of Guidance, 1990, 13(2): 241-248.

[60] HUSTON R L. Computer methods in flexible multibody dynamics [J]. International Journal for Numerical Methods in Engineering, 1991, 32 (8): 1657-1668.

[61] MODI V J. Attitude dynamics of satellite with flexible appendages - A brief review[J]. Journal of Spacecraft and Rockets, 1974, 11(11): 743-751.

[62] THOMPSON B S, SUNG C K. A Survey of finite element techniques for mechanism design[J]. Mechanism & Machine Theory, 1986, 21(4): 351-359.

[63] SHABANA A A. Dynamics of multibody system[M]. New York: John Wiley & Sons, 1989.

[64] 刘延柱. 航天器姿态动力学[M]. 北京：国防工业出版社，1995.

[65] 马兴瑞，王天舒，王本利，等. 大型复杂航天器的柔性附件展开的动力学分析[J]. 中国空间科学技术，2000(4): 4-10, 17.

[66] 梁立孚，宋海燕，李海波. 航天分析动力学[M]. 北京：科学出版社，2016.

[67] HOOKER W W. Equations of motion for interconnected rigid and elastic bodies: A derivation independent of angular momentum[J]. Celestial Mechanics, 1975, (11): 337-359.

[68] SINGH R P, VANDER VOORT R J, LIKINS P W. Dynamics of flexible bodies in tree-topology—A computer-oriented approach[J]. Journal of Guidance & Control, 1985(8): 584-590.

[69] 缪炳祺. 挠性卫星姿态动力学模型的建立[J]. 宇航学报，1986(4): 14-20.

[70] WU S C, HAUG E J. Geometric non-linear substructuring for mechanical system

[J]. International Journal for Numerical Methods in Engineering, 1988, 26(10): 2211-2226.

[71] 邵成勋，黄文虎，张嘉钟. 带弹性附件的卫星姿态动力学方程[J]. 宇航学报，1989(2):79-85.

[72] 徐士杰，吴瑶华. 挠性空间飞行器姿态控制系统的时间域鲁棒稳定性分析[J]. 宇航学报，1990(1):77-83.

[73] Ider S K. Finite Element Based Recursive Formulation for Real Time Dynamic Simulation of Flexible Multibody Systems[J]. Computers and Structures, 1991, 40(4):939-945.

[74] BANERJEE A K ,LEMAK M K. Multi-flexible body dynamics capturing motion-induced stiffness[J]. Journal of Applied Mechanics, 1991, 58(3):766-755.

[75] 包光伟，刘延柱. 三轴定向充液卫星的姿态稳定性[J]. 空间科学学报，1993，13(1): 31-38.

[76] YOO H H, RYAN R R, SCOTT R A. Dynamics of flexible beams undergoing overall motions[J]. Journal of Sound and Vibration, 1995, 181(2):261-278.

[77] RYU J, KIM S S, KIM S S. A criterion on inclusion of stress stiffening effects in flexible multibody dynamic system simulation[J]. Computers & Structures, 1997, 62(6):1035-1048.

[78] 肖世富，陈滨. 一类刚柔耦合系统的建模与稳定性研究[J]. 力学学报，1997，29(4): 439-447.

[79] 缪炳祺，曲广吉. 柔性航天器动力学模型的模态综合——混合坐标法建模研究[J]. 航天器工程，1998，7(1):29-35.

[80] 匡金炉. 带挠性附件的航天器系统动力学特性研究[J]. 宇航学报，1998，19(2): 73-80.

[81] 李俊峰，王照林. 航天器伸展附件振动稳定性[J]. 清华大学学报，1998，38(2):5-29.

[82] 缪炳祺，曲广吉，程道生. 柔性航天器的建模问题[J]. 航天器工程，1999，7(3): 26-33.

[83] 戈新生，刘延柱. 万有引力场中带挠性太阳帆板航天器的姿态稳定性[J]. 宇航学报，1999，20(3):61-68.

[84] ZAKHARIEV E. Nonlinear dynamics of rigid and flexible multibody systems[J]. Mechanics of Structures and Machines, 2000, 28(1):105-136.

[85] 覃正. 多体系统动力学压缩建模[M]. 北京:科学出版社，2000.

[86] 洪嘉振，蒋丽忠. 柔性多体系统刚—柔耦合动力学[J]. 力学进展，2000，30(1): 15-20.

[87] 蒋丽忠，洪嘉振. 带柔性部件卫星耦合动力学建模理论及仿真[J]. 宇航学报，2000，21(3):39-44.

[88] SHI P ,MCPHEE J ,HEPPLER G R. A deformation field for Euler-Bernoulli beams with applications to flexible multibody dynamics[J]. Multibody System Dy-

namics,2001(5):79-104.
[89] 阎绍泽,季林红,范晋伟.柔性机械系统动力学的变形耦合方法[J].机械工程学报,2001,37(8):1-4.
[90] 蒋丽忠,洪嘉振,赵跃宇.作大范围运动弹性梁刚—柔耦合动力学建模[J].计算力学学报,2002,19(1):12-15.
[91] 刘锦阳,洪嘉振.柔性体的刚—柔耦合动力学分析[J].固体力学学报,2002,23(2):159-166.
[92] 蒋丽忠,洪嘉振.平动弹性梁的刚—柔耦合动力学[J].力学季刊,2002,23(4):450-454.
[93] 杨辉,洪嘉振,余征跃.刚—柔耦合多体系统动力学建模与数值仿真[J].计算力学学报,2003,20(4):402-408.
[94] 蒋建平,李东旭.带挠性附件航天器刚柔耦合动力学[J].上海航天,2005(5):24-27.
[95] 肖建强,章定国.转动刚体上柔性悬臂梁的动力学建模与仿真[J].机械科学与技术,2005,24(1):45-47.
[96] 蒋建平,李东旭.带太阳帆板航天器刚柔耦合动力学研究[J].航空学报,2006,27(3):418-422.
[97] 刘锦阳,李彬,洪嘉振.作大范围空间运动柔性梁的刚—柔耦合动力学[J].力学学报,2006,38(2):276-282.
[98] 梁立孚,刘石泉,周健生.单柔体动力学的拟变分原理及其应用[J].中国科学(G辑:物理学 力学 天文学),2009,39(2):293-304.
[99] 章定国,吴胜宝,康新.考虑尺度效应的微梁刚柔耦合动力学分析[J].固体力学学报,2010,31(1):32-39.
[100] 梁立孚.论航天器动力学中的一个理论问题[J].中国科学:物理学 力学 天文学,2011,41(1):94-101.
[101] 杨正贤,孔宪仁,廖俊,等.大范围运动刚柔耦合系统动力学建模与仿真[J].航天器环境工程,2011,28(2):141-146.
[102] 方建士,章定国.旋转内接微梁的动力学建模及稳定性分析[J].中国科学:物理学 力学 天文学,2012,42(9):956-964.
[103] 曹丽,周志成,曲广吉.面向控制的变构型航天器柔性耦合动力学建模与仿真[J].工程力学,2013,30(8):266-271.
[104] 余本嵩,金栋平,庞兆君.绳系释放时的航天器耦合动力学分析[J].中国科学:物理学 力学 天文学,2014,44(8):858-864.
[105] 梁立孚,宋海燕,郭庆勇.应用 Lagrange 方程研究刚弹耦合动力学[J].哈尔滨工程大学学报,2015,36(4):456-460.
[106] 章孝顺,章定国,洪嘉振.考虑曲率纵向变形效应的大变形柔性梁刚柔耦合动力学建模与仿真[J].力学学报,2016,48(3):692-701.
[107] 高晨彤,黎亮,章定国,等.考虑剪切效应的旋转 FGM 楔形梁刚柔耦合动力学建模与仿真[J].力学学报,2018,50(3):654-666.

[108] 谭建军,朱才朝,宋朝省,等.风电机组传动链刚柔耦合动态特性分析[J].太阳能学报,2020,41(7):341-351.
[109] 杜超凡,郑燕龙,章定国,等.基于径向基点插值法的旋转 Mindlin 板高次刚柔耦合动力学模型[J].力学学报,2022,54(1):119-133.
[110] 陈劭博,严佳民,卜奎晨.带滑块的太阳帆航天器刚柔耦合动力学建模与姿态控制[J].导弹与航天运载技术,2023,393(2):5-10.
[111] 老大中.变分法基础[M].北京:国防工业出版社,2004.
[112] LAGRANGE J L. Mécanique analytique, T. Ⅰ, Ⅱ [M]. Paris: Cambridge University Press, 1788.
[113] HELLINGER E. Die Allgemeine Ansatz der Kontinua [J]. Encyclopadie der Mathematischen Wissenschaften,1914,4:602-694.
[114] REISSNER E. On a variational theorem in elasticity[J]. Journal of Mathematics and Physics,1950,29(2):90-98.
[115] 钱令希.余能理论[J].中国科学,1950,1(2-4):449-456.
[116] 钱令希,钟万勰.论固体力学中的极限分析并建议一个一般变分原理[J].力学学报,1963,6(4):287-302.
[117] 胡海昌.论弹性力学与受范体力学中的一般变分原理[J].物理学报,1954,10(3):359-363.
[118] WASHIZU K. On the variational principles of elasticity and plasticity [R]. Aeroelastic and Structures Research Laboratory,Massachusetts Institute of Technology,Technical Report,1955.
[119] 钱伟长.关于弹性力学的广义变分原理极其在板壳问题上的应用.见《力学学报》编辑部 64-057 号来信,1964 年 10 月 6 日.
[120] 钱伟长.粘性流体力学的变分原理和广义变分原理[J].应用数学和力学,1984,5(3):305-312.
[121] GURTIN M E. Variationnal principles for elastodynamics [J]. Archive for Rational Mechanics and Analysis,1964,16(1):34-50.
[122] 刘高联.任意旋成面叶栅气动正命题的广义变分原理、变分原理与互偶极值原理[J].力学学报,1979,11(4):303-312.
[123] 刘高联.转轮内含激波跨声速三维流动的变分原理与广义变分原理[J].力学学报.1981,13(5):421-429.
[124] 匡震邦.广义变分原理和弹性薄板理论[R].西安:西安交通大学科学技术报告,1964.
[125] 钱伟长.应用数学与力学论文集[C].南京:江苏科学技术出版社,1980:138-143.
[126] 钱伟长.变分法及有限元[M].北京:科学出版社,1980.
[127] 胡海昌.弹性力学的变分原理及其应用[M].北京:科学出版社,1981.
[128] WASHIZU K. Variational methods in elasticity and plasticity[M]. 3rd Edition. Oxford:Pergamon Press,1982.

[129] Румянцев В В. Развитие Идей Леонарда Эйлера и Современная Наука[M]. Москва:Наука,1988.

[130] 张汝清.固体力学变分原理及其应用[M].重庆:重庆大学出版社,1991.

[131] 张汝清.非线性弹性体的弹性动力学变分原理[J].应用数学和力学,1992,13(1):1-9.

[132] 梁立孚,石志飞.粘性流体力学的变分原理及其广义变分原理[J].应用力学学报.1993,10(1):119-123.

[133] GLABISZ W. Stability of simple discrete systems under nongcongservative loading with dynamic follower parameter[J]. Computer and Structures,1996,60(4):653-663.

[134] 梁立孚.应用 Lagrange 乘子法推导一般力学中的广义变分原理[J].中国科学(A辑),1999,29(12):1102-1108.

[135] GLABISZ W. Vibration and stability of a beam with elastic supports and concentrated masses under conservative and nonconservative forces [J]. Computers and Structures,1999,70(3):305-313.

[136] 梁立孚.非完整系统动力学中的 Vakonomic 模型和 Четаев 模型[J].力学进展,2000,30(3):358-369.

[137] DETINKO F M. On the elastic stability of uniform beams and circular arches under nonconservative loading[J]. International Journal Solids and Structures,2000, 37(39):5505-5515.

[138] GLABISZ W. Stability of one-degree-of-freedom system under velocity and acceleration dependent nonconservative forces[J]. Computers and Structures,2001,79(7):757-768.

[139] 罗建辉,刘光栋,龙驭球.一种建立分区变分原理的新方法[J].工程力学,2002(5):29-35.

[140] 梁立孚,胡海昌,刘石泉.非等时变分和 Hölder 原理[J].中国科学(G辑:物理学 力学 天文学),2003,33(1):61-68.

[141] 岑松,龙志飞,罗建辉,等.薄板哈密顿求解体系及其变分原理[J].工程力学,2004(3):1-5,30.

[142] 罗建辉,龙驭球,刘光栋.正交各向异性薄板理论的新正交关系及其变分原理[J].中国科学(G辑:物理学 力学 天文学),2005(1):79-86.

[143] 罗恩,朱慧坚,原磊.电磁弹性动力学的非传统 Hamilton 型变分原理[J].中国科学(G辑:物理学 力学 天文学),2005(6):660-669.

[144] 罗恩,梁立孚,李纬华.分析力学的非传统 Hamilton 型变分原理[J].中国科学(G辑:物理学 力学 天文学),2006,36(6):633-643.

[145] 梁立孚,罗恩,冯晓九.分析力学初值问题的一种变分原理形式[J].力学学报,2007,39(1):106-111.

[146] 梁立孚,罗恩,刘殿魁.非保守弹性动力学初值问题的简单 Gurtin 型拟变分原理

[J]. 固体力学学报,2007,28(3):22-28.

[147] 冯晓九,梁立孚,周平. 两个 Lagrange 经典关系[J]. 黑龙江科技学院学报,2007,62(6):473-475+478.

[148] 刘高联. 二维非定常 Navier-Stokes 方程精确的对偶变分原理族[J]. 工程热物理学报,2007(6):929-932.

[149] 匡震邦. 有限变形下电弹性介质中的某些变分原理[J]. 中国科学(G 辑:物理学 力学 天文学),2008(7):919-930.

[150] 梁立孚,刘宗民,刘殿魁. 非保守薄壁结构系统的广义拟余 Hamilton 原理及其应用[J]. 工程力学,2008(10):60-65.

[151] 梁立孚,周平,冯晓九. 应变空间中一般加载规律的弹塑性本构关系[J]. 哈尔滨工业大学学报,2009,41(2):187-189.

[152] 赵淑红,梁立孚,周平. 非保守系统的拟 Hamilton 原理及其应用[J]. 东北农业大学学报,2009,40(3):100-104.

[153] 梁立孚,胡海昌. 一般力学中的三类变量的广义变分原理[J]. 中国科学(A 辑),2000,30(12):1130-1135.

[154] 李莹,程昌钧. 孔隙热弹性体有限变形动力学的若干变分原理[J]. 固体力学学报,2010,31(1):74-79.

[155] 梁立孚,郭庆勇. 刚体动力学的拟变分原理及其应用[J]. 力学学报,2010,42(2):300-305.

[156] 彭海军,高强,张洪武,等. 输入受限 LQ 控制的参变量变分原理和算法[J]. 力学学报,2011,43(3):488-495.

[157] 张洪武,张亮,高强. 拉压不同模量材料的参变量变分原理和有限元方法[J]. 工程力学,2012,29(8):22-27+38.

[158] ZHOU P, WANG X H, LIU X T, et al. Power-type variational principles of initial value problems in rigid-elastic-liquid coupling dynamics[C]. 西安:中国力学大会,2013.

[159] 梁立孚,宋海燕,周平. 刚-弹-液耦合动力学的功率型变分原理[J]. 哈尔滨工程大学学报,2013,34(11):1373-1378.

[160] 杨笑梅,龚凯. 基于 Hamilton 变分原理求解有限域波动问题的时空元方法[J]. 地震工程与工程振动,2014,34(S1):18-22.

[161] 邱志平,张旭东. 复固有频率问题的模糊变分原理[J]. 固体力学学报,2015,36(1):8-19.

[162] 富明慧,陆克浪,李纬华,等. 基于非传统哈密顿变分原理的高阶辛算法[J]. 应用力学学报,2015,32(3):410-416+6.

[163] 张毅. 相空间中非保守系统的 Herglotz 广义变分原理及其 Noether 定理[J]. 力学学报,2016,48(6):1382-1389.

[164] 姚浩,程进. 基于变分原理的波形钢腹板箱梁挠度计算解析法[J]. 工程力学,2016,33(8):177-184.

[165] 付宝连.有限位移理论线弹性力学二类和三类混合变量的变分原理及其应用[J].应用数学和力学,2017,38(11):1251-1268.

[166] 梁立孚,周平. Lagrange 方程应用于流体动力学[J].哈尔滨工程大学学报,2018,39(1):33-39.

[167] 梁立孚,郭庆勇,宋海燕.连续介质分析动力学及其应用[J].力学进展,2019,49(8):514-541.

[168] 满淑敏,高强,钟万勰.基于对偶变量变分原理的完整约束系统保辛算法[J].计算力学学报,2020,37(6):655-660.

[169] 齐荣庆,程家幸,盛冬发.带孔隙损伤的弹性固体的广义变分原理[J].力学季刊,2021,42(3):604-612.

[170] 吴俊超,吴新瑜,赵珧冰,等.基于赫林格-赖斯纳变分原理的一致高效无网格本质边界条件施加方法[J].力学学报,2022,54(12):3283-3296.

[171] 郭铁丁,康厚军.理论力学研究性教学新探索——质点系变分原理与弹性介质(结构)变分原理[J].力学与实践,2023,45(2):429-434.

[172] 梁立孚,石志飞.关于变分学中逆问题的研究[J].应用数学和力学,1994,15(9):775-788.

[173] 梁立孚.变分原理及应用[M].哈尔滨:哈尔滨工程大学出版社,2007.

[174] 梁立孚,宋海燕,樊涛,等.非保守系统的拟变分原理及其应用[M].北京:科学出版社,2015.

[175] 马兴瑞,王本利,苟兴宇.航天器动力学——若干问题进展及应用[M].北京:科学出版社,2001.

[176] 黄文虎 ,曹登庆,韩增尧.航天器动力学与控制的研究进展与展望[J].力学进展,2012,42(4):367-394.

[177] 曹登庆,白坤朝,丁虎,等.大型柔性航天器动力学与振动控制研究进展[J].力学学报. 2019,51(1): 1-13.

[178] K.马格努斯.陀螺理论与应用[M].贾书惠,译.北京:国防工业出版社,1983.

[179] 钟万勰.应用力学对偶体系[M].北京:科学出版社,2003.

[180] LEIPHOLZ H. Direct variational methods and eigenvalue problems in engineering [M]. Leyden:Noordhoff Int. Publ. ,1977.

[181] LEIPHOLZ H. On some developments in direct methods of the calculus of variations[J]. Applied Mechanics Reviews,1987,40(10):1379-1392.

[182] 刘殿魁,张其浩.弹性理论中非保守问题的一般变分原理[J].力学学报,1981(6):562-570.

[183] ZHANG Q H ,LIU D K. Some problems in the theory of non-conservative elasticity[J]. Transaction of CSME,1986,10(1):28-31.

[184] 柳春光,刘殿魁.结构地震临界荷载的上、下限问题研究[J].地震工程和工程振动,2001,21(1):43-48.

[185] 黄玉盈,王武久.弹性非保守系统的拟固有频率变分原理及其应用[J].固体力学学

报,1987,8(2):127-136.

[186] 梁立孚,刘殿魁,宋海燕.非保守系统的两类变量的广义拟变分原理研究[J].中国科学(G辑),2005,35(2):202-210.

[187] 周平,赵淑红,梁立孚.含阻尼非保守分析力学的拟变分原理[J].北京理工大学学报,2009,29(7):565-569.

[188] 梁立孚,郭庆勇,刘宗民.非保守分析力学的拟变分原理[J].哈尔滨工程大学学报,2009,30(12):1351-1355.

[189] 周平,梁立孚.非保守系统的 Lagrange 方程[J].哈尔滨工程大学学报,2017,38(3):452-459.

[190] TONTI E. On the variationnal formulation of linear initial value problems[J]. Annali di Matematica Pura ed Applicata,1976,95(1):18-28.

[191] 罗恩.关于线弹性动力学中各种 Gurtin 型变分原理[J].中国科学(A辑),1987,(9):936-948.

[192] 罗恩,邝尚君.压电热弹性动力学的一些基本原理[J].中国科学(A辑),1999,29(9):851-860.

[193] 罗恩,邝尚君.微孔压电热弹性动力学的能量原理[J].力学学报,2001,33(2):195-204.

[194] 罗恩,邝尚君,黄伟江,等.非线性耦合热弹性动力学的非传统型变分原理[J].中国科学(A辑),2002(4):337-347.

[195] 罗恩,黄伟江,张贺忻.相空间非传统 Hamilton 型变分原理与辛算法[J].中国科学(A辑),2002,32(12):1119-1126.

[196] 罗恩,朱慧坚.有限变形弹性动力学的 Gurtin 型变分原理[J].固体力学学报,2003,24(1):1-7.

[197] 梁立孚,周平,刘殿魁.非保守分析力学初值问题的拟变分原理[J].哈尔滨工程大学学报,2010,31(2):208-214.

[198] 钱伟长.对合变换和薄板弯曲问题的多变量变分原理[J].应用数学和力学,1985,6(1):25-46.

[199] 朗道,栗弗席兹.理论物理学教程第一卷:力学[M].李俊峰,鞠国兴,译校.5版.北京:高等教育出版社,2007.

[200] 赵汉元.飞行器再入动力学和制导[M].长沙:国防科技大学出版社,1997.

[201] 方群,朱战霞,孙冲.飞行器飞行动力学与制导[M].西安:西北工业大学出版社,2021.

[202] 李立涛,荣思远.航天器姿态动力学与控制[M].北京:人民邮电出版社,2019.

[203] 梁立孚,周平,刘宗民.刚体动力学初值问题的拟变分原理及其应用[J].哈尔滨工程大学学报,2009,30(10):1091-1096,1116.

[204] 陈滨.分析力学[M].北京:北京大学出版社,1987.

[205] 梅凤翔.分析力学专题[M].北京:北京工业学院出版社,1988.

[206] 梅凤翔,刘瑞,罗勇.高等分析力学[M].北京:北京理工大学出版社,1991.

[207] 王永岗.分析力学[M].北京:清华大学出版社,2019.
[208] 梁立孚,周平,曾志峰.弹性单体初值问题的拟变分原理及其应用[J].西北工业大学学报,2009,27(4):577-581.
[209] 周平,李海波,梁立孚.刚弹耦合动力学初值问题拟变分原理及其应用[J].北京航空航天大学学报,2017,43(7):1321-1329.
[210] 陆元久.陀螺及惯性导航原理[M].北京:科学出版社,1964.
[211] 史密斯.结构动力学[M].北京:国防工业出版社,1976.
[212] 梁立孚.惯性力—真实力[J].哈尔滨船舶工程学院学报,1986(2):14-22.
[213] 钱伟长,叶开沅.弹性力学[M].北京:科学出版社,1956.
[214] 梁立孚,刘石泉,齐辉.飞行器结构力学[M].北京:中国宇航出版社,2003.
[215] 刘才山,陈滨,阎绍泽,等.基于 Hamilton 原理的柔性多体系统动力学建模方法[J].导弹与航天运载技术,1999(5):32-36.
[216] 杨国来,陈运生.柔性多体系统动力学通用算法研究[J].应用力学学报,2000(2):85-89,149.
[217] 王琪,陆启韶.多体系统 Lagrange 方程数值算法的研究进展[J].力学进展,2001,31(1):9-17.
[218] 缪炳祺,曲广吉,夏邃勤,等.柔性航天器动力学建模的伪坐标形式 Lagrange 方程[J].中国空间科学技术,2003(2):1-5,57.
[219] 邓峰岩,和兴锁,李亮,等.考虑非线性变形的航天器柔性附件建模方法[J].应用力学学报,2006,23(4):555-562,694.
[220] 刘铸永,洪嘉振.柔性多体系统动力学研究现状与展望[J].计算力学学报,2008(4):411-416.
[221] 田强,张云清,陈立平,等.基于增广拉格朗日方法的多柔体动力学研究[J].系统仿真学报,2009,21(24):7707-7710+7714.
[222] 吴根勇,和兴锁,PAI P F.大变形柔性多体系统非线性动力学数值仿真与实验研究[J].实验力学,2011,26(1):103-108.
[223] 曹大志,强洪夫,任革学.基于 OpenMP 和 Pardiso 的柔性多体系统动力学并行计算[J].清华大学学报(自然科学版),2012,52(11):1643-1649.
[224] 郭晛,章定国.柔性多体系统动力学典型数值积分方法的比较研究[J].南京理工大学学报,2016,40(6):726-733.
[225] 朱孟萍,耿磊,陈新龙,等.带有阻尼机构的多柔体航天器动力学建模[J].空间控制技术与应用,2017,43(3):34-40.
[226] 郭祥,靳艳飞,田强.随机空间柔性多体系统动力学分析[J].力学学报,2020,52(6):1730-1742.
[227] 常汉江,蔡毅鹏,高庆,等.基于等几何分析的柔性多体系统建模方法研究[J].动力学与控制学报,2023,21(3):1-16.
[228] 赵淑红.多柔体系统动力学拟变分原理及其应用[D].哈尔滨:哈尔滨工程大学,2008.

[229] 赵淑红,梁立孚,周平.带有可伸展平动附件多柔体簇系统动力学拟变分原理及其应用[J].工程力学,2011,28(6):29-39.
[230] 赵淑红,梁立孚.带有转动附件的多柔体簇系统动力学拟变分原理及其应用[J].哈尔滨工业大学学报,2011,43(S1):175-181.